厚生労働省認定教材	
認定番号	第59152号
認定年月日	昭和58年6月21日
改定承認年月日	令和 3 年2月18日
訓練の種類	普通職業訓練
訓練課程名	普通課程

機械測定法

独立行政法人 高齢・障害・求職者雇用支援機構
職業能力開発総合大学校 基盤整備センター 編

はしがき

本書は職業能力開発促進法に定める普通職業訓練に関する基準に準拠し，機械系における系基礎学科「測定法」等の教科書として編集したものです。

作成にあたっては，内容の記述をできるだけ平易にし，専門知識を系統的に学習できるように構成してあります。

このため，本書は職業能力開発施設での教材としての活用や，さらに広く知識・技能の習得を志す人々にも活用いただければ幸いです。

なお，本書は次の方々のご協力により改定したもので，その労に対し深く謝意を表します。

〈監　修　委　員〉

古　賀　俊　彦　　職業能力開発総合大学校

二　宮　敬　一　　職業能力開発総合大学校

〈執　筆　委　員〉

百　瀬　知　幸　　京都府立京都高等技術専門校

渡　邉　竜　也　　静岡県立工科短期大学校

（委員名は五十音順，所属は執筆当時のものです）

令和３年２月

独立行政法人 高齢･障害･求職者雇用支援機構

職業能力開発総合大学校 基盤整備センター

目　　次

第1章　測定一般

第2章　長さの測定

第３章　角度の測定

第4章 面 の 測 定

第５章　座標による測定

第6章　ねじの測定

第7章　歯車の測定

第８章　測定器の管理

第1章
測定一般

機械加工において特に重要な測定は，寸法や形状及び表面状態の測定である。第１章ではこれらの測定に関して，個々の測定や測定器について学ぶ上で必要となる一般知識や考え方，あるいは基本的な内容を述べる。

第１節では，測定の目的と意義，測定の基本的な方法，測定器の選択の重要性について学ぶ。

第２節では，公差と精度及び測定値の意味との関連について学ぶ。

第３節では，測定に付きものの誤差はどのような原因で発生し，どうすれば最小限にできるかを学ぶ。

第４節では，国内，国際間の産業規格と，それによる計測に関した用語の定義と意味を学ぶ。

第５節では，測定器の精度を保証するためのトレーサビリティ制度について学ぶ。

第１節　測定の基礎

1.1　測定の目的

機械は数多くの部品から組み立てられている。また，これらの部品は，機械の機能と性能を十分に果たし，必要な耐久性を保持するために，最も適した形状・寸法あるいは表面状態が選ばれて，それぞれが設計されているはずである。もし，部品の製作に当たって，これらの精度が要求どおりにできていない場合には，機械は本来の機能・性能を発揮できないし，耐久性が劣ったり，甚だしいときには組立てが不可能となる。その場合には，生産の流れを著しく阻害して，ユーザの信頼を裏切ることになる。したがって，各部品の加工に際し，そのつど形状・寸法や表面状態の仕上がり程度を知り，合格か不合格かの決定をするためには測定がどうしても必要である。

さらに，これからの時代においては，不良品を作ってしまう前に加工中に機械を制御して最良の品質のものだけを作るようにして，資源の無駄遣いを避け，コストアップを防ぐようになりつつある。そのためにも，測定したデータをフィードバックすることが欠かせない。また，機械の移動量のコントロールや位置決めの際にも，手動，自動にかかわらず，やはり測定技術が駆使される。

なお，JIS B 0401－1：2016により規定する用語が変更されているので確認すること（p. 35 表１－７参照）。

1.2　測定方式の分類

測定における基本は，測定すべき量（測定量）と基準との量（基準量）の比較を行うことにあるが，測定量と基準量の量的な性格の違いに基づいて分類すると，直接測定と間接測定に分けられる。

直接測定：測定すべき量をそれと同じ種類の基準（測定器）を用いて測定値を求める方法。
　例）ものさしで長さを測る場合など。

間接測定：測定すべき量と一定の関係にある他の量，又は測定すべき量を組み立てているいくつかの量を直接測定し測定量の大きさを導き出す，つまり計算して求める方法。
　例）球体の直径を測定し，体積を求める場合など。

また，測定方法に分類する考え方では，測定量と基準量の比較の結果をどのように与えるかに基づくものであり，絶対測定と比較測定に分けられる。

絶対測定：ある組立量を，それに関連するすべての基本量の測定によって決定する測定方法。

例）光の速度の場合，光の波長と振動数の測定から，その定義に基づき導き出されたもので，絶対測定の代表例である。

比較測定：同じ種類の量と比較して行う測定方法。

例）ブロックゲージなどの基準（標準器）との差を測定する方法。

ゲージを用いて測定物の寸法が許容限界内であるか確認する方法。

生産の現場では，測定の対象によって最も適した測定方法を選ぶことが大切であるが，現場で多く用いられている測定方法と特徴を述べる。

（1） 直接測定

図１－１に示すように，スケール（線度器）などの測定器を，製品に直接当てて長さを測定する方法である。

【長　所】

①　測定器のもつ測定範囲が，ほかの測定法に比べて広い。

②　測定物の実際寸法が直接読み取れる。

③　少量多種類の測定に適している。

【短　所】

①　目盛の読み誤りが生じやすく，他の測定方法と比較して測定に時間を要する。

②　精密な測定器の場合は，取扱いに熟練と経験を必要とする。

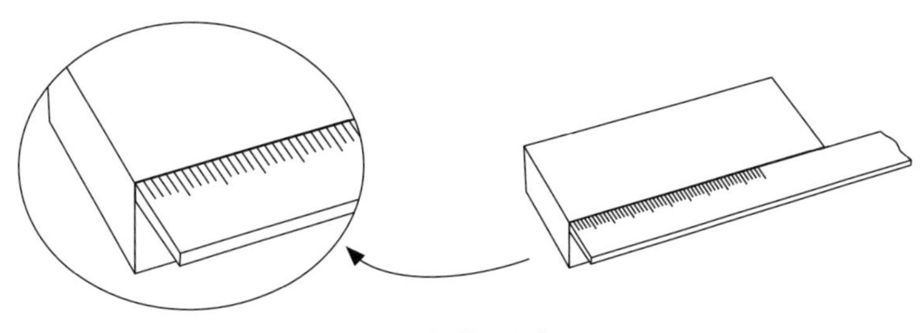

図1－1　直接測定

（2） 比較測定

１）図１－２に示すように，ブロックゲージ（端度器）などの基準と測定物を測定器（コンパレータ）で比較し，その差を測定する方法である。

【長　所】

①　測定器を適正に設置することによって，大量測定に適し，高い精度の測定が比較的容易

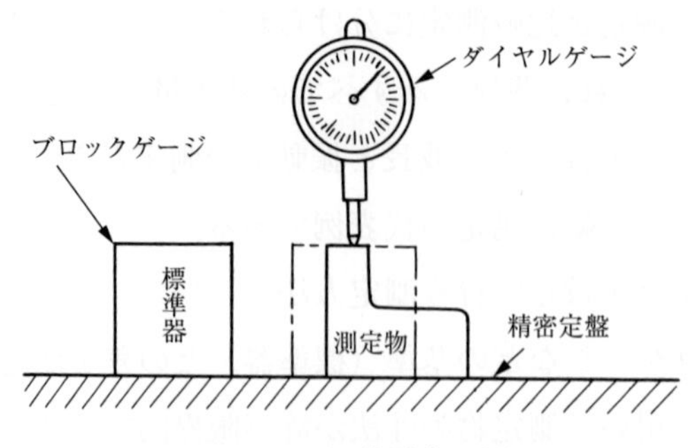

図1－2　比較測定の例

にできる。

② 寸法のばらつきを知るのに計算が省ける。

③ 長さに限らず，面の各種形状の測定や工作機械の精度検査など，使用範囲が広い。

④ 寸法の偏差を機械にフィードバックすることが可能で,自動化に役立たせることができる。

【短　所】

① 測定範囲が狭く，直接測定物の寸法を読み取ることができない。

② 図示サイズとなる標準器が必要である。

2）限界ゲージ方式

図1－3に示すように，製品に与えられる許容差から，上の許容サイズと下の許容サイズの大小二つの限界を定め，製品の寸法がこの範囲内にあるか否かによって，合格・不合格を判定する方法である。

【長　所】

① 大量測定に適し，合格，不合格の判定が容易にできる。

② 操作が簡単で経験を必要としない。

【短　所】

① 測定寸法が定まり，一つの寸法に1個のゲージを必要とする。

② 製品の実際寸法を読み取ることができない。

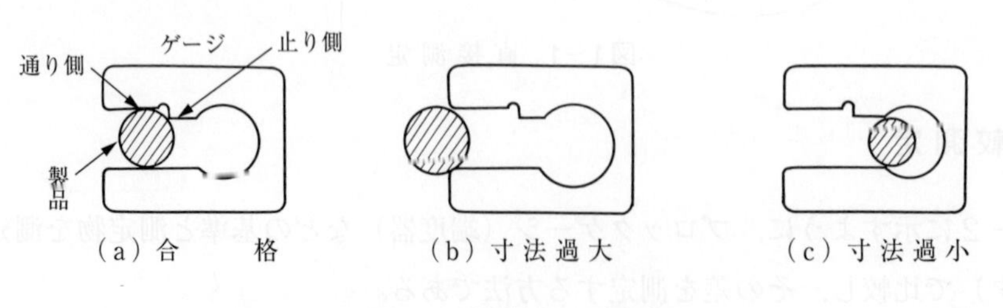

図1－3　限界ゲージ方式

1.3　測定器の選択

我々が工作物を加工するとき，図面を見て，最初に準備するものは工具と測定器である。いかに技能と工作機械が優れていても，用いる測定器及びその取扱いが不適切であれば，その結果は不合格品となって現れてくる。また，機械部品の一つひとつは，その用途によって要求される精度が異なり，同一部品でも各面の仕上げ程度が異なっているのが普通である。

したがって，測定器の選択に当たっては，図面に指示されたサイズ公差によって，それに適した精度をもつ測定器を選ばなければならないが，一般に精度の高い測定器ほど取扱いが複雑で時間と熟練を必要とするため，必要以上に高い精度の測定器を使用しないことも大切なことである。

測定に当たっては，各種測定器のもつ性能を十分に理解して，要求された精度や形状，寸法に最も適した測定器を選び，能率的な正しい使い方をすることが大切である。

■「機」と「器」の違いについて

測定機と測定器，どちらも読みは同じで，本書にも出てくる記述ですが，その違いは何でしょうか。JIS Z 8103：2019「計測用語」によると，次のように定義されています。

測定機：測定を行うための機械。電力などのエネルギーの供給を受けて相対運動などの仕事をする測定装置。通常，複数の機能要素の組み合わせからなる。

測定器：測定を行うために，単独で，又は１台以上の補助装置と併せて用いる器具装置など。

また，機は「大きいものが多く，小さいものはとても複雑である」，器は「小さくて，作りが簡単なものが多い」（毎日新聞の用語の手引き）や，機は複雑で多機能，器は構造が簡単で単機能である，といった説明もあります。

家電製品の中にも加湿器，掃除機などのように使分けがなされています。

しかし，最近の加湿器は空気清浄機能などを備え，しかもファンで駆動するなどの理由から加湿機と表示しているものもあります。

第２節　公差と精度

2.1 公　　差

機械部品の各部の寸法を1 μm（マイクロメートル＝0.001 mm）の狂いもなく仕上げることは難しく，まして量産することは非常に困難である。

したがって，機械部品の各部分に要求される機構上の使用目的によって，図面に指示する寸法には，実際の寸法として許される最大・最小の限界範囲（許容限界）内にあるように指示する方式をとっている。最大・最小の許容限界の差をサイズ公差と呼んでいる。図面の寸法には，本来すべてサイズ公差を示すのが原則であるが，特別な精度が要求されない場合など，個々に公差の指示がない場合には普通公差が適用される。

普通公差は，一括指示する方法で，長さ寸法・角度寸法・幾何形体及び加工方法について，それぞれ寸法の普通公差が日本産業規格（以下「JIS」という）に規定されている（JIS は1949年以来，長らく日本工業規格と呼ばれてきたが，法改正に伴い2019年７月１日より改称された）。表１－１～表１－３にその一例を示す。

図面に普通公差を指示する場合には，次のいずれかの方法で，図面の表題欄又はその付近に指示する。

① 図示サイズ区分に対する普通公差の表を示す。

② 適用する規格の番号，基本サイズ公差等級を示す。
例）JIS B 0405－m

③ 普通公差と普通幾何公差をともに適用する場合には，併記する方法もある。
例）JIS B 0419－mK

表１－１　面取り部分を除く長さ寸法に対する許容差（JIS B 0405：1991）
（かどの丸み及びかどの面取り寸法については表１－２参照）

［単位：mm］

基本サイズ公差等級		図示サイズの区分							
記号	説明	0.5[1]以上 3以下	3を超え 6以下	6を超え 30以下	30を超え 120以下	120を超え 400以下	400を超え 1 000以下	1 000を超え 2 000以下	2 000を超え 4 000以下
		許容差							
f	精級	±0.05	±0.05	±0.1	±0.15	±0.2	±0.3	±0.5	—
m	中級	±0.1	±0.1	±0.2	±0.3	±0.5	±0.8	±1.2	±2
c	粗級	±0.2	±0.3	±0.5	±0.8	±1.2	±2	±3	±4
v	極粗級	—	±0.5	±1	±1.5	±2.5	±4	±6	±8

注(1)　0.5 mm未満の図示サイズに対しては，その図示サイズに続けて許容差を個々に指示する。

表1－2　面取り部分の長さ寸法（かどの丸み及びかどの面取寸法）に対する許容差（JIS B 0405：1991）

［単位：mm］

基本サイズ公差等級		図示サイズの区分		
記号	説明	0.5[1]以上 3以下	3を超え 6以下	6を超えるもの
		許　容　差		
f	精級	±0.2	±0.5	±1
m	中級			
c	粗級	±0.4	±1	±2
v	極粗級			

注(1)　0.5 mm未満の図示サイズに対しては，その図示サイズに続けて許容差を個々に指示する。

表1－3　角度寸法の許容差（JIS B 0405：1991）

基本サイズ公差等級		対象とする角度の短い方の辺の長さ［単位：mm］の区分				
記号	説明	10以下	10を超え 50以下	50を超え 120以下	120を超え 400以下	400を超える もの
		許　容　差				
f	精級	±1°	±30′	±20′	±10′	±5′
m	中級					
c	粗級	±1° 30′	±1°	±30′	±15′	±10′
v	極粗級	±3°	±2°	±1°	±30′	±20′

2.2　精　　度

測定器といえども製品に変わりはなく，完全な形状や寸法に仕上げることは困難である。したがって，測定値にはばらつきや真の値からの偏りが生じ，誤差が含まれる。各測定器はその構造や方式によって，それぞれ固有の誤差の要因をいくつかもっている。誤差の少なさ，つまり測定結果の精密さ（ばらつきの少なさ）や，正確さ（偏りの少なさ）を含めた総合的な良さを測定器の精度と呼び，その測定器によって読み取られた寸法の信頼度を表す（例：p. 60　表2－6，p. 63　表2－7，p. 65　表2－8参照）。

測定器によって測定された値の信頼度が共通して認識されるためには，その測定器の精度が一定の水準であることが必要である。そのため，JIS では各測定器について重要な指示誤差の許容値を定めている。

測定器に与えられる誤差の許容値が，測定器の目量（めりょう）（最小表示量又は最小読取値）よりさらに小さい値になっている場合には，測定器で読んだ値については十分信頼することができる。ここでいう測定器の目量と精度とは別物であり，目量が小さいことと精度の良いことを混同してはならない。

2.3　不確かさについて

「不確かさ」とは計測データの信頼性を表すための新しい考え方である。1993年七つの国際機関の合同編集によりISO（国際標準化機構，International Organization for Standardization）から「不確かさ表現のガイド」(GUM：Guide to the Expression of Uncertainty in Measurement) が発行された。

最近は加工技術の進歩に伴って，要求される精度が向上した。デジタル表示式測定器などを中心に，最小表示量の細かい測定器が出てきたが，それに比例して精度が良くなっているものは少ない。デジタル表示式の場合には，測定器によるばらつきの影響が相対的に大きくなり，さらに，その測定器を検査・校正する測定器や標準器のばらつきも無視できなくなるため，誤差の基準となる真の値そのものがあいまいとなる。

「誤差」は，（測定値－真値）と定義されるが，真値があいまいである以上，誤差を定量的に表すことができない。これに代わって「不確かさ」は統計的手法で測定値からどの程度のばらつき範囲内に真値があるかを示すものである。すなわち真値が存在していると推定できる範囲（確率）を定量化しようとする考え方である（pp. 34－35　表1－6参照)。

具体的には，不確かさは標準偏差で表され，標準偏差は一般にσ（シグマ）で表される。

不確かさについてJISでは次の項目を挙げている（図1－4）。

①　標準不確かさ：Aタイプ　統計的解析による評価　…　標準偏差1σを求める方法
　　　　　　　　　Bタイプ　統計的解析以外の評価　…　カタログ，仕様書，データ等

②　合成標準不確かさ：複数の成分がある場合，これらの二乗和として合成したもの

③　拡張不確かさ：標準偏差σの，2σ，3σを使う方法。すなわち，測定結果の大部分が

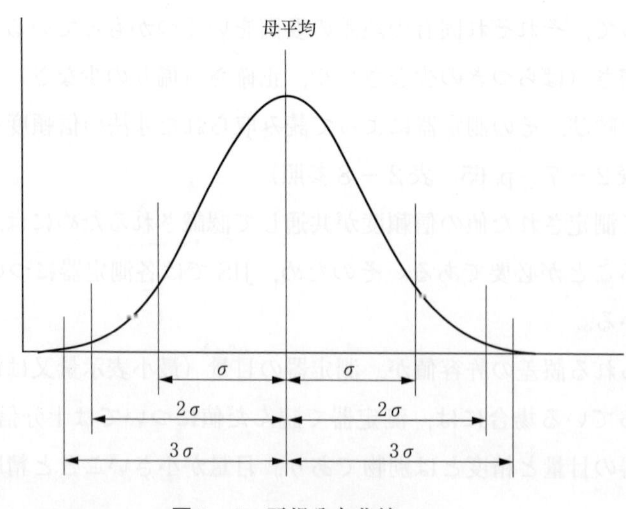

図1－4　正規分布曲線

含まれると期待される範囲（参考±1 σ：68.3 %，±2 σ：95.4 %，±3 σ：99.7 %）

2.4　測定値について

いかに良い測定器を用いても，測定器自身のもつ誤差や諸原因に基づく誤差により，測定物の真の値は得られない。したがって，測定器によって求められた値を測定値と呼び，真の値を示すものではないが，それぞれの測定器のもつ精度と目量から真の値のある範囲が定まり，次に示すように，精度の良いものほど真の値に近づけることができる。

測定器	精　度	測定値	真の値のある範囲
A	±0.1	10.0	9.9 ～10.1
B	±0.01	10.00	9.99～10.01

したがって，測定値の表し方については，必ずその測定器の目量で読み取った数値をすべて記載し，末尾がゼロの場合でもこれを省略してはいけない。

2.5　数値の丸め方について

数値の丸め方とは，「与えられた数値を，ある一定の丸めの幅の整数倍がつくる系列の中から選んだ数値に置き換えること」（JIS Z 8401：2019）と定義されている。

「四捨五入」も丸めの一つであるが，これを用いた場合，丸めた値を平均するとわずかに正の誤差が生じることとなる。つまり１～４の４個は切り捨てられ，５～９の５個は切り上げられるからである。そこでJIS Z 8401：2019では次の二つの方法を規則として挙げている。

与えられた数値に等しく近い，二つの隣り合う整数倍がある場合には，

規則Ａ：丸めた数値として偶数倍のほうを選ぶ。

例１）丸めの幅0.1のとき

12.25　・・・　12.2　　12.35　・・・　12.4

例２）丸めの幅10のとき

1 225.0　・・・　1 220　　1 235.0　・・・　1 240

この方法は，例えば一連の測定値をこの方法で処理するとき，丸めによる誤差が最小になるという特別な利点がある。すなわち，誤差の偏りが最小になる。

規則Ｂ：丸めた数値として大きい整数倍のほうを選ぶ。

※丸めの幅を10^k（kは整数）とすれば，つまり四捨五入と同じことである。

例１）丸めの幅0.1のとき

12.25　・・・　12.3　　12.35　・・・　12.4

例２）丸めの幅10のとき

1 225.0　・・・　1 230　　1 235.0　・・・　1 240

規則Ｂは電子計算機による処理において広く用いられている。

規則Ａ，Ｂを２回以上使って丸めることは誤差の原因となる。したがって丸めは常に１段階で行わなければならない。

例）規則Ａ　丸めの幅0.1のとき

12.251は12.3と丸めるべきであり，12.25　→　12.2と２段に分けて行うべきではない。

上記の規則Ａ，Ｂは，丸めた数値の選び方について何の考慮すべき基準もない場合にだけ適用すべきであり，安全性の要求や一定の制限を考慮しなければならないときは，常に一定の方向に丸めるほうがよいこともある。また，数値を丸める際には丸めの幅を表示することが望ましい。

2.6　最小二乗法について

求めたデータをグラフ上にプロットして近似直線，近似曲線を求めるとき，データのばらつきを考慮して測定データの点と曲線との差，つまり測定値と真の値との差の二乗和が最小になる値を用いる方法を最小二乗法といい，計測データの整理に広く使われている。

例えば，図１－５（ａ）のように測定結果をプロットし，最適な直線を引いたとする。しかし，同図（ｂ）のように測定結果のばらつきにより，直線上に配列されないことが多い。

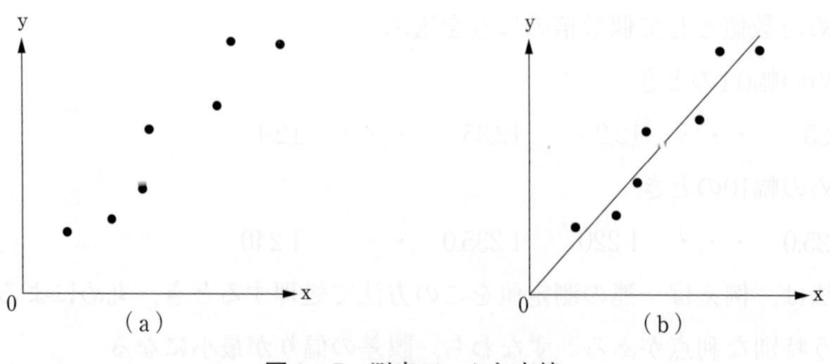

図１−５　測定データと直線

これを近似的にフィットした直線として表すには，以下の一般式で表現することができる。

例えば，n 個のデータ（x_1，y_1），（x_2，y_2），…（x_n，y_n）が得られたとする。

仮に最もフィットする直線の変量 x と y の関係を $y = a + bx$ とする。

このとき，x_i から y_i を推定した時の偏差を ε_i とすると，

$$\varepsilon_i = y_i - (a + bx_i) \quad \cdots\cdots（1・1）$$

ここで，差の二乗和を

$$L = \sum_{i=1}^{n} \{y_i - (a + bx_i)\}^2 \quad \cdots\cdots（1・2）$$

（L は y_i と（$a + bx_i$）との差の二乗和）

と置き，これを最小になるよう a，b の値を求める。

a，b は次の連立方程式の解として求められる。

$$\frac{\Delta L}{\Delta a} = -2\sum_{i=1}^{n}\{y_i - (a + bx_i)\} = 0 \quad \cdots\cdots（1・3）$$

$$\frac{\Delta L}{\Delta b} = -2\sum_{i=1}^{n} x_i\{y_i - (a + bx_i)\} = 0 \quad \cdots\cdots（1・4）$$

この２式は次のように変形される。

（1・3）式より

$$na + b\sum_{i=1}^{n} x_i = \sum_{i=1}^{n} y_i \quad \cdots\cdots（1・5）$$

（1・4）式より

$$a\sum_{i=1}^{n} x_i + b\sum_{i=1}^{n} x_i^2 = \sum_{i=1}^{n} x_i y_i \quad \cdots\cdots（1・6）$$

上式を解けば

$$b = \frac{n\sum_{i=1}^{n} x_i y_i - \sum_{i=1}^{n} x_i \sum_{i=1}^{n} y_i}{n\sum_{i=1}^{n} x_i^2 - (\sum_{i=1}^{n} x_i)^2} \quad \cdots\cdots（1・7）$$

$$a = \frac{\sum_{i=1}^{n} x_i^2 \sum_{i=1}^{n} y_i - \sum_{i=1}^{n} x_i y_i \sum_{i=1}^{n} x_i}{n\sum_{i=1}^{n} x_i^2 - (\sum_{i=1}^{n} x_i)^2} \quad \cdots\cdots（1・8）$$

が求められる。

もっと簡単に求める方法として，一般的な表計算ソフトの最適化分析機能を用いて最小二乗法による直線・曲線を求める方法があるので，試してみるとよい。

JIS においても，サイズ形体表面を測定して得た多くの測定点を最小二乗法を用いて演算処理して得るサイズとして最小二乗サイズがある（JIS B 0001：2019）。

最小二乗サイズについて，例えば円形形状の場合，図1－6に示すように偏差a及びbをデータセットから演算処理して得ることができる（p. 183　第4章第4節「真円度の測定」参照）。

JIS B 7451：1997によると，

記録紙中心から，偶数の等角度の多くの放射線を描く。図1－6では，それらの線に1～12の番号を付けてある。

直角座標形（x, y）を作るため，直交する2本の放射線を選ぶ。

極座標図形と放射線の交点 P_1～P_{12} の位置は，正負の符号を考慮して x 軸と y 軸から測定できる。

記録紙中心から最小二乗中心までの距離 a, b は，次の近似式で求められる。

$$a=\frac{2\Sigma x}{n}$$

$$b=\frac{2\Sigma y}{n}$$

ここに，Σx：x 値の合計　　　n：放射線の数

Σy：y 値の合計

最小二乗円の半径 R は，次の式で求められる。

$$R=\frac{\Sigma r}{n}$$

ここに，Σr：点Pの最小二乗中心からの半径距離の和

n：放射線の数

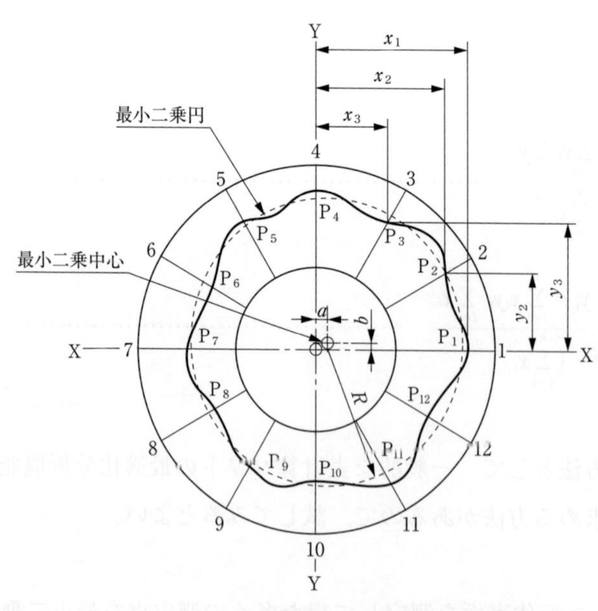

図1－6　最小二乗円（JIS B 0001：2019）

第３節　測 定 誤 差

同一測定器で一つの部品を繰り返し測定したとき，必ずしも測定値が同じにならず，ばらつくときがある。これは何らかの影響によって，読み取られた測定値に誤差が含まれているからである。その原因には，測定者の不慣れや不注意による人為的なもの，また，測定器の構造や周囲の環境との不適が考えられる。次にその主な原因と対策について述べる。

3.1　測定器のもつ誤差

測定器で測定する場合に，例えば真の値が，10の寸法のものを何回繰り返しても9.9と示すような，その測定器自身がもつ固有の誤差がある。測定器の指示値から真値を引いた値を，その測定器の器差という（pp. 34－35　表１－６参照）。すなわち，

器差＝（測定器の指示値）－（真値）

測定器の器差は，JIS に定められた標準状態のもとで検査し，決定される。

JIS Z 8703：1983では，次のように定められている。

・標準状態の温度は，試験の目的に応じて20 ℃，23 ℃又は25 ℃のいずれかとする。

・標準状態の湿度は，相対湿度50 ％又は60 ％のいずれかとする。

・標準状態の気圧は，86 kPa 以上106 kPa 以下とする。

また参考として，ISO 554-1976によれば，試験のための標準状態を３種類定めている。そのうち推奨される標準状態は，温度23 ℃，相対湿度50 ％，気圧86 kPa 以上106 kPa 以下としている。

表１－４　標準温度・標準湿度の許容差（JIS Z 8703：1983）

標準温度の許容差		標準湿度の許容差	
級　別	許容差［℃］	級　別	許容差［％］
温度0.5級	± 0.5	湿度２級	±　2
温度１級	± 1	湿度５級	±　5
温度２級	± 2	湿度10級	± 10
温度５級	± 5	湿度20級	± 20
温度15級	± 15		

実際の測定を行う場合は，環境が標準の状態と異なることなどにより，さらに器差は変化する。すなわち，常に20 ℃の温度管理下で厳密に測定することは非常に困難であり，いずれの許

容差の温度環境が必要になるかは，どの程度の正確さで測定や試験を行うかによって変わってくる。

高精度の測定を実施するためには，許容差の小さい測定環境が必要なことはいうまでもない。

【対　策】

① 測定器の器差を知って，要求された寸法精度に適した測定器を選ぶ。

② 測定器を大切に取り扱い，常に最良の状態に保つ。

③ 測定する前には必ず原点が合っているかチェックし，狂っていれば合わせる。測定終了後にも，念のため原点が合っているかチェックする。

④ 測定器は定期的に検査・校正を行う。

⑤ 精度の高い測定が要求されるときは繰り返し測定し，測定値にばらつきのある場合は，その最大値と最小値との平均値をとり，これを器差として補正値を求める。

3.2　測定器の性能評価方法

JIS B 7507の2016年改正により，JISに規定されている測定器の指示誤差を表す「器差」が「指示値の最大許容誤差（MPE）」へと変更された。従来のJISの「器差」は仕様の領域（精度仕様）と合格範囲が等しいとする合格基準が採用されており，合否判定に測定の不確かさは含まれていなかった。合否判定に不確かさを含まないので，仕様の領域＝合格範囲となっていた。

しかし，新JISの「指示値の最大許容誤差（MPE）」は，ISO規格（ISO 14253－1）で採用されている不確かさを考慮した合否判定の基本的な考え方が採用されるようになった。合否判定に不確かさを考慮した条件を満たす場合に，仕様の領域＝適合の領域となる。

3.3　視　　差

視差とは，測定器が正確に寸法を指示しているのに，これを読み取る測定者の不慣れや不注意から生じる誤差である。図1－7に示すように，段差のある目盛を読む場合には測定者の目の位置によって，目盛を読む値に誤差が生じる。

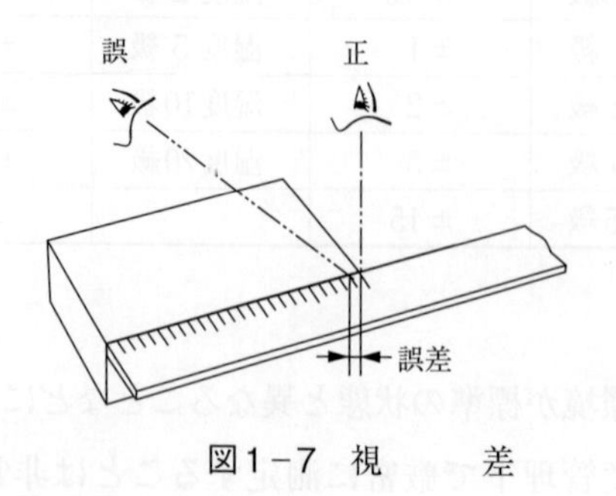

図1－7　視　　差

例えば，ノギスの目盛では本尺目盛とバーニヤ（「副尺」ともいう）目盛との間に最大0.3 mmの段差があるが，それを30 cm 離れて読み取るとき，目の位置が正面から左右に50 mm ずれると，目盛が0.05 mm なら完全に1目盛間違った値を読むことになる。

このような段差のある目盛を読む場合，測定者の目の位置によって読み誤りが生じることを十分認識しておかなければならない。

【対　策】

① 目の位置は，目盛板に対し，常に直角となるように正しい姿勢・読み方を習慣付ける。

② 直尺（スケール）を測定物に当てるときは，図1－8（a）のようにすると視差を防ぐことができる。

③ 指針をもつ測定器には，目盛板の下に鏡を置いて，指針の像と指針が一直線に重なる目の位置で目盛を読む（同図（b））。

④ 測微顕微鏡では，目盛線と標線を一致させる方法がとられるが，一般に目盛線の太さによって生じる視差を防ぐために二重標線が用いられる（p. 117　図2－88（a），（c）参照）。

⑤ 測定値を直接窓に数字で表示する（図1－8（c））。

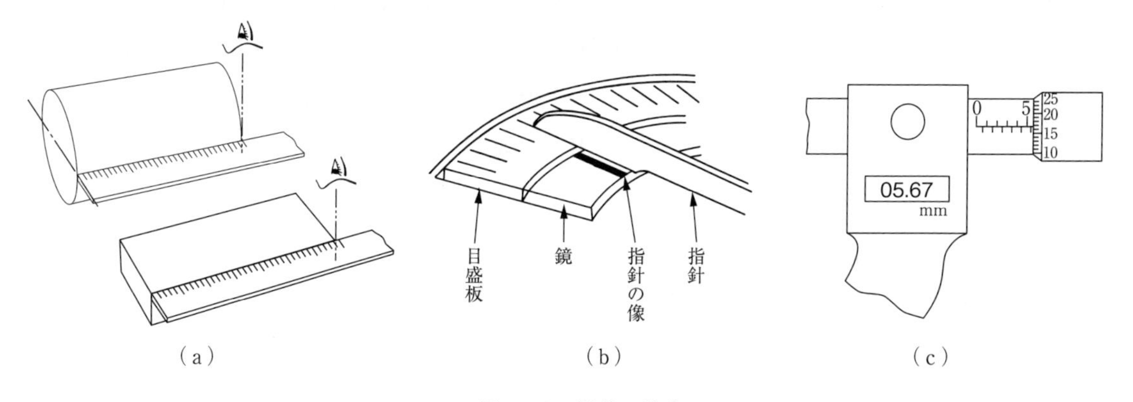

図1－8　視差の防止

3.4　温度の影響

寒暖計の液体の体積が温度によって変化するように，すべての物体は温度の変化に伴って伸縮する。このことを熱膨張といい，その度合いは材質によって異なる。これを温度1℃の変化によって長さが変化する量として表したものが，線膨張係数である（表1－5）。

測定物の長さだけでなく，測定器自身も温度によって影響を受けるため，手に持って使用する測定器などでは，体温によっても測定誤差が生じることを考慮しなければならない。

前述のように，我が国をはじめ各国では，工業的な測定の標準温度を定めている。

表１－５　主な材料の線膨張係数

293K（20℃）　線膨張係数（$\times 10^{-6}$/K）			
アルミニウム　Al	23.1	ステンレス（SUS304）	14.7
亜鉛　Zn	30.2	炭素鋼	10.7
金　Au	14.2	インバー （63.5%Fe-35.5%Ni）	（≦2.0）
銀　Ag	18.9	スーパーインバー （36.5%Fe-32%Ni-5%Co）	（0.1～１）
銅　Cu	16.5	ジュラルミン	21.6
鉛　Pb	28.9	ガラス（平均）	８～10
鉄　Fe	11.8	ガラス（パイレックス）	2.8
ニッケル　Ni	13.4	石英ガラス	0.43
クロム　Cr	4.9	ポリエチレン	100～200
黄銅（C2600）	17.5	コンクリート，セメント	７～14

（出所：「理科年表　平成22年」ほかを基に作成）

温度の変化によって生じる伸縮量は，長さと線膨張係数から次式によって求められる。

$$\lambda = L \cdot a \cdot t \quad \cdots\cdots\cdots\cdots \quad (1 \cdot 9)$$

λ：伸縮量　　　　　　t：温度変化（20℃―測定温度）

L：長さ［m］　　　　　K：ケルビン（1K＝1℃）

a：線膨張係数（10^{-6}/K）

例１）

真の値1mの長さをもつ炭素鋼（測定物）について，標準温度（20℃）から＋2℃温度が上がったときの伸縮量

$$1\,\mathrm{m} \times 10.7 \times 10^{-6}/\mathrm{K} \times 2\,\mathrm{K}$$
$$= 1 \times 21.4 \times 10^{-6}\,\mathrm{m}$$
$$= 21.4\,\mu\mathrm{m}$$

次に，測定器について考えてみる。

測定物と同じ線膨張係数をもつ測定器であれば，測定器の伸縮量も同じなので，測定値に温度による誤差は生じないと考えられる。しかし，実際には形状，構造，それに線膨張係数の違いや温度変化の違いによって，測定物と測定器が全く同一条件になることはあり得ないのが普通である。

ここで，測定物と測定器がどちらも標準温度（20℃）の状態で測定したところ，Lの長さであったものについて，（１・９）式から，

測定物　　$\lambda_1 = L \cdot a_1 \cdot t_1$

測定器　　$\lambda_2 = L \cdot a_2 \cdot t_2$

λ_1：測定物の伸縮量

λ_2：測定器の伸縮量

L：長さ［m］

a_1：測定物の線膨張係数（10^{-6}/K）

a_2：測定器の線膨張係数（10^{-6}/K）

t_1：測定物の温度変化

t_2：測定器の温度変化

測定器の読取値，つまり誤差は

$$\Delta L = \lambda_1 - \lambda_2 = L\ (a_1 \cdot t_1 - a_2 \cdot t_2) \quad \cdots\cdots (1 \cdot 10)$$

となる。

もし，このとき温度変化量も線膨張係数も等しいとするならば，$a_1 = a_2$，$t_1 = t_2$となり，（１・10）式より

$$\Delta L = 0$$

となる。したがって，前述のように誤差は生じない。

温度の変化量だけが異なる場合，すなわち　$a_1 = a_2 = a$，$t_1 \neq t_2$　のとき

$$\Delta L = L \cdot a\ (t_1 - t_2) \quad \cdots\cdots (1 \cdot 11)$$

線膨張係数だけが異なる場合，すなわち　$a_1 \neq a_2$，$t_1 = t_2 = t$　のとき

$$\Delta L = L\ (a_1 - a_2)\ t \quad \cdots\cdots (1 \cdot 12)$$

となる。

例２）

ステンレス鋼（SUS304）製で，真の値が50 mm の測定物を標準温度から10℃高い環境下に十分ならした状態で測定したい。測定器はマイクロメータ（線膨張係数：12.2×10^{-6}/Kとする）を用い，同じ条件下で十分にならした後に測定することとする。このときの測定誤差を求める。

まず，ステンレス鋼（SUS304）の線膨張係数を表１－５から求めると，

ステンレス鋼（SUS304）の線膨張係数＝（14.7×10^{-6}/K）

この場合，測定物，測定器ともに同じ温度であるとして，

上記（１・12）式より

$$\begin{aligned}\Delta L &= L\ (a_1 - a_2)\ t \\ &= 50 \times 10^{-3} \times (14.7 - 12.2) \times 10^{-6} \times 10 \\ &= 1.25 \times 10^{-6}\ \mathrm{m} \\ &= 1.25\ \mu\mathrm{m}\end{aligned}$$

【対　策】

① 切削加工中，又は切削直後の寸法は，切削熱による膨張を見越して測定するか，時間を経て，室温に達するまで待ってから再度測定する。

② 測定器と測定物は同一条件を保つようにする。室内の温度が変化したり，別の室内へ移したときなどは，一般に定盤のような熱容量の大きなものの上に両者を載せて十分温度ならしを行い，同一温度にした状態で測定するとよい。

③ 厳格な測定では，常に標準温度に保たれた恒温室内で測定や工作を行う。

④ 体温による影響も十分に考慮する必要がある。人間の体温は一般に36℃ほどあり，直接素手で測定器や測定物に触れないように，握り部をゴム，プラスチックなどの熱の不良導体で包み，手袋を使用するとよい。

3.5　測定器の構造による影響

高精度な測定の方法として，置換法が挙げられる。これは測定量と既知量を置き換えて２回の測定結果から測定量を知る方法で，正確な「基準」と比較し，測定器自身の不正に基づく誤差を除くことを目的とする場合が多い。

置換法には，一般の計測器よりも分解能（測定の識別限界）の高い「比較器」が使用される。例えば，長さ測定の場合，「万能測長機」などが比較器として使用される（p. 117　第２章第10節「万能測長機」参照）。

しかしながら，作業量が多く手間がかかる測定方法であるため，一般には各種寸法に応じた測定のできるものが選ばれる。

（1）　しゅう動部の傾きによるもの

図１－９は測長器について二つのタイプを表したものである。構造的な違いで分類すると，

（ａ）　顕微鏡移動型（読取り部が移動・目盛尺固定）

（ｂ）　目盛尺移動型（読取り部固定・目盛尺移動）

に分けられる。この二つの測長器を比較すると，総じて（ｂ）タイプのほうが精度が良い。その理由は「アッベの原理」に合致した構造による。

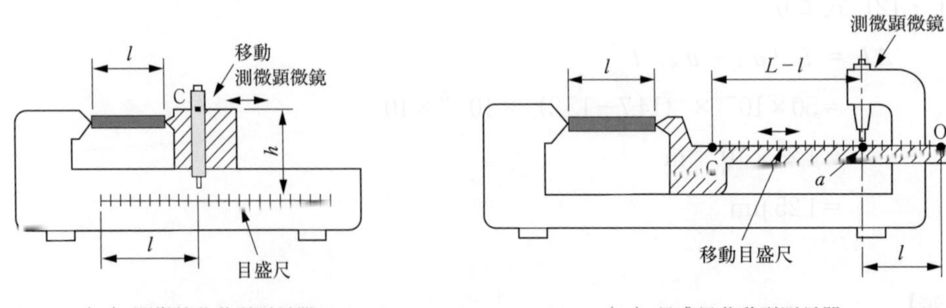

図１－９　横型測長器の構造

（出所：「計測工学入門」森北出版，2007）

アッベの原理とは,「被測定物と標準尺の測定軸を同一直線上に配置する」ことにより，測定系の案内誤差に起因する測定の誤差を小さくすることができるというものである。

身近な測定器に置き換えてみると，ノギスは（a）タイプに属し，マイクロメータは（b）タイプに属すことになる（図1－10)。

式で表すと,

（a）の場合　誤差　$\Delta L = h\Delta\theta$

（b）の場合　誤差　$\Delta L = L\ (1-\cos\Delta\theta) = -\frac{1}{2}L\ (\Delta\theta)^2$

h：目盛尺と被測定物との距離［mm］　　L：測定長さ［mm］

$\Delta\theta$：角度　rad（ラジアン）

例）

測定長さL＝100 mm, ノギスの測定位置h＝30 mm, ガタつきの角度が0.5°（$\Delta\theta = 8.7\times10^{-3}$ rad）とすると,

ノギスの場合：$30\times(8.7\times10^{-3}) = 0.261$ mm

マイクロメータの場合：

$$-\frac{1}{2}\times100\times(8.7\times10^{-3})^2$$

$$= -\frac{1}{2}\times100\times8.7\times8.7\times10^{-6} = -0.003\,8\ \text{mm}$$

となり，同じガタつきがあったとしても，アッベの原理に合致したマイクロメータのほうが，誤差は二桁小さいことが分かる（rad：ラジアンについては，p. 124　第3章第1節「1.1　角度の単位」参照)。

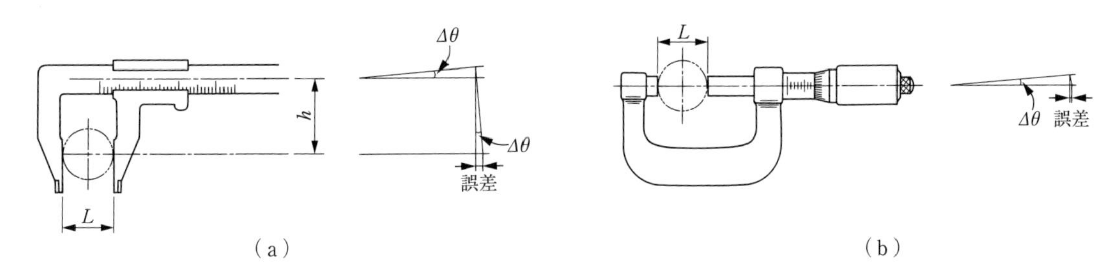

図1－10　測定器の構造とアッベの原理

【対　策】

①　高い精度を要する測定は，置換法による比較測定を選ぶ。

②　測定器又は測定工具の製作に当たっては，アッベの原理を活用する。

③　アッベの原理に反する構造の測定器（ノギス，ハイトゲージなど）を使用するときは，できる限り目盛尺に近い位置で測定物に接触するようにする。

（2）　測定力による影響

両測定面間に測定物を挟んで測定する構造のものは，被測定面と確実に接触させるために多少の測定力を必要とする。したがって，同一測定器によって同じ寸法の測定物を測定しても，そのときの測定力が異なれば，接触部に生じる弾性変形量が変わる。また，同一測定力であっても，測定子と被測定面における接触部の形状が平面と曲面とでは測定値が異なり，面の仕上がり程度によっても変わってくる。

例えば，マイクロメータの測定力はかなり大きいので（5 N～15 N），測定物は圧縮される。ブロックゲージなど平面をもつものの測定では比較的圧縮の量は小さいが，丸棒の直径を測定する場合などは平面と円筒面とが接触するので，接触部分の弾性変形が大きくなり接近する。

丸棒が鋼材の場合，鋼の弾性係数205 GPa，測定力を15 N とすると，ヘルツの式より次のように表すことができる（図１－11）。

$$\Delta D = 0.094 \cdot \frac{P}{C} \cdot \sqrt[3]{\frac{1}{D}}$$

ΔD：接近量［μm］　　C：測定面の接触長さ［mm］

P：測定力［N］　　D：丸棒の直径［mm］

マイクロメータの測定面の中心で測ると $C = 6.35$ mm であり，$D = 5$ mm とすると，次のようになる。

$P = 5$ Nの場合　　$\Delta D = 0.043$ μm

$P = 15$ Nの場合　　$\Delta D = 0.130$ μm

また，測定器の保持具にたわみを生じる場合も同様に，正しい測定値は得られない。

【対　策】

① 測定力を常時一定に保つために，定圧装置を備えるとよい。

② 測定に当たっては，同形，同質の標準を備えて，適時基準点を確認する。

③ 厳格な測定では，測定力をできるだけ小さくするか，非接触状態で行える機構の測定器を選ぶ。

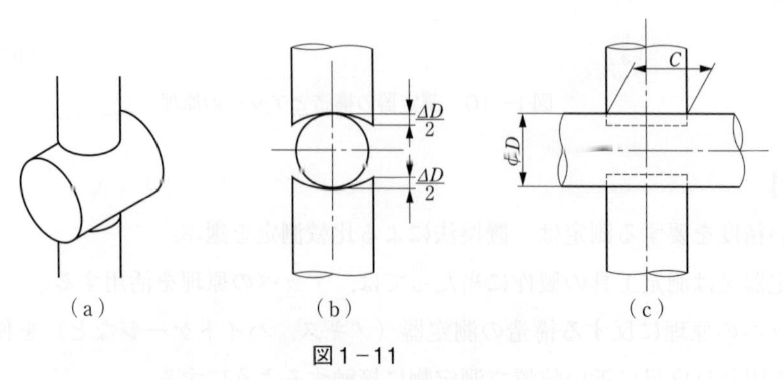

図１－11

(3) 接触誤差

接触誤差とは，測定子の形状が図1－12に示すように被測定面に対して不適当なとき，また，測定器のもつ測定面が摩耗，又は両測定面が平行でない場合に生じる誤差である。

【対　策】

① 測定器の測定面の形状は，測定物の外形が曲面のときは平面，また，穴径には球面か曲面を選ぶ。

② 測定器の測定面に耐摩耗性のある材質（超硬チップ）などを用いたり，ローラ測定子を用いる。特に運動中の測定物の測定は，非接触の測定を行う。

③ 二測定面間の平行，傷の有無及び基準ゲージと比較した指示値を確認する。

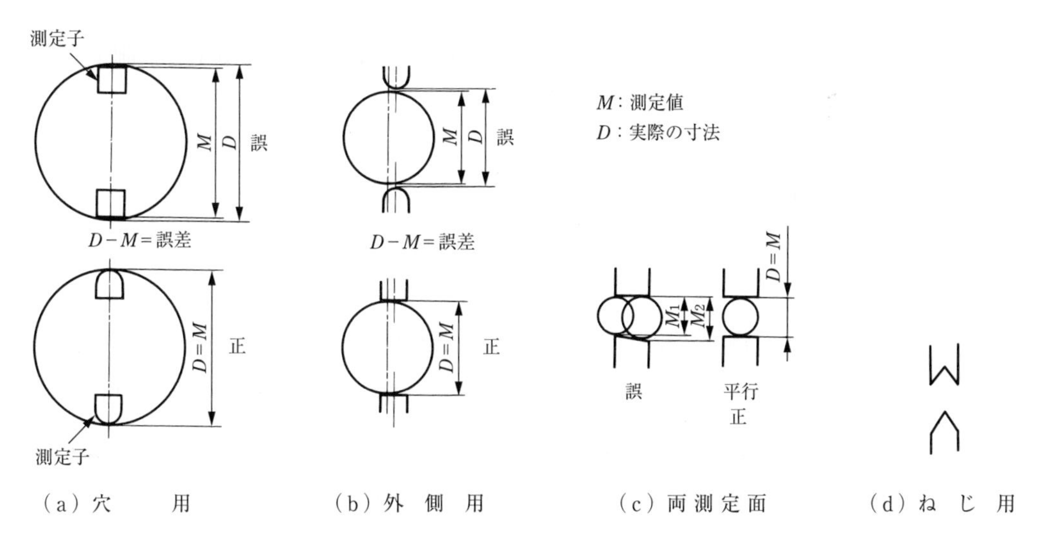

図1－12　測定面の形状の適否

(4) 戻り誤差

例えば，ダイヤルゲージなどを用いて比較測定を行った場合，測定物の同一箇所を測定したとしても，測定子を押し込む方向（行き方向）の測定値と，出てくる方向（戻り方向）の測定値に差が生じる。この行き方向と戻り方向の同一測定点で評価した誤差を，戻り誤差と呼ぶ。

戻り誤差は，しゅう動部の摩擦力や測定器の機構（歯車やねじなど）による遊び（バックラッシ）によって生じる。これをグラフ化すると，ヒステリシス曲線を描くことになる（図1－13）。

この場合，途中で入力の増減方向を変えると曲線で構成されるループ内のすべての点をとる可能性がある。この誤差を補償することは極めて難しいため，測定の際は常に一定の方向から測定することが必要となる（p. 91　第2章第7節「（1）ダイヤルゲージ【精度】」の項参照）。

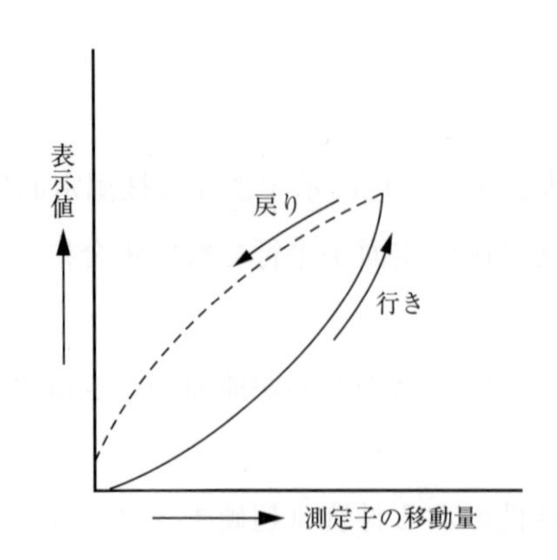

図１－13　ダイヤルゲージにおけるヒステリシス曲線の例

【対　策】

①　戻り誤差を発生させないように，測定量の変位が常に一定になるように測定する。

②　測定子を移動する速さを一定に保つ。

3.6　長尺物のたわみによる影響

（1）　水平に支持したときのたわみ

細長い形状の測定器，標準器又は測定物を平らな定盤に置くと，接触する面の形状誤差から不規則な変形を生じるため，２点で支えるのが一般的である。この場合，長物は自重によってたわみを生じ，正しい寸法の測定はできない。したがって，各支点の位置によってそれぞれ異なるたわみの形状から，最も使用目的に適したものを選ぶ必要がある。

【対　策】

①　長物の工作物の場合は，できるだけ使用条件と同一の状態で支えて測定する。また，測定器の基準点を合わせるときも同じ条件で行う。

②　支点の位置は，使用目的によって図１－14から定めるとよい。

（2）　自重による縮み

測定器，標準器あるいは測定物は，垂直に立てると自重により圧縮変形して縮み，ある程度以上長くなると，その変形量は無視できなくなる。例えば，均一鋼材でできているものとして，鋼の弾性係数を205 GPaとすると，次の式で計算できる。

$$\Delta L = 2 \cdot 10^{-7} \cdot L^{2}$$

ΔL：変形量［μm］　L：長さ［mm］

【対　策】

できるだけ測定物が使用されるときと同じ状態で，測定器の基準点合わせと測定を行う。

(a)	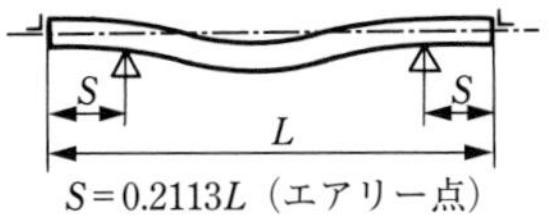 $S=0.2113L$（エアリー点）	両端面が平行であり，かつ軸線に対し垂直になる支持点。 これをエアリー点という。 用途：端度器（ブロックゲージ等）の支持
(b)	 $S=0.2203L$（ベッセル点）	たわみによる全長の誤差が最小となるような支持点。 これをベッセル点という。 用途：線度器（標準尺）などの支持
(c)	 $S=0.2232L$	全体のたわみが最も少なく，両端と中央のたわみが等しくなる支持点。 用途：面測定の支持
(d)	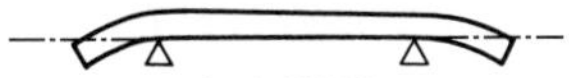 $S=0.2386L$	両支点間のたわみが最も少ない支持点。 用途：面測定の支持

図１－14　支持法によるたわみの形状

3.7　その他の影響

前記の測定誤差のほか，機械の発する音や振動，あるいは電磁的なノイズなどのように環境からくるもの，又は自然現象の急変などから生じる偶然誤差で，全く原因がつかめないこともある。

【対　策】

① 環境を変えるか，周囲を整備し，測定器を大切に取り扱う以外に，これらの誤差を防ぐ方法はない。

② 測定を数回繰り返して，その平均値を測定値とする。

第４節　日本産業規格

機械器具をはじめ，各種の機械部品や材料を標準化することは，大量生産を可能にし，生産費の低減，品質の向上，互換性の獲得など，生産に役立つだけでなく，商取引き上においても極めて便利である。このような観点から，各国において規格の設定が進められた。

我が国では1921年から工業製品規格が次々と制定され，JES（日本標準規格）と呼ばれてきた。1949年，新たに工業標準化法が公布され，以来，日本工業規格と呼ばれてきたが，法改正に伴い2019年７月１日から日本産業規格に改称された。

JIS は世界各国との連携から ISO（国際標準化機構）に準じ，また，工業技術の進歩に伴って５年ごとに再検討し，必要に応じて改正，廃止及び新設される。したがって，測定法については JIS に従うと同時に，JIS を十分検討して測定の方法や測定器の選択を決定しなければならない。

JIS への適合性を認められた製品には，JIS マークを表示することができる。鉱工業品用の JIS マークを図１－15に示す。

なお，JIS に使用されている測定に関する用語の主なものを表１－６に示す。また，表１－７に新旧 JIS B 0401－1の用語の対比表を示す。

図１－15　JIS マーク（鉱工業品用）
（出所：日本産業標準調査会）

表１－６　計測用語①（JIS Z 8103：2019）

用　語	意　味
校　　正	指定の条件下において，第一段階で，測定標準によって提供される不確かさを伴う量の値とそれに対応する指示値との不確かさを伴う関係を確立し，第二段階で，この情報を用いて指示値から測定結果を得るための関係を確立する操作
トレーサビリティ	個々の校正が不確かさに寄与する，切れ目なく連鎖した，文書化された校正を通して，測定結果を参照基準に関係付けることができる測定結果の性質
測定値	測定結果を表す量の値
真値，真の値	量の定義と整合する量の値
誤　　差	測定値から真値を引いた値
かたより	測定値の母平均から真値を引いた値
ばらつき	測定値がそろっていないこと。また，ふぞろいの程度 注記１）測定のばらつきは偶然効果によって生じる 注記２）ふぞろいの程度を表すには，例えば，標準偏差を用いることができる

表1－6　計測用語②（JIS Z 8103：2019）

用　　語	意　　味
総合誤差	種々の要因によって生じる誤差成分のすべてを含めた総合的な誤差
真度，正確さ	無限回の反復測定によって得られる測定値の平均と参照値との一致の度合い
精密さ，精度	指定された条件の下で，同じ又は類似の対象について，反復測定によって得られる指示値又は測定値の間の一致の度合い
繰返し性，併行精度	一連の測定の繰返し条件の下での測定の精密さ
補　　正	推定した系統効果に対する補償
不確かさ	測定値に付随する，合理的に測定対象量に結び付けられ得る値の広がりを特徴づけるパラメータ
視　　差	読取りに当たって，視線の方向の違いによって生じる誤差
目　　量	表示測定器の目幅に対応する測定量の大きさ（１目の読み）
目　　幅	表示測定器の相隣る目盛線の間隔
器　　差	a）指示値から真値を引いた値 b）標準器の公称値から真値を引いた値
測定区間	定義された条件下で，ある与えられた測定器又は測定システムによって，特定の機器による不確かさで測定することができる同じ種類の量の値の集合
感　　度	測定される量の値の変化に対する，測定システムの指示値の変化の比率
許 容 差	基準にとった値と，それに対して許容される限界の値との差
公　　差	指定された最大値と最小値との差
最大許容誤差	既知の参照値に関して，ある与えられた測定，測定器又は測定システムの仕様又は規則によって許されている測定誤差の極限値

表1－7　新旧JIS用語の対比表（JIS B 0401－1：2016）

JIS B 0401－1：2016 における用語	旧規格 JIS B 0401－1：1998 における用語
図示サイズ	基準寸法
当てはめサイズ	実寸法
許容限界サイズ	許容限界寸法
上の許容サイズ	最大許容寸法
下の許容サイズ	最小許容寸法
サイズ差	寸法差
上の許容差	上の寸法許容差
下の許容差	下の寸法許容差
基礎となる許容差	基礎となる寸法許容差
サイズ公差	寸法公差
基本サイズ公差	基本公差
基本サイズ公差等級	公差等級
サイズ許容区間	公差域
公差クラス	公差域クラス
はめあい幅	はめあいの変動量
ISO はめあい方式	はめあい方式
穴基準はめあい方式	穴基準はめあい
軸基準はめあい方式	軸基準はめあい

第５節　トレーサビリティ

5.1　トレーサビリティの意味と目的

計量器（測定器）で測定した結果が信頼できるものであるためには，計量器の精度が許容される範囲に入っていることが検査・校正によって確認され，精度が保守・管理されていることが必要である。

JIS Z 8103：2019には，「計測のトレーサビリティとは，個々の校正が不確かさに寄与する，切れ目なく連鎖した，文書化された校正を通して，測定結果を参照基準に関係付けることができる測定結果の性質である。」と定義されている。

計量器は標準器によって校正される。その標準器は，より上位の標準器によって校正され，さらにこの連鎖が続き，最後は現在の科学技術で実現できる最高水準の国家標準までたどり着く。逆にいうと，計量の標準を国家標準から順次下位へと供給する標準伝達のシステム（標準供給システム）が構築されていることになる。

このように計量器や標準器による測定結果が，より高位の標準器による校正の連鎖によって国家標準に関連づけられていることをトレーサビリティ（traceability）と呼んでいる。

5.2　計量法トレーサビリティ制度

日本においては，1993年に「計量法」の施行によって，国家標準から計量標準を供給するシステムが作られた。2005年には「計量法」の改正により，認定制度から登録更新制度へと変更された。

これが，計量法校正事業者登録制度（JCSS）である。その概要を図１－16に示す。

国際的には，国ごとに国家標準とそれにつながるトレーサビリティ体系を構築することで制度を維持している。すなわち，国家標準の精度は国ごとに比較をして保つとともに，トレーサビリティ体系の適切性は各国の認定機関が校正機関の認定を通してその信頼性を高め，一般的には相互承認（MRA）への署名という形で表明され，保証される（図１－17）。

日本では，独立行政法人製品評価技術基盤機構（nitc）の，適合性認定分野を担当している認定センター（IAJapan）が公的な認定機関としてMRAに署名し，試験，校正結果の相互受入れを推進している。

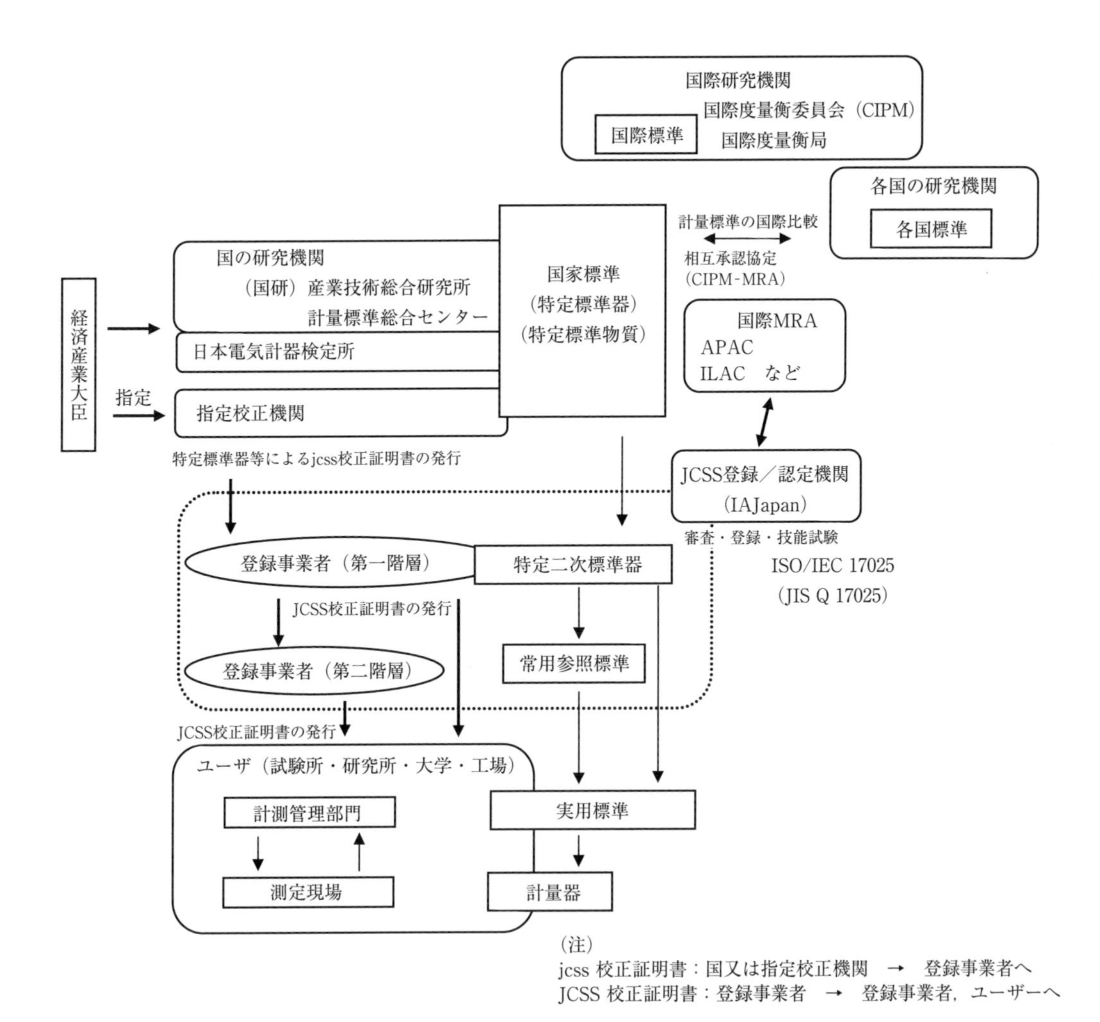

図1－16　計量法トレーサビリティ制度と計量標準の供給システム
（出所：（独）製品評価技術基盤機構 HP 資料より作成）

図1－17　MRA 対応事業者認定シンボル
（出所：（独）製品評価技術基盤機構）

5.3　トレーサビリティにおける計量器・標準器

「5.1」で述べた“より高位の測定標準”とは，少なくとも次の条件を備えたものである。

① それよりもさらに高位の測定標準によって校正されており，登録事業者の発行したJCSS校正証明書（「計量法」第144条に係る校正証明書）があり，かつ校正期限内にあるもの。

② その精度は校正される計量器の精度と比べて，理想的には1/10より高いもの，もしそれが難しい場合でも，少なくとも1/5より高いものが望ましい。

不確かさの考え方（p. 17　第１章第２節「2.2　精度」参照）においては，計量器や標準器はそれぞれの不確かさを明確にして，その計量器や標準器を使って検査・校正した計量器の不確かさの中に校正の不確かさとして含める。したがって，不確かさは次々に下位へ伝播して含めていくことになる。

つまり，下位へいくほど不確かさが大きくなる。

5.4　トレーサビリティの具体例

例えば，ある会社の中で，末端で使用しているマイクロメータやノギスなどの測定器による測定結果が，長さの国家標準へのトレーサビリティが確保されていると保証するためにはどうすればよいであろうか。

一つは，末端の計測器の校正を定期的に登録事業者に依頼してトレーサビリティを確保する方法がある。もう一つは，その会社がブロックゲージなどの標準器と比較測定器を保有し，自身で計測器の校正（社内校正）を実施することも認められている。その場合は，まずその標準器が定期的に登録事業者により校正される必要があり，加えて，適切な力量をもつ要員が適正な校正方法を用いて社内校正を実施（測定不確かさの適切な評価を含む）したことを，その会社自身が証明する必要がある。

■東西冷戦とトレーサビリティ

食品の産地偽装問題やBSE問題などで，にわかに耳にするようになったトレーサビリティですが，トレーサビリティは過去の東西冷戦から生まれた，といっても過言ではありません。

1957年，ソ連（当時）によって世界初の人工衛星「スプートニク」が打ち上げられたとき，アメリカは大変な衝撃（スプートニク・ショック）を受けました。

スプートニク・ショック以降，アメリカは「宇宙開発でソ連を絶対追い越す」という信念のもと，1958年にアメリカ航空宇宙局（NASA）を設立し，宇宙開発競争に突入すると同時に科学振興を一気に進めたことでアメリカの軍事・科学・教育の大きな再編がなされました。この運動は高度成長期にあった我が国の「科学技術教育」にも大きな影響を与えました。

ソ連を凌駕する宇宙競争技術力をつけるために，計測器と科学データの信頼性確保が求められ，ロケット製作及び打ち上げの技術的基盤の確立が図られました。そうしたデータの信頼性に基づく技術基盤向上を，「あらゆる計測とデータを正確な国家標準に対していつもトレーサブルなものにする」ことによって保証しようとしたのです。これが計測機器における「トレーサビリティ」の基本的な出発点となりました。この考えはその後，製品の品質管理や物流の履歴の明確化など，各分野に広がっていきました。

第１章のまとめ

第１章で学んだ測定の一般事項について，次のことを整理して理解しておこう。

（1）測定作業の目的について。

（2）測定の方法について大きく分けて３通りの方法があるが，それぞれの長所と短所について理解し，作業の際には一番適した測定方法を使い分けができるか。

（3）次の言葉の意味と違いを理解しているか。

・誤差

・精度

・不確かさ

（4）測定で得た数値の丸め方，及び最小二乗方法について理解しているか。

（5）測定に当たっては，どのような誤差がどの程度生じるか。

・器差

・視差

・温度の影響

・測定器の構造（形態）

・測定力

・測定物の支持方法

また，これらによる誤差を最小限にするにはどうすればよいか。

（6）測定に関する主な用語の意味を正確に知っているか。

（7）トレーサビリティ制度について理解しているか。

第１章　演習問題

次の問いに答えなさい。

【１】 測定の方法には大きく分けて次の３通りがあるが，それぞれの長所と短所を述べなさい。

	長　所	短　所
直接測定	（　　　　　）	（　　　　　）
比較測定	（　　　　　）	（　　　　　）
限界ゲージ方式	（　　　　　）	（　　　　　）

【２】 「誤差」と「不確かさ」の定義の違いを述べなさい。

【３】 温度20 ℃の条件下で測定した長さ200 mm のステンレス鋼（SUS304）が，25 ℃になったときの伸縮量を計算しなさい。

【４】 長さ1 500 mm の端度器を２点の支持で水平状態において使用したい。このとき端部から支点までの距離をいくつにすれば両端部が平行になるか。

【５】 計測のトレーサビリティについて，その目的とは何か。

第2章
長さの測定

第２章では，長さの測定について以下のことを学ぶ。

第１節では，長さの単位とその標準がどのように決められているかについて学ぶ。

第２節では，長さの測定の形態の種類と基準の取り方を学ぶ。

これ以降は，長さの測定に使われている測定器について，測定原理や用途によって分類し，それぞれの代表的な測定器について，個々にその原理，機構，仕様，性能の主な事項及び使い方を学ぶ。仕様と性能については，JIS に規格があるものはそれを引用している。

第３節では，線度器について，前半は直接目盛を合わせて使う各種尺と，スケールから寸法を比較し移し取るパスについて学ぶ。後半は目盛を細分化して読み取り，精密な測定に使うノギス，ハイトゲージなどについて学ぶ。

第４節では，ねじの拡大機構を利用した代表的な測定器として外側マイクロメータと内側マイクロメータについて学ぶ。

第５節では，端度器について，特に長さ測定器の標準に多く使われるブロックゲージについて学ぶ。

第６節では，単測ゲージについて学び，限界ゲージについてはテーラの原理を学ぶ。

第７節では，比較測定に使う測定器を３方式に分け，機械式ではダイヤルゲージなどについて，流体式では空気マイクロメータについて，電気式では電気マイクロメータについて学ぶ。

第８節では，光波干渉原理を使った干渉計，測長機及びその他のレーザを利用した測定器について学ぶ。

第９節では，デジタルスケールの原理や方式と，これを応用した測定器について学ぶ。また，デジタル方式の測定器では避けられない量子化誤差について学ぶ。

第10節では，万能測長機について学ぶ。

第１節　長さの単位と標準

古代では，長さの標準は身近な人体の一部，例えば手・足・指・腕などの長さを基準にして決め，それを単位にしていた。そのため各種族・民族によって異なった単位を用いることになり，その状態が長く続いてきた。しかし，近代になり産業及び科学技術の発展や交通機関の発達に伴って各国の交流が盛んになり，求められる精度も向上するにつれて，世界的に統一された単位を必要とするようになった。

現在では様々な量の単位が使われているが，国際単位系（SI）では七つの基本単位を決めて，それらを組み合わせて組立単位を定めている。我が国も1999年からは，すべての単位についてSI 単位を使用することになった。

これらの単位は，理論上では長さ，質量，時間の三つの単位を基にして表すことができる。日本をはじめ多くの国では，この三つの単位にm（メートル），kg（キログラム），s（秒）を用いたMKS 単位系を採用している。

なお，イギリス，アメリカなど一部の国では，ヤード，ポンド，秒を採用しており，そのため，我が国においても，ねじ規格の一部などにその影響が残っている。しかし，ヤード単位系は補助単位の関係が十進法になっておらず，また，１インチ以下を二分法で表すなど計算に不便なこともあり，国際標準化機構（ISO）の決定により，逐次メートル単位に切り替えられている。

1.1　長さの単位

（1）　メートル単位

1870年，パリにおいて長さについての国際会議が開催され，1875年５月に17カ国が国際メートル条約に署名し，メートルが国際的な長さの単位として採用された。我が国もこの会議に参加していたが，1961年に「計量法」で「長さの計量単位をメートルとする」と定めて以来，完全にメートル単位系に移った。

（2）　接頭語の使い方

メートル単位は，実際の長さの測定においては大きすぎたり小さすぎたりするので，10の整数乗倍して実用に適したものにして使う。その場合には，メートルに表２－１に示すような接頭語をつけた単位で表す。

機械加工における長さの測定では，一般に次の単位を使っている。

$1/1\,000\mathrm{m} = 10^{-3}\mathrm{m} = 1\,\mathrm{mm}$（ミリメートル）

表２−１　SI 接頭語（JIS Z 8000−１：2014）

倍量又は分量	接　頭　語	
	名　称	記　号
10^{24}	ヨ　タ	Y
10^{21}	ゼ　タ	Z
10^{18}	エクサ	E
10^{15}	ペ　タ	P
10^{12}	テ　ラ	T
10^{9}	ギ　ガ	G
10^{6}	メ　ガ	M
10^{3}	キ　ロ	k
10^{2}	ヘクト	h
10^{1}	デ　カ	da
10^{-1}	デ　シ	d
10^{-2}	センチ	c
10^{-3}	ミ　リ	m
10^{-6}	マイクロ	µ
10^{-9}	ナ　ノ	n
10^{-12}	ピ　コ	p
10^{-15}	フェムト	f
10^{-18}	ア　ト	a
10^{-21}	ゼプト	z
10^{-24}	ヨクト	y

1/1 000 000m＝10^{-6}m＝1 µm（マイクロメートル）

【単位の10の整数乗倍の構成】

単位の10の整数乗倍の構成は，表２−１による。

① 接頭語の記号は，すぐ後に付けて示す単位記号と一体となったものとして扱う。そしてそれらは，正又は負の指数を付けて新しい単位の記号としたり，さらにほかの単位記号と連結して組立単位の記号を構成してもよい。

例：$1\ \mathrm{cm}^3 = (10^{-2}\mathrm{m})^3 = 10^{-6}\mathrm{m}^3$

備考：質量の基本単位の名称キログラムが接頭語の名称である“キロ”を含んでいるので，質量の単位の10の整数乗倍の名称は“グラム”という語に接頭語をつけて構成する。例えば，マイクロキログラム（µkg）ではなくミリグラム（mg）とする。

② 合成した接頭語は用いてはならない。例えば，mµm（ミリマイクロメートル）ではなく nm（ナノメートル）を用いる。

（３） ヤード単位

ヤードに対する補助単位と，互いの関係を表２−２に示す。インチとミリメートルとの関係は，1926年に ISO の会議で，一般工業用として次のように定められている。

１インチ＝25.4 mm

表2-2　ヤード補助単位

ヤード [yd]	フィート [ft]	インチ [in]	ライン [line]	ミ　ル [mil]	マイクロインチ [microinch]
1	3	36	360		
	1	12	120	12 000	
		1	10	10^3	10^6
914.4 mm	304.8 mm	25.4 mm	2.54 mm	0.025 4 mm	0.000 025 4 mm

(4)　力の単位

長さの測定に直接関係のある測定力の単位には，SI 単位のN（ニュートン）を使用する。今まで使用していた単位との関係は，次のとおりである。

1 kgf ＝9.806 65 N

1.2　長さの標準

(1)　メートルの標準の変遷

1876年，フランスにおいて国際度量衡中央局が設立され，パリを通る地球子午線の北極から赤道までの距離の1 000万分の１を1 mと定めた。これを基にしてメートル原器（図２－１）を作り，1889年第１回国際度量衡総会において，0 ℃における標線間の距離が1 mと定められた。メートル原器は，パリ近郊のセーブルにある国際度量衡中央局に今なお保管され，原器の複製が各メートル条約加盟国に１個ずつ配られた。我が国には，そのうちNo.22が配られ，1890年から1961年までの間，長さの原器として使用された。

その後，科学技術の進展に伴って，普遍性と不滅性，また，さらに高い精度が要求されて，いつでも容易に再現できる光の波長による長さの基準が用いられるに至った。

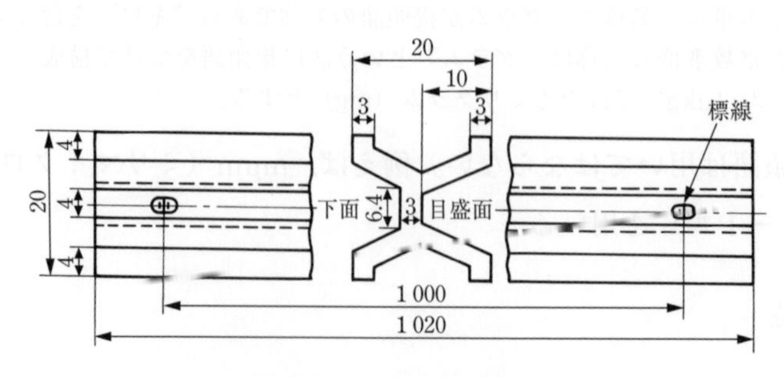

図2-1　メートル原器

(2) 光 波 基 準

1960年，パリにおける第11回国際度量衡総会において，光の波長を基準にした長さの標準が次のように決議された。

「天然に存在する各種のスペクトル線の中で，最も安定したクリプトン86（86 Kr）のだいだい色の光の真空中における波長の1 650 763.73倍の長さを１ｍとする。」

(3) 光速度基準

その後，長さの標準に対して，さらに高い精度が求められるようになった。そこで1983年にパリで開かれた国際度量衡総会において，光の速度を基準にする方式が決定された。

「メートルは，１秒の1/299 792 458の時間に光が真空中を伝わる行程の長さとする。」

これによって長さの標準の精度は２桁～３桁ほど上がったとされる。

(4) 長さの測定における実用的標準

長さの標準は，光が一定の時間に進む行程の長さが基準となっているが，実際に工場などで行う測定に関しては取扱いが不便で，それほどまでの精度を必要としないものが多い。したがって，取扱いの容易な二次的な標準として，線度器（p. 52　第２章第３節）や端度器（p. 75　同第５節）が用いられる。

第２節　長さの測定の形態

長さの測定には，測定器と測定物の設定の仕方によって種々の形態があり，測定の基準のとり方が異なる。以下に主なものを挙げる。

① 測定物やそれを光学的に拡大した像に，測定器の目盛を突き当て，その目盛を読んで寸法を測る。測定の基準は測定物の一方の測定位置である（図２－２（ａ））。

尺（スケール）類，顕微鏡，投影検査器など

② 測定器の固定測定面と移動測定面で測定物を挟み，移動測定面の移動量を読んで寸法を測る。測定の基準は固定測定面である（同図（ｂ）～（ｆ））。

マイクロメータ，ノギス，フレーム付きダイヤルゲージなど

③ 定盤など水平面の上で，測定器の測定子を測定物に当て，測定子の上下の移動量を読んで高さ寸法を測るか寸法を移す。測定の基準は水平面である（同図（ｇ），（ｈ））。

ハイトゲージ，ダイヤルゲージ，指針測微計，電気マイクロメータなど

④ 測定器の保持治具の測定子と同じ側に基準があり，これを測定物に押し当てて半径などの比較測定を行う。読取値の原点は平面や標準形状品で設定する（同図（ｉ））。

ダイヤルゲージなど

⑤ 測定器の測定子を広げて測定物の内側に当て，測定子の移動量を読んで内側寸法を測る。

ａ　測定子が２本の場合，測定の基準は固定測定子の接触している位置である（同図（ｊ））。

棒形内側マイクロメータ，シリンダゲージなど

ｂ　測定子が３本で穴の径を測定する場合，測定の基準は穴の中心である（同図（ｋ））。

三点式内側マイクロメータ

いずれも測定基準位置ではゼロ点設定ができないので，基準器によって基準点を設定する。

⑥ 測定物を平行に走査（スキャン）する光線の中に置き，光線のさえぎられる状態を検出して寸法やその変動を測る。測定の基準は測定物の第一の測定端である（同図（ｌ））。

レーザ外径測定器

⑦ 機械的，光学的，電気的あるいはそれらを複合した手段により，測定器の検出部を測定物上の第一の測定位置に精密に合わせ，次いで第二の測定位置に合わせて，検出部又は測定物を載せた台が移動した距離を読んで，二つの測定位置の間の寸法を測る。測定の基準は，測定器に設定してある原点あるいは第一の測定位置である（同図（ｍ），（ｎ））。

万能測長機，測定顕微鏡，投影検査器，三次元座標測定機など

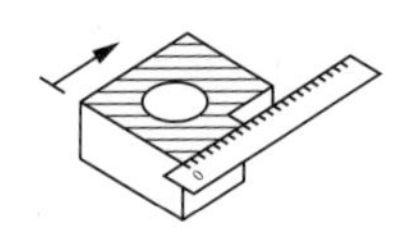
（a）スケールによる
測定

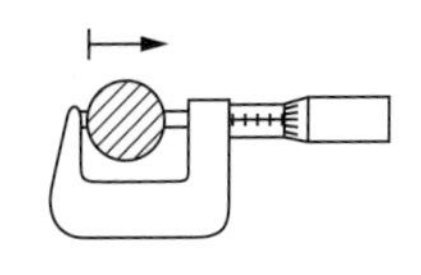
（b）マイクロメータ
による測定

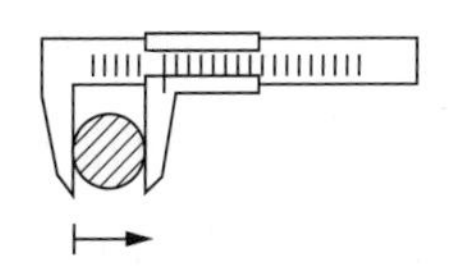
（c）ノギスによる測定

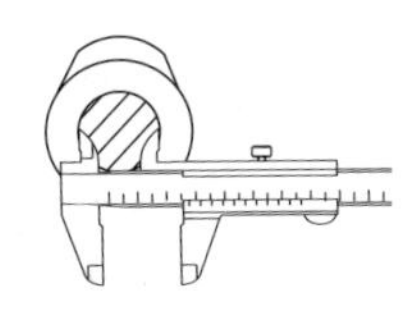
（d）ノギス（ジョウ）
による測定

（e）ノギス（デプスバー）
による測定

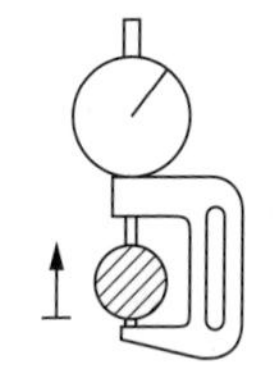
（f）フレーム付きダイヤル
ゲージによる測定

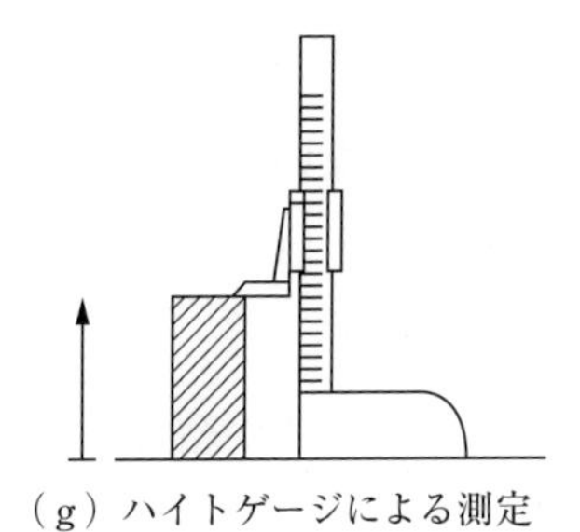
（g）ハイトゲージによる測定

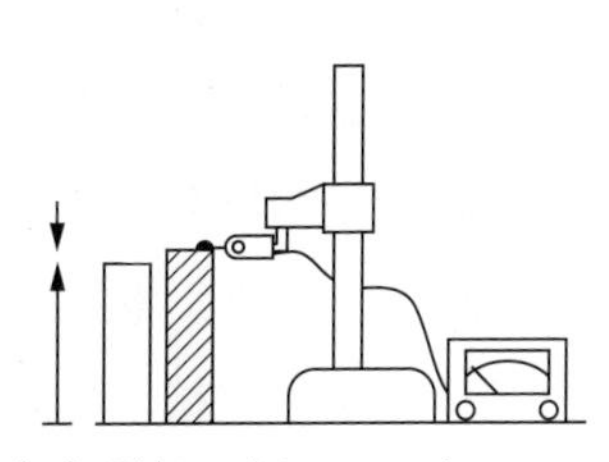
（h）電気マイクロメータ
による測定

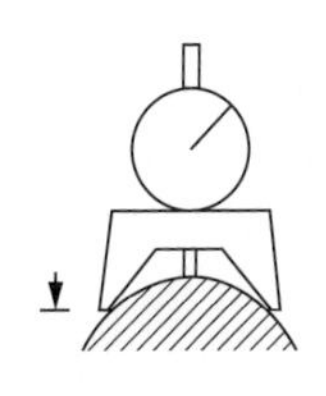
（i）ダイヤルゲージによる測定

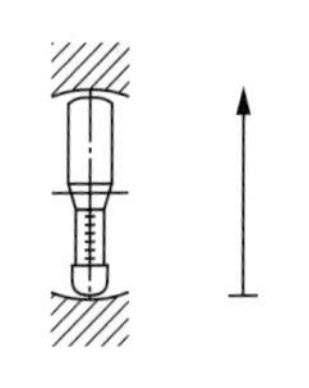
（j）棒形内側マイクロ
メータによる測定

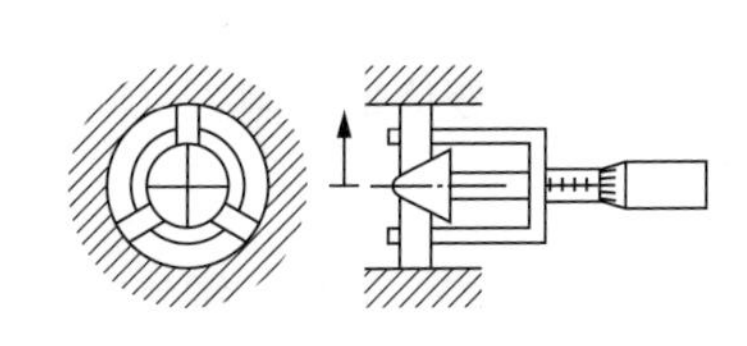
（k）三点式内側マイクロメータ
による測定

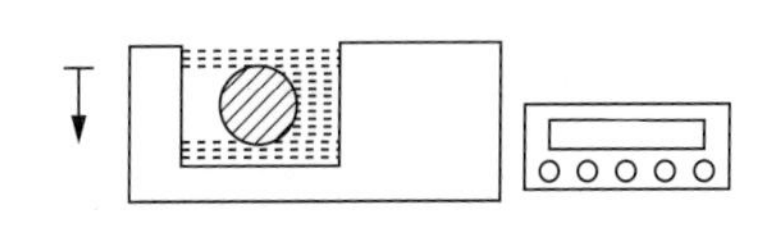
（l）レーザ外径測定器による測定

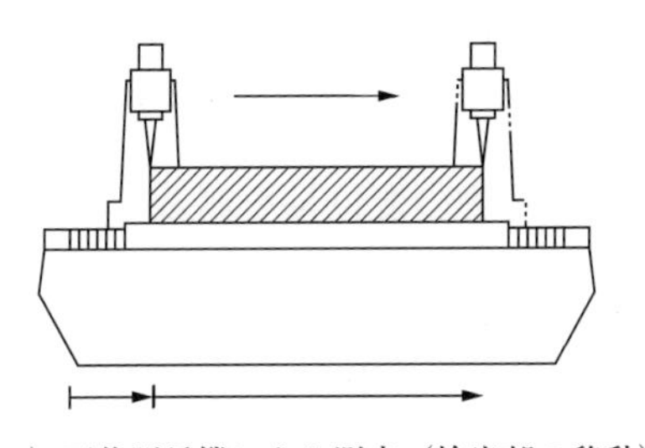
（m）万能測長機による測定（検出部の移動）

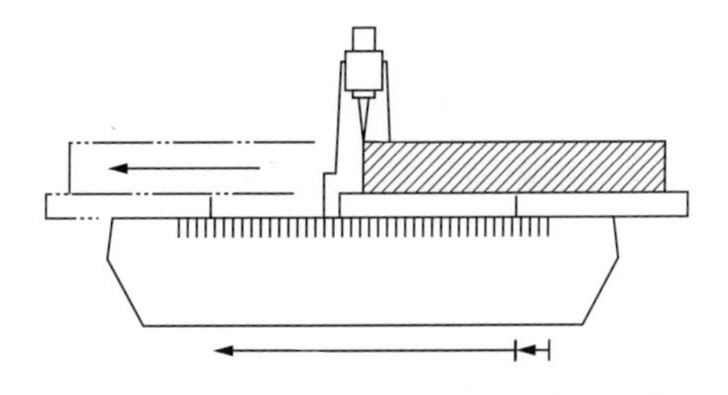
（n）万能測長機による測定（測定物の移動）

図２−２　長さ測定の形態①

⑧　測定器の測定子を測定物に当てて，測定器あるいは測定物を測定方向と垂直にしゅう動させたとき，測定子の移動量を読んで変動量を測る。測定の基準はしゅう動面である（同図（o）～（q））。

　　ダイヤルゲージ，てこ式ダイヤルゲージ，電気マイクロメータ

⑨　測定器を多数使用して各測定子を同時に測定物に当てて，各測定子の移動量を読んで形状の比較測定を行う。読取値の原点は平面や標準形状品で設定する（同図（r））。

　　ダイヤルゲージ，デジタルインジケータ，リニヤゲージなど

⑩　測定器の測定子を測定物に当てて測定物を回転させたとき，測定子の移動量を読んで変動量を測る。測定の基準は回転の中心である（同図（s））。

　　ダイヤルゲージ，てこ式ダイヤルゲージ，電気マイクロメータ

　測定基準位置ではゼロ点設定が難しいので，標準器によるか，変動の最大点あるいは最小点で基準点を設定する。

⑪　測定器を2台対向させて，測定子の間に測定物を挟み，両方の測定器の読取値の差を求めて厚みや径の寸法を測る。曲がりがあるため，支持の基準が一定しない測定物の測定に適している。測定の基準は両方の測定子の出会う位置である（同図（t））。

　　ダイヤルゲージ，デジタルインジケータ，電気マイクロメータなど

⑫　測定器本体は固定し，測定子を測定物や機械・装置の可動部分に当てるか結合して変位量を測る，あるいは位置決めを行う（同図（u），（v））。

　　ダイヤルゲージ，マイクロメータヘッド，デジタルスケールなど

⑬　固定した測定器本体から光を出して，測定物や機械・装置の可動部分に取り付けた反射装置で反射させて戻った光により，その間の変位量を測る（同図（w））。

　　レーザ測長機

⑭　測定器の検出部と測定物とを直接対向させて，流体，電気容量，光などを使って，その間の変位量を測る（同図（x），（y））。

　　空気マイクロメータ，静電容量測定器，光波干渉計，レーザ変位計など

- 検出部を固定し，流量，電気容量，反射光などの変化量から，測定物の変位量を測る。
- 流量，電気容量，反射光などを一定に保つ（したがって双方の間隔を一定に保つ）ようサーボ駆動して，検出部を移動させた量から測定物の変位量を測る。

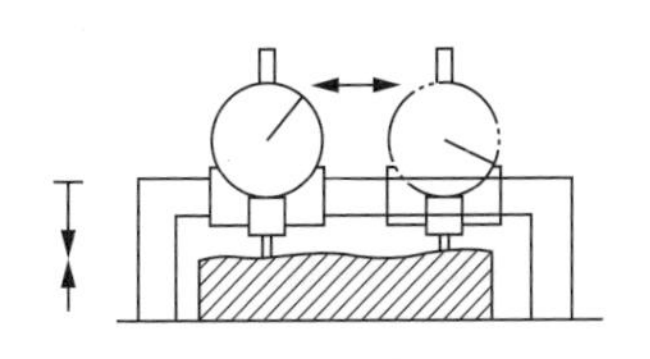
（o）ダイヤルゲージによる変動量の測定（測定器が移動）

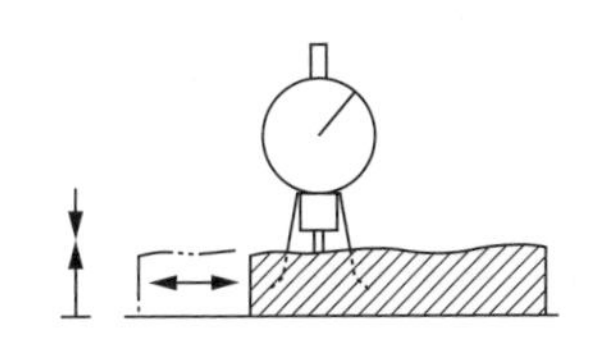
（p）ダイヤルゲージによる変動量の測定（測定物が移動）

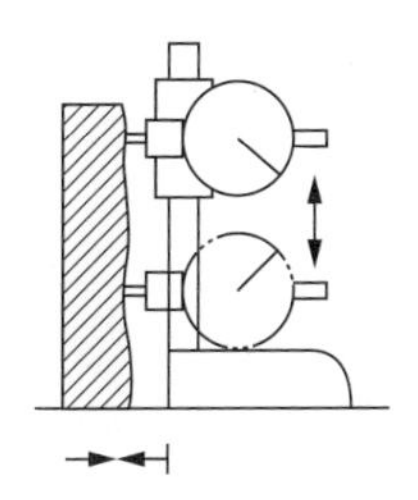
（q）ダイヤルゲージによる変動量の測定（垂直方向の測定）

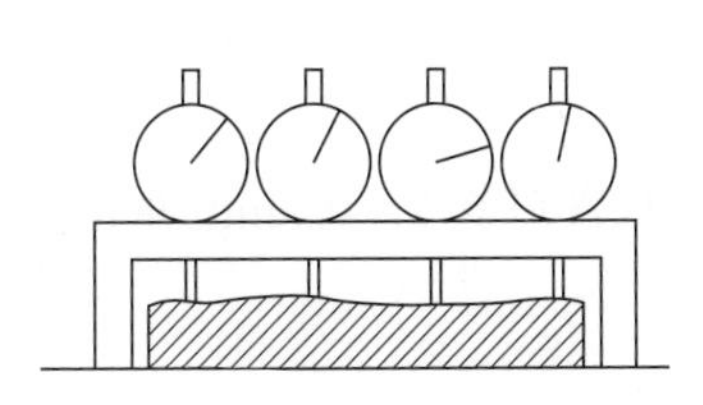
（r）ダイヤルゲージによる測定（多点測定）

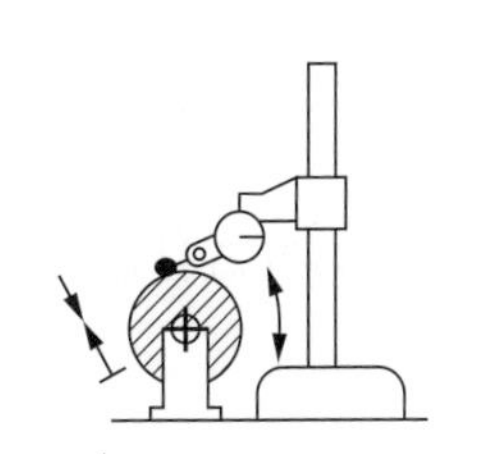
（s）てこ式ダイヤルゲージによる振れの測定

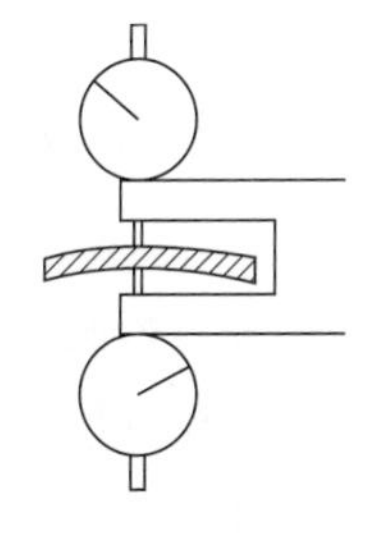
（t）ダイヤルゲージによる厚さの測定

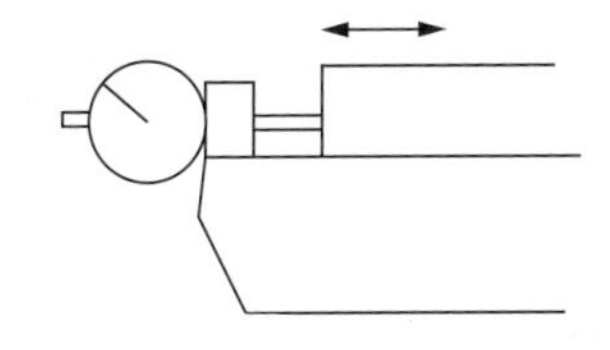
（u）ダイヤルゲージによる移動量の測定

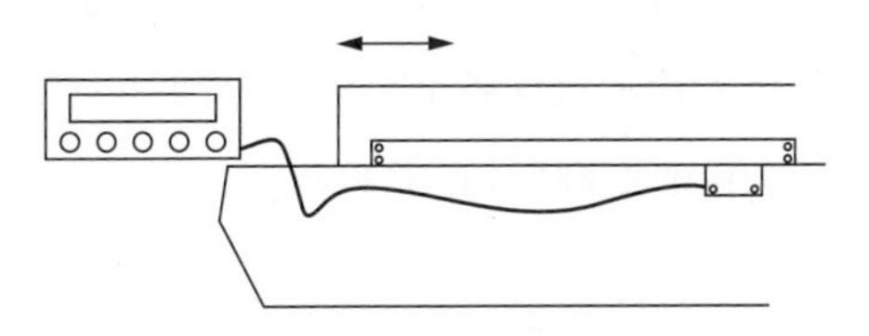
（v）デジタルスケールによる移動量の測定

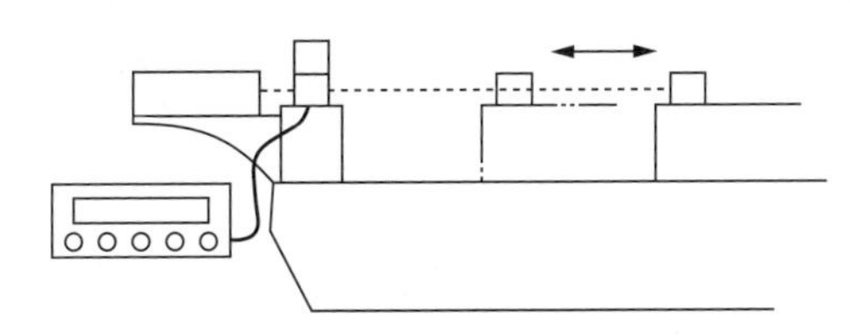
（w）レーザ測長機による移動量の測定

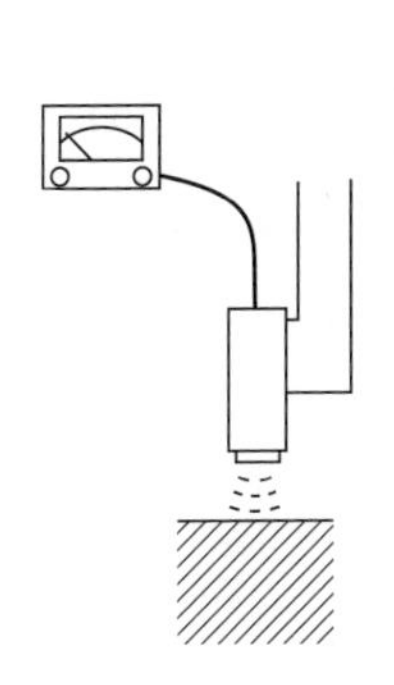
（x）静電容量測定器による距離の測定（測定器固定）

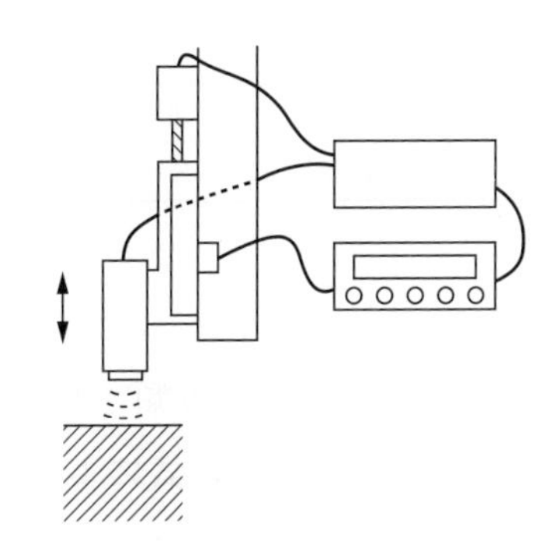
（y）静電容量測定器による距離の測定（サーボ駆動）

図２−２　長さ測定の形態②

第３節　線度器による測定

線度器は，正しい寸法の間隔に目盛られた二つの目盛線をもつ測定器で，目盛にはメートル原器のように一定の寸法を両端に刻まれた二つの目盛で示すものと，ものさしのように必要に応じて細かく分割したものがある。

3.1　直尺（スケール）

一般の長さの測定に最も多く用いられる目盛尺で，1 mm 目盛が多く，0.5 mm 単位に目盛られているものもある。

【構　造】

機械工場で用いるものに炭素工具鋼，ステンレス鋼でできた金属製の直尺があり，製図用として竹製，プラスチック製などの直尺がある。

金属製直尺の構造及び各部の名称を図２－３，呼び寸法を表２－３に示す。最も多く使用されるのは150 mm と300 mm である。

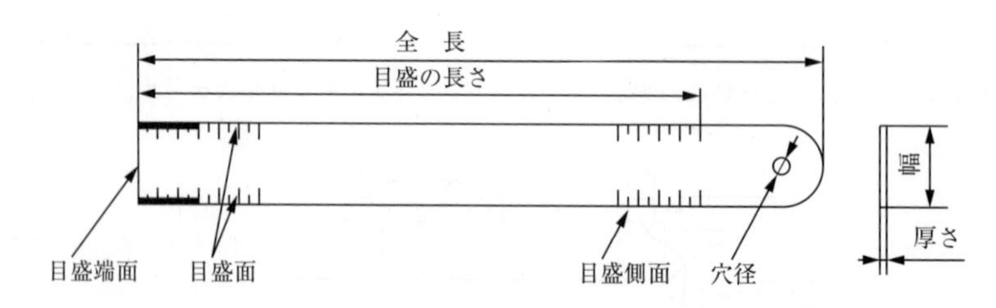

図2−3　直尺（スケール）

表2−3　直尺（スケール）の呼び寸法（JIS B 7516：2005）

［単位：mm］

呼び寸法	150	300	600	1 000	1 500	2 000
全　　長	175	335	640	1 050	1 565	2 065

【精　度】

金属製の直尺は１級及び２級に分類され，温度が20 ℃における基点からの長さ及び任意の２目盛線間の長さの許容差は，次の式による。

１級：±［0.10＋0.05×（L ／0.5)］mm

２級：±［0.10＋0.10×（L ／0.5)］mm

ここに，L は測定値をメートルで表した数値であって，単位をもたない。

L ／0.5の計算値のうち，１未満の端数は，切り上げて整数値とする。

【使用法】

① 視差の生じないように目盛を読む目の位置，又は直尺の当て方に留意する。

② 金属製直尺では，端面を基準として用いることが多いため，特に端部損傷を点検すると同時に傷をつけないように注意する。

3.2 巻尺（鋼製）

巻尺には図２－４に示すものがあり，素材寸法の測定や長いものの大まかな長さの測定に用いる。

【構　造】

種類，呼び寸法に応じて，表２－４に示すような構造及び用途になっている。

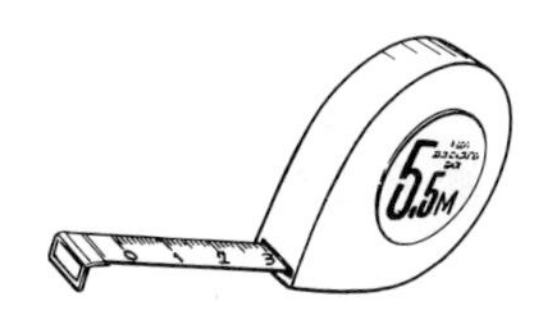

図２−４　巻尺（コンベックスルール）

表２−４　種類及び呼び寸法（JIS B 7512：2018）

<table>
<tr><th>種類の区分</th><th colspan="2">呼び寸法</th><th>構造・用途</th></tr>
<tr><td>タンク巻尺</td><td colspan="2" rowspan="2">５ｍの整数倍
（5ｍ～200ｍ）</td><td>テープの先端に分銅が付いており，槽内の液体の深さ及び掘削した穴の深さの測定に用いる巻尺</td></tr>
<tr><td>広幅巻尺</td><td>一般の測量・測定に用いる巻尺</td></tr>
<tr><td>細幅巻尺</td><td rowspan="2">0.5ｍの
整数倍</td><td>0.5ｍ～5ｍ</td><td>幅が細いテープを用いたポケット巻尺</td></tr>
<tr><td>コンベックスルール</td><td>0.5ｍ～30ｍ</td><td>テープ断面がとい（樋）状になっており，直立性に優れた巻尺</td></tr>
</table>

【精　度】

長さの許容度から１級と２級があり，測定に当たっては長さに比例してたるみが大きくなるため，実際の寸法より大きな測定値を示し，信頼度はかなり低くなる。

備考：巻尺の長さの許容差は，温度20℃を基準とし，かつ，所定の張力をテープの軸線方向に加えた状態（コンベックスルール及び細幅巻尺は，張力を加えない状態）において，基点からの長さ及び任意の二つの目盛線間の長さ（分長）は，次の式を満たさなければならない。ただし，端面を基点とする巻尺の場合には，基点からの長さの許容差は，次の式の（　）内で求まる数値に0.2を加えたものとする。

１級：±（$0.2+0.1L$）mm

２級：±（$0.25+0.15L$）mm

ここに，L は測定長をメートルで表した数値（１未満の端数は，切り上げて整数値とする。）であって，単位をもたない。

２級の許容差は，この計算式で求めた値の小数点以下第２位を切り上げる。

（JIS B 7512：2018）

【使用法】

たるみによる誤差を防ぐために相当の張力を加えるので，伸びに注意し，巻取り時に無理をしないことが大切である。

3.3　折　り　尺

巻尺と同様に素材寸法などの測定に用い，図２－５に示す鋼製のものと，その他木製のものがある。

【構　造】

携帯に便利なように，１ｍの長さを六つ又は八つに折り曲げられるようにできている。

【精　度】

折曲げ部を伸ばして使用するときに，継手による誤差のため精度は直尺よりはるかに劣り，１ｍについて1 mm 程度の許容差がある。

【使用法】

折曲げ部をまっすぐにして，直尺と同様にして用いる。

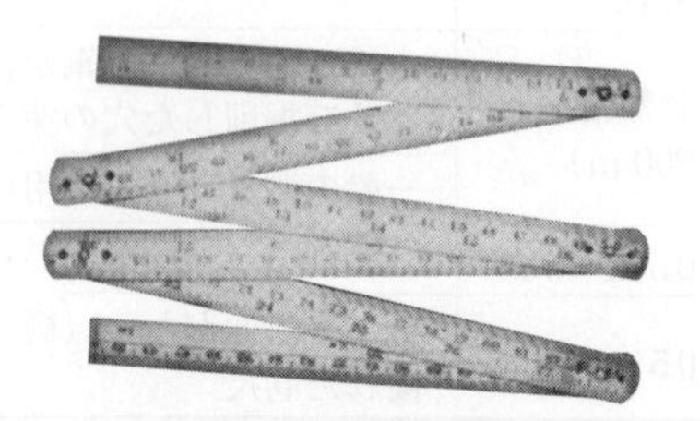

図2−5　折　り　尺

3.4　標　準　尺

直尺の検査に用いたり，精密な工作機械や測定器の寸法指示部に組み込んで，部品加工や寸法の測定に用いる目盛尺である。材料には鋼，又は鋼と同じ膨張係数をもつニッケル鋼及びガラスなどが使用されている。

【構　造】

断面形状は図２－６に示すＨ形，丸平形，長方形がある。

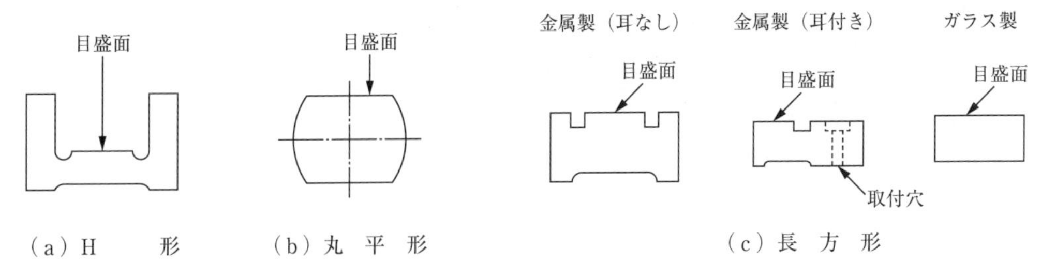

図２−６　標準尺断面形状

【精　度】

目盛線の太さは直尺より細く，目盛精度は使用する目的によって異なるが，目盛の全長 L mm に対して $(1+\frac{L}{1000})$ µm の高い精度をもつものもある。

【使用法】

① 長い標準尺を支えるには，支点の位置をベッセル点（p. 33　図１−14（ｂ）参照）にとる。

② 検査用高精度の標準尺は，温度の影響を考えて恒温室で用いる。

3.5　パ　　ス

直尺又は標準尺から移し取った両脚の開きで，工作物の寸法の仕上がり程度を測定したり，逆に工作物の実際寸法にパスの開きを合わせて，直尺によってその開きを読んで，工作物の寸法測定を行うときに用いる。

パスの種類を図２−７に示す。代表的なものに外側用の外パスと内側用の内パスがあり，その他両者に併用できる内外兼用パスや目盛付きパスなどがある。

【構　造】

２本の脚とかしめ部からなる鋼製の簡単なもので，大きさの呼び寸法は，かしめの中心から脚先までの長さ l で表し，100 mm ～600 mm ぐらいまである。両脚の測定部には焼入れを施してある。

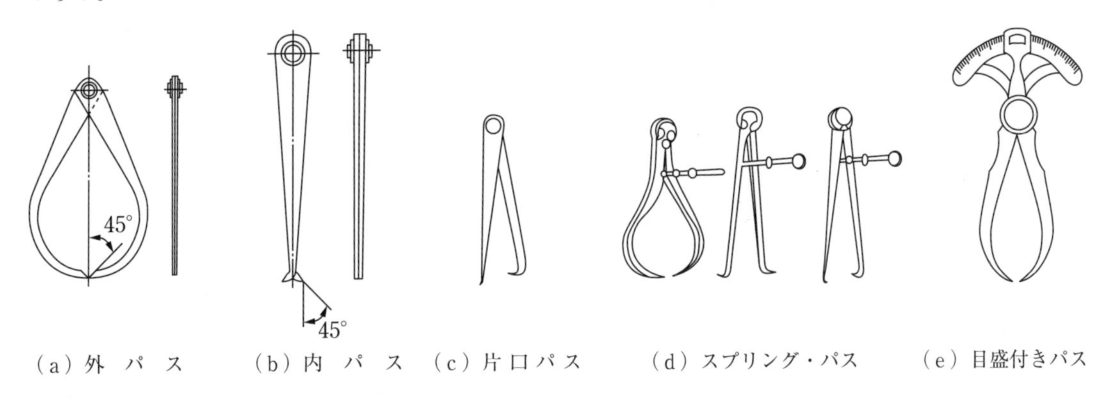

図２−７　パスの種類

【精　度】

パスによる測定は，ごくわずかな脚先の接触抵抗を的に受けて，その感覚から過不足を判定するため，熟練することによって標準と工作物を並べて比較測定すれば，相当高度の測定ができる。しかし，工作物の寸法に合わせたパスの開きを直尺で読み取るとき，又は直尺の目盛にパスの開きを合わせるとき，目盛線の太さや視差によってかなり大きな誤差を生じるため，一般には，あまり寸法精度を必要としないところに用いる。

【使用法】

① 大きく開閉するときは両手を用い，微調整は，かしめ部をつまんで脚部を小刻みに品物に当てて行う（図2－8（a））。

② 使用に当たっては，脚の先端の形状の良否を確認し，正しい形状のものを使用する（同図（b））。

③ 外パスによる外径の測定は，中指を両脚の内側に入れ，ほかの指で軽く頭部を支えてパスの開きの方向が工作物の軸線と直角になるようにあてがう。接触による感覚はパスの自

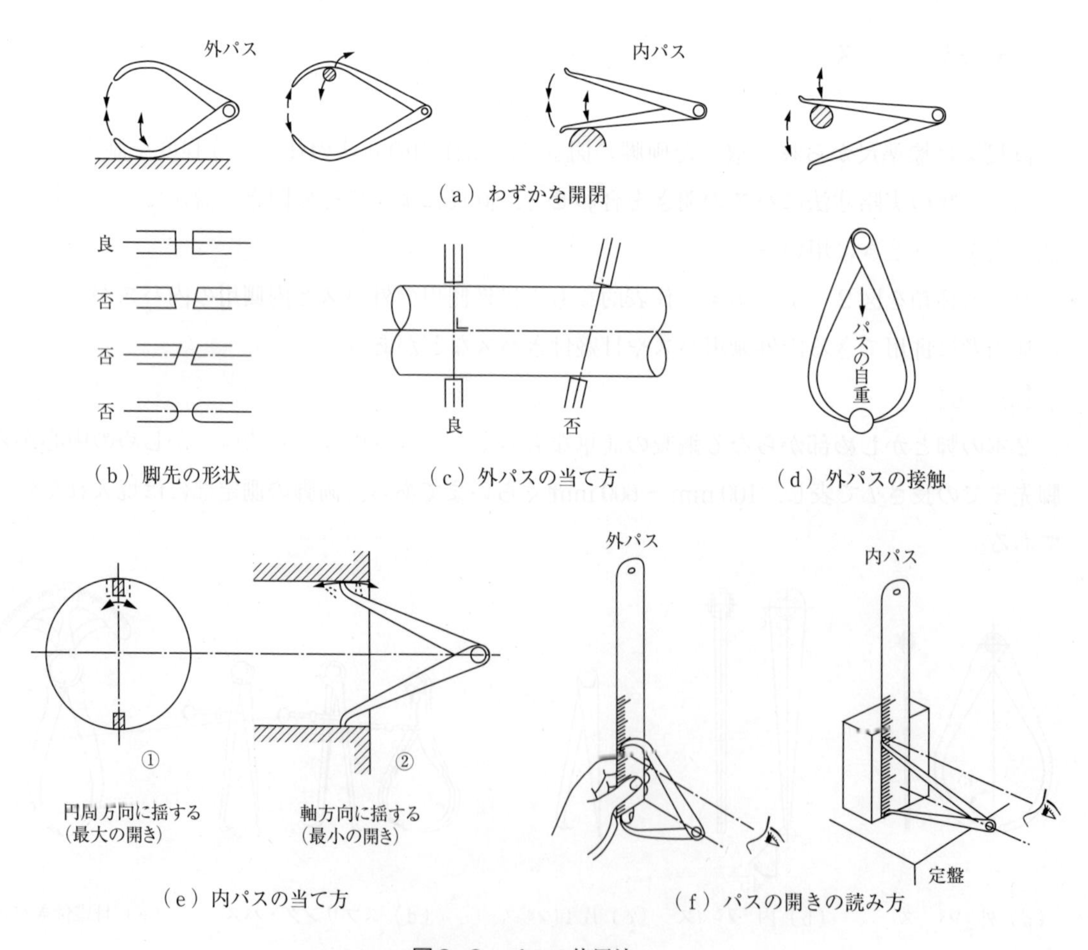

図2－8　パスの使用法

重で通過する程度とする（同図（ｃ），（ｄ））。

④　内パスで穴径を移し取るときは，円弧に沿って最大の開き，同時に軸方向に揺すって最小の開きとなるようにする（同図（ｅ））。

⑤　パスの開きを直尺で読み取るときは，直尺の端面を基準に，正しい目の位置から目盛を読む（同図（ｆ））。

3.6　ノ　ギ　ス

ノギスは，外側用及び内側用の測定面があるジョウを一端にもつ本尺を基準に，それらの測定面と平行な測定面のあるジョウをもつスライダが滑り，各測定面間の距離を本尺目盛とバーニヤ（「副尺」ともいう）目盛によって，あるいはダイヤル目盛と指針，デジタル表示で読み取ることができる測定器である。バーニヤ目盛は，本尺目盛をさらに細分化して読むための目盛である。

【構　造】

ノギスには，図２－９に示すように構造上からＭ形ノギスとCM形ノギスの２種類がある。

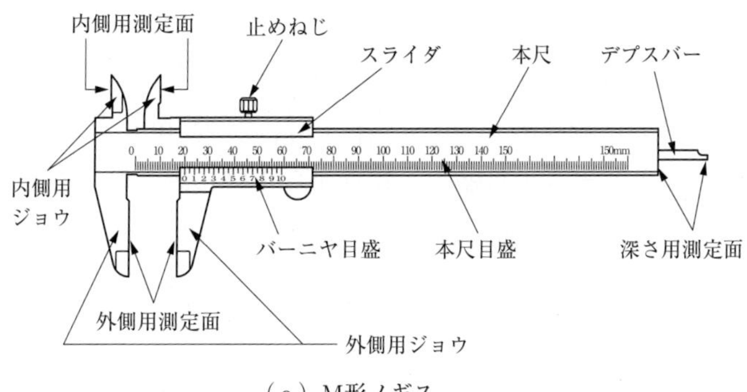

（ａ）Ｍ形ノギス

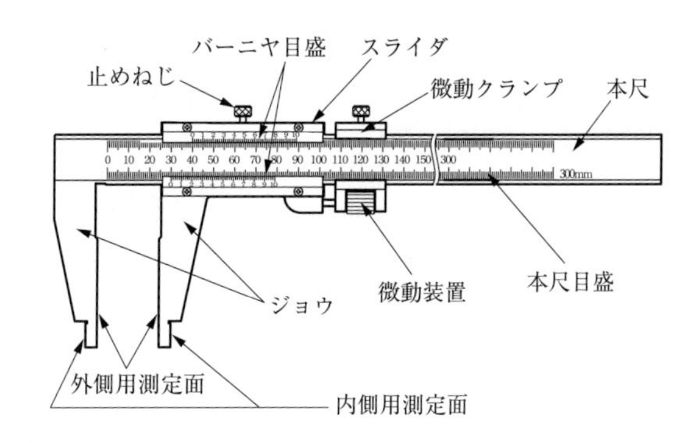

（ｂ）CM形ノギス

図２−９　ノギス（JIS B 7507：2016）

（1）　M形ノギス

昭和初期にドイツから輸入されたものでモーゼル形ともいわれ，スライダに微動送りのあるものとないものとがある。M形ノギスの特徴は，外側用ジョウと内側用ジョウが別々になっていて，内側測定がゼロからできることと，最大測定300 mm 以下のものに深さ測定用のデプスバーが付いている点である。

（2）　CM形ノギス

M形ノギスと同様に，昭和初期に初めてドイツから輸入されたもので，特徴としては外側用ジョウの先端部に内側用測定面が一体となって付いており，M形に比較して安定した内側測定ができる。この形は一般に微動送り付きで，深さ測定用のデプスバー及び段差測定用の測定面がない。

a　バーニヤ目盛の原理

普通の直尺では，1 mm 未満の端数を目分量で読み取ると，視差から大きな誤差を生じる。

バーニヤ目盛はこの欠点を補うために，16世紀にポルトガルのノニウスが考案し，1631年フランスのバーニヤがノギスの形にまとめ上げたといわれるもので，ノギスのほかに各種測定器に利用されている。

M形ノギスで，本尺19目盛（19 mm）間をバーニヤ目盛で20等分しているものの場合，本尺の１目盛とバーニヤの１目盛との差は$1-\frac{19}{20}=\frac{1}{20}=0.05$ mm となり，この差を応用して1 mm 以下の端数を本尺とバーニヤ目盛の一致点から正確に読み取ることができる。

測定値の読み方を図２－10で説明する。バーニヤ目盛のゼロの線で本尺の mm 単位の寸法6 mm を読み，次に本尺とバーニヤの目盛が一致したバーニヤ目盛から端数0.35 mm を読んで測定値6.35 mm を求める。

種々のバーニヤ目盛の目盛方法を，表２－５に示す。

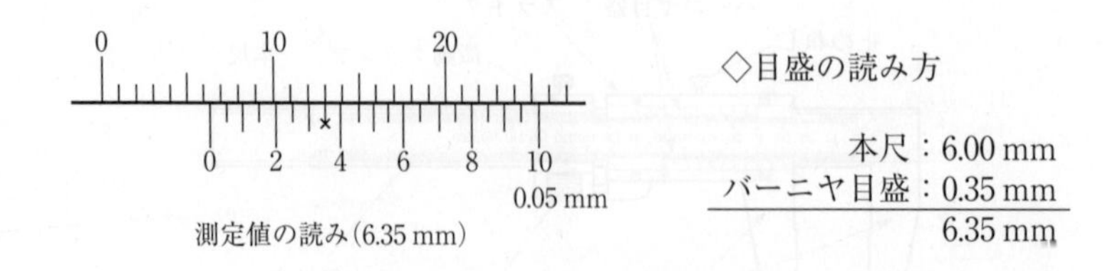

図２−10　バーニヤ目盛の読み方

表2−5　バーニヤ目盛の目盛形式（JIS B 7507：2016）

［単位：mm］

本尺の目量	目盛形式	最小読取値	説明図
1	9 mmを10等分	0.1	①
	19 mmを10等分		②
	19 mmを20等分	0.05	③
	39 mmを20等分		④
	49 mmを50等分	0.02	⑤

①　9 mmを10等分（読取値　11.4 mm）

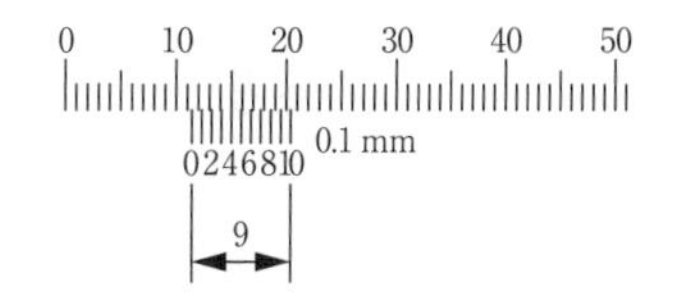

②　19 mmを10等分（読取値　0.3 mm）

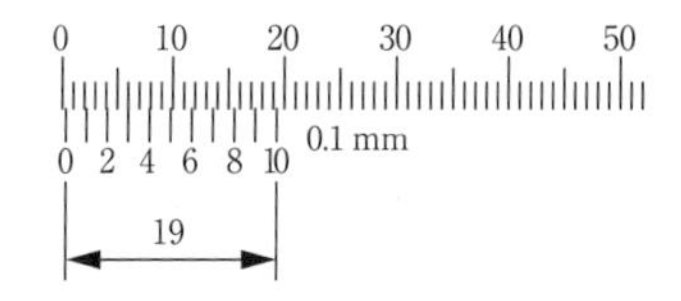

③　19 mmを20等分（読取値　1.45 mm）

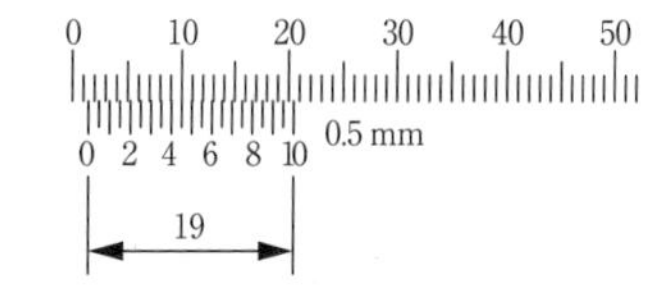

④　39 mmを20等分（読取値　30.35 mm）

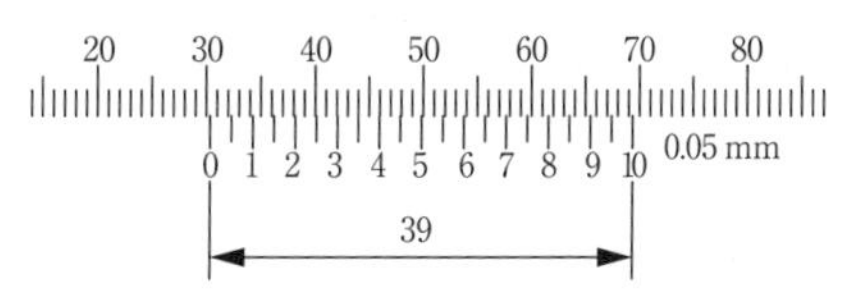

⑤　49 mmを50等分（読取値　15.40 mm）

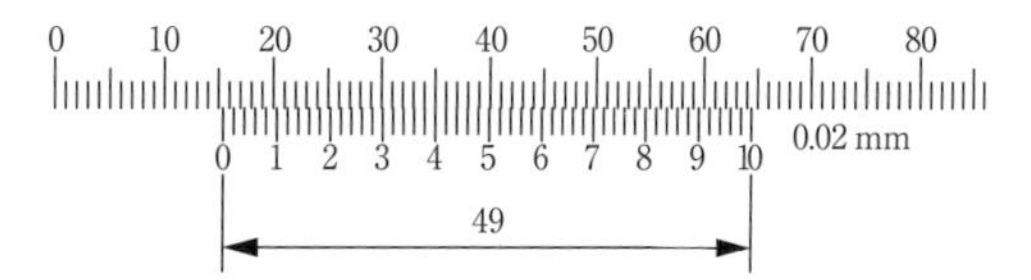

b　ダイヤル目盛

読み取りやすくするために，バーニヤ目盛の代わりに，ダイヤル目盛と指針を取り付けたダイヤル付きノギスがある（図2−11）。スライダが移動すると，本尺に取り付けたラックとかみ合ったピニオンが指針を回転させ，ダイヤル目盛で移動量を読み取る。本尺には指針が1回転する間に移動する間隔で目盛が刻まれているので，本尺の目盛とダイヤル目盛を合わせて測定値を読み取る。ダイヤルの目盛を備えたアナログ表示の例を，図2−12に示す。

図2−11　ダイヤル付きノギス

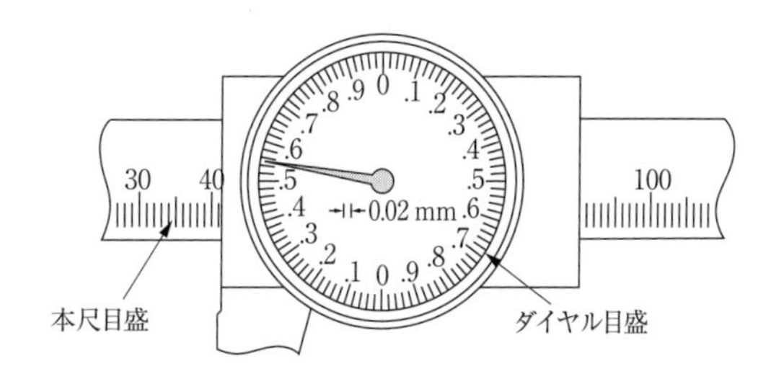

図2−12　ダイヤル目盛を備えたアナログ表示の例
（JIS B 7507：2016）

c　デジタル表示

デジタルスケール（p. 110　第2章第9節「デジタルスケール（ディジタルスケール）」参照）を組み込んで，測定値を数値で表示するノギスもある（図2－13)。ほとんどのものは最小表示量が0.01 mm である。

読取りは簡単であるが，構造はバーニヤ目盛のノギスと変わらないので，使用方法や注意点は同じである。ただし，数値で表示される測定器の場合，原理上，量子化誤差（p. 111 「【量子化誤差（デジタルエラー)】」参照）が発生することに注意しなければならない。

【精　度】

ノギスの精度については，JIS では測定長ごとに器差の許容値が定められている（表2－6）。また，総合誤差についてユーザに紛らわしさを与えないよう，規定から外して参考として挙げている。

①　器　　　差

ノギスの読みから示すべき真の値（通常はブロックゲージの値）を引いた値。

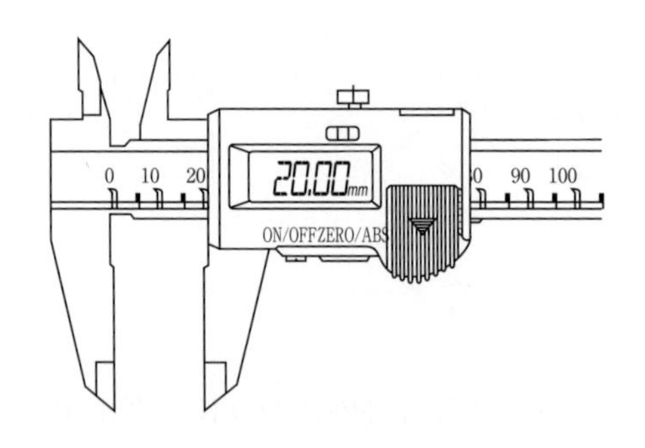

図2-13　電子式デジタルノギス

表2-6　ノギスの部分測定面接触による指示値の最大許容誤差 E_{MPE}（JIS B 7507：2016）

［単位：mm］

測　定　長	目盛，最小表示量又は最小読取値	
	0.1又は0.05	0.02又は0.01
50以下	±0.05	±0.02
50を超え　100以下	±0.06	±0.03
100を超え　200以下	±0.07	
200を超え　300以下	±0.08	±0.04
300を超え　400以下	±0.09	
400を超え　500以下	±0.10	±0.05
500を超え　600以下	±0.11	
600を超え　700以下	±0.12	±0.06
700を超え　800以下	±0.13	
800を超え　900以下	±0.14	±0.07
900を超え 1 000以下	±0.15	

この表以外の測定長をもつノギスの E_{MPE} は，受渡当事者間の協定による。
注）E_{MPE} は，真直度，測定面の平面度及び平行度によって生じる測定誤差を含む。

② 総 合 誤 差

測定において種々の要因によって生じる成分のすべてを含めた総合的な誤差。器差よりは，やや大きな値である。

JISでは，測定範囲が1 000 mmまでしか規定していないが，それより大きい測定器も作られており，メーカが独自に規格値を定めている。

【使用法】

① 両測定面及びしゅう動面を特に清浄にしてから，各部に傷やごみのないことを確認し，両測定面を合わせて光に当て，摩耗によるすきまを調べると同時に，目盛が正しくゼロを示しているか確認する。

② 測定は，測定面のできるだけ奥，すなわち本尺の基準端面に近い測定面部分で行うようにする。

③ 運動中の工作物を測定してはならない。局部的な摩耗を早めるとともに危険である。

④ 止めねじでクランプしたまま，無理に工作物を押し込んではならない。

⑤ デプスバーは細長く，たわみやすいので，あまり力を加えない。

⑥ 送り車によって微調整するときは，送り止めねじでクランプした後に行う。

⑦ ノギス各部の使用法について，図2－14に示す。

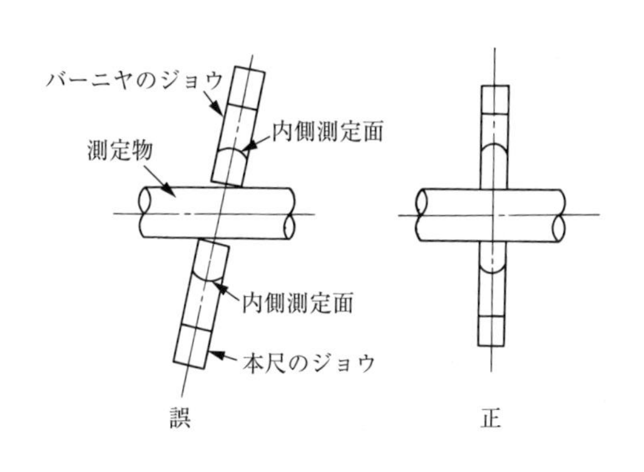

（a）外径の測定（CM形ノギス）

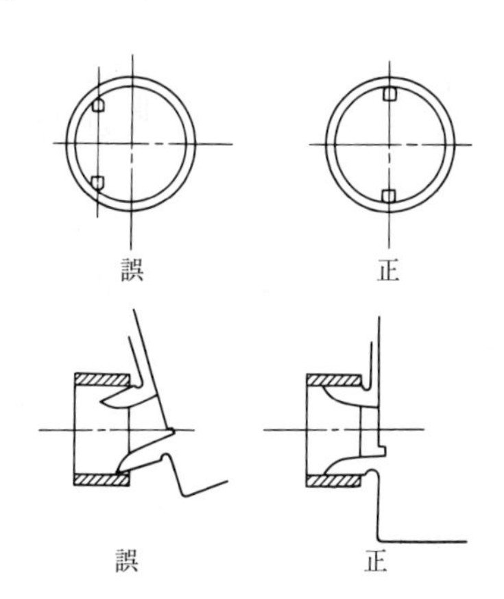

（b）内径の測定（M形ノギス）

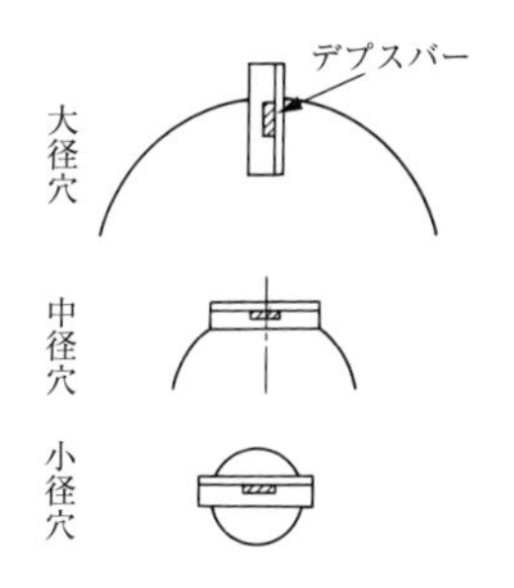

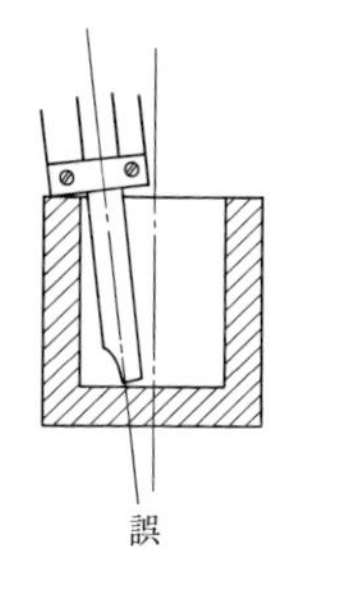

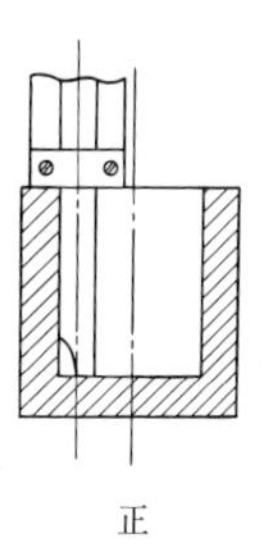

（c）深さの測定（M形ノギス）

図2−14　ノギス各部の使用法

【特殊なノギス】

①　穴ピッチ用ノギス

端面からの穴位置及び二つの穴の中心距離を測定するのに便利である（図２－15）。

②　歯厚ノギス

直角な二方向に組み合わされた２組のノギスによって，歯車のピッチ円における歯厚の測定に用いる（図２－16）。

③　その他，用途に応じて種々のノギスが作られている。

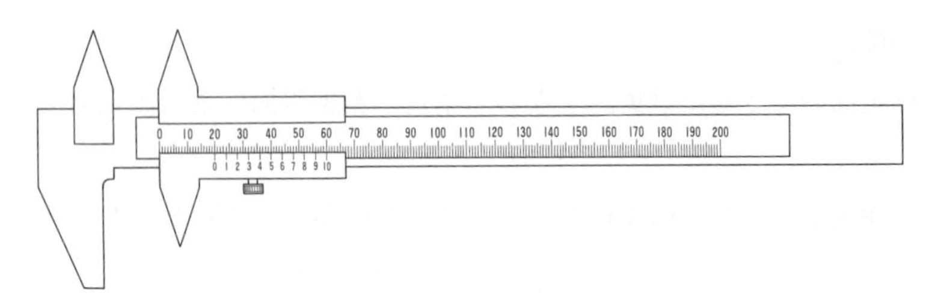

図2−15　穴ピッチ用ノギス

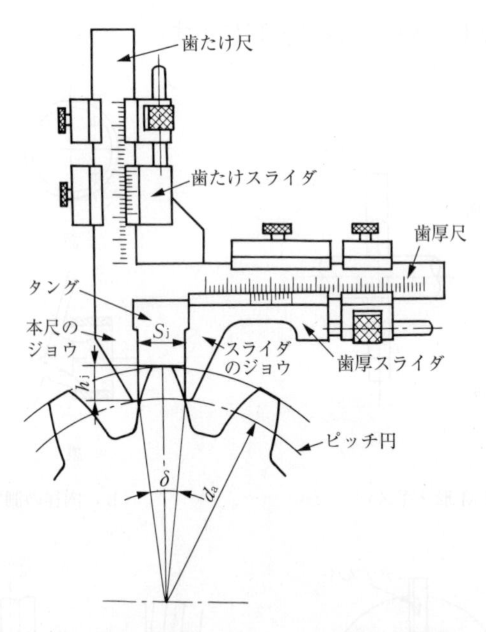

図2−16　歯厚ノギスによる歯厚の検査

3.7　デプスゲージ

穴や溝の深さを測定する場合に用いる。種類にはバーニヤ読取りのものと指針読取りのもの，デジタル表示のものがある（図２－17）。

【構　造】

図2－17のように，ノギスのスライダに相当する部分の前端がベースになっていて，しゅう動方向と直角な測定面がある。この面を測定する穴や溝の縁に当て，本尺を動かして先端がベースの測定面と一致したときに，ゼロ目盛が一致する。本尺先端を穴や溝の底に当てると，相互のずれの量が深さとなる。そのほかはノギスとほとんど同じである。

【精　度】

デプスゲージの器差は，ノギスと同じである（表2－7）。

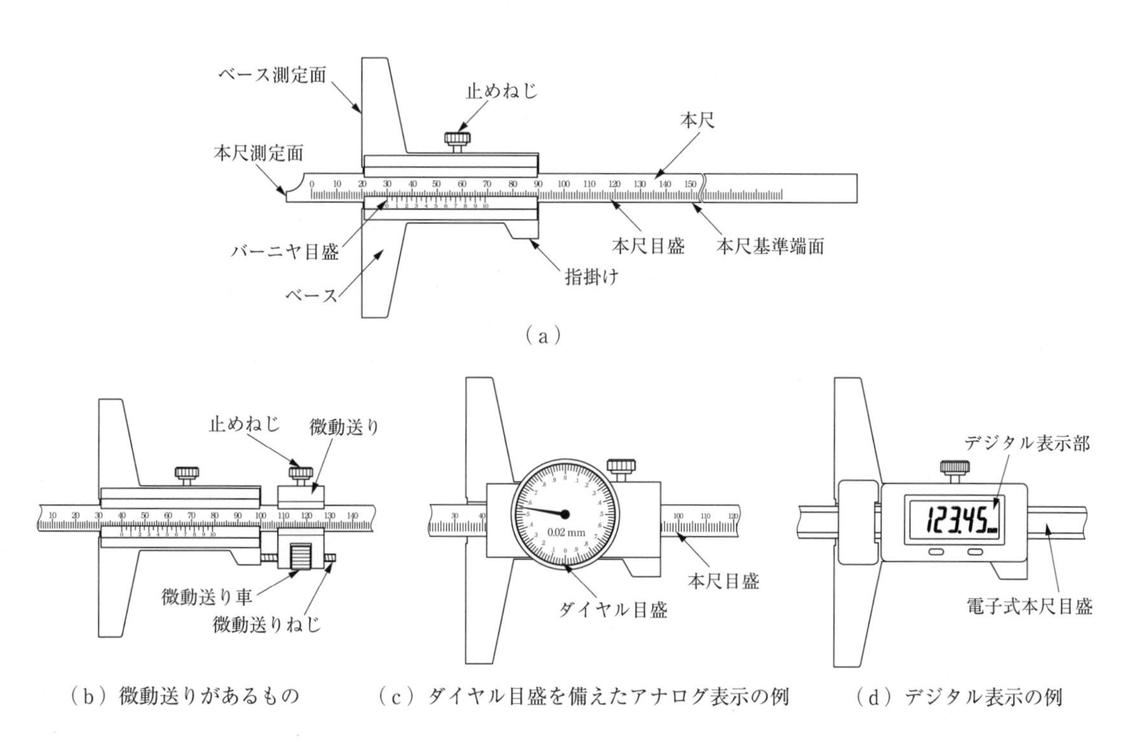

図2－17　デプスゲージ（JIS B 7518：2018）

表2－7　デプスゲージの部分測定面接触誤差の最大許容誤差 E_{MPE}（JIS B 7518：2018）

［単位：mm］

測　定　長	目盛，最小表示量又は最小読取値	
	0.05	0.02又は0.01
50以下	±0.05	±0.02
50を超え　100以下	±0.06	±0.03
100を超え　200以下	±0.07	
200を超え　300以下	±0.08	±0.04
300を超え　400以下	±0.09	
400を超え　500以下	±0.10	±0.05
500を超え　600以下	±0.11	

この表以外の測定長をもつデプスゲージの E_{MPE} は，受渡当事者間の協定による。

注）E_{MPE} は，真直度，測定面の平面度及び基準面との平行度によって生じる測定誤差を含む。

【使用法】

使用上の留意事項についてはノギスと同じであるが，深さの測定に当たっては，バーニヤの基準面を正しく工作物の面に接触させてから，静かに本尺を押し出す。目盛が読みにくいときは，止めねじでクランプしてから測定物より離し，正しい目の位置で寸法を読み取る。

3.8　ハイトゲージ

ノギスをベース上に垂直に取り付けたもので，工作物の高さを測定したり，定盤上に工作物と並べて置いて，測定面の先端の刃部によって精密なけがき作業を行う場合に用いる。種類には，バーニヤ読取りのもの，指針読取りのもの，デジタル表示のものがある（図2－18）。

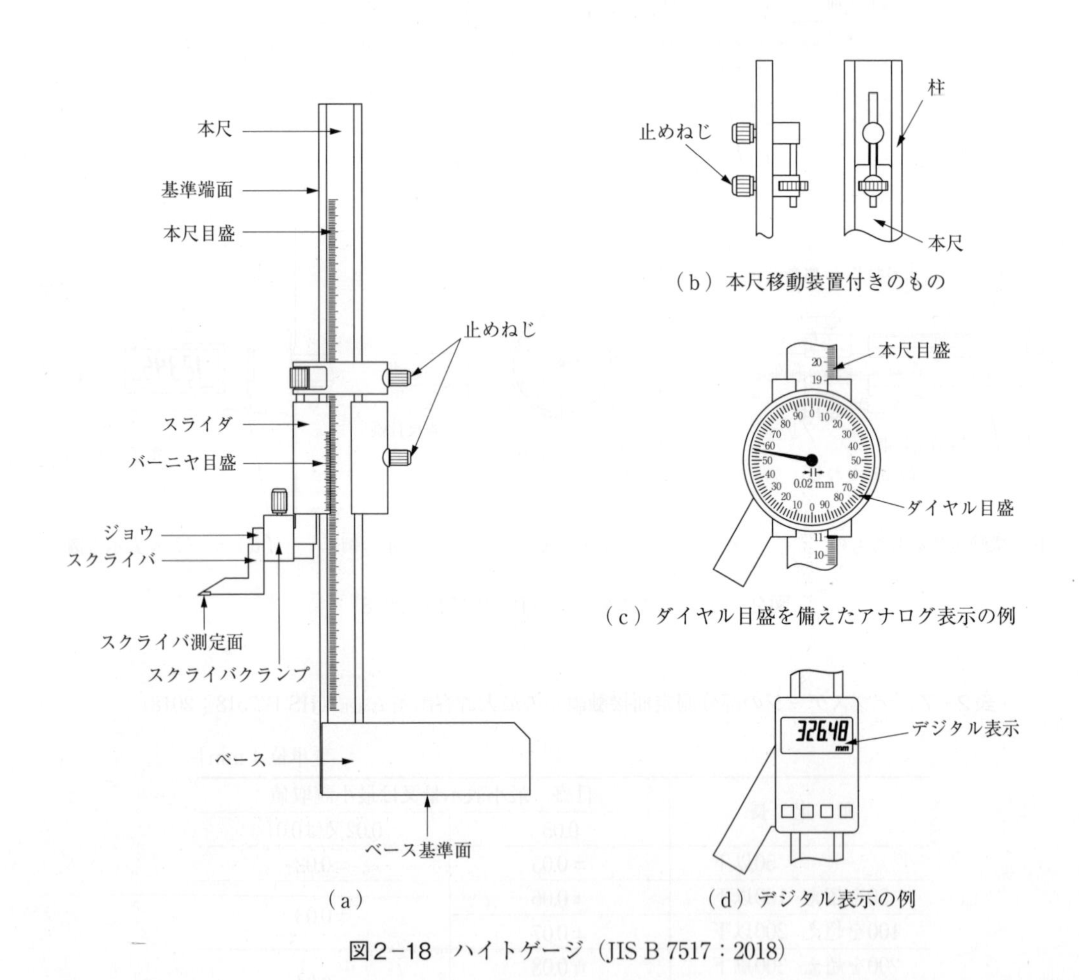

図2−18　ハイトゲージ（JIS B 7517：2018）

【構　造】

基本構造は，ノギスにベースを付けて垂直に立てたものであるが，異なる点は，スライダのジョウにスクライバや測定器を取り付けて使用すること，及び本尺の目盛が上下に微調整でき，ゼロ基準点を合わせることができることである。

【精　度】

最小読取値はノギスと同じで，器差は定盤上にブロックゲージ（p. 75　第２章第５節「5.1 ブロックゲージ」参照）などの各種寸法の基準器を置き，ハイトゲージで測定してその測定値の示す偏差から求める。各測定長については，表２－８に示すような許容値が与えられている。

【使用法】

① スクライバの取付けは確実に行い，ゼロ点の確認は定盤上で基準器を測定して，測定値と基準器の寸法を照合する。狂っている場合は本尺の位置を調整して合わせる。

② 高さの測定は，清浄な定盤又は基準面上にベースを置いてスライダをしゅう動させ，軽く測定面を工作物の面に接触させて寸法を読み取る。

③ けがき作業に用いるときは，寸法のおおよその位置までスライダを移動させたのち，送り車の止めねじで固定し，目盛合わせを送り車によって行い，けがくときはスライダの止めねじでスライダを固定してから用いる。

④ スクライバの代わりに，てこ式ダイヤルゲージや電気マイクロメータの検出器を取り付けて，それらが測定物に当たってゼロを示したときにハイトゲージを読み取る測定方法もある。この方法は測定力が安定する。

⑤ 測定位置をできるだけ本尺に近づけると，「アッベの原理」（p. 28　第１章第３節3.5「（１）しゅう動部の傾きによるもの」参照）による誤差が少なくて済む。

表２－８　ハイトゲージの高さ測定誤差の最大許容誤差 E_{MPE}（JIS B 7517：2018）

［単位：mm］

<table>
<tr><th rowspan="2">測　定　長</th><th colspan="2">目盛，最小表示量又は最小読取値</th></tr>
<tr><th>0.05</th><th>0.02又は0.01</th></tr>
<tr><td>50以下</td><td>±0.05</td><td>±0.02</td></tr>
<tr><td>50を超え　100以下</td><td>±0.06</td><td rowspan="2">±0.03</td></tr>
<tr><td>100を超え　200以下</td><td>±0.07</td></tr>
<tr><td>200を超え　300以下</td><td>±0.08</td><td rowspan="2">±0.04</td></tr>
<tr><td>300を超え　400以下</td><td>±0.09</td></tr>
<tr><td>400を超え　500以下</td><td>±0.10</td><td rowspan="2">±0.05</td></tr>
<tr><td>500を超え　600以下</td><td>±0.11</td></tr>
<tr><td>600を超え　700以下</td><td>±0.12</td><td rowspan="2">±0.06</td></tr>
<tr><td>700を超え　800以下</td><td>±0.13</td></tr>
<tr><td>800を超え　900以下</td><td>±0.14</td><td rowspan="2">±0.07</td></tr>
<tr><td>900を超え 1 000以下</td><td>±0.15</td></tr>
</table>

この表以外の測定長及び目量，最小表示量又は最小読取値をもつハイトゲージの E_{MPE} は，受渡当事者間の協定による。

注）E_{MPE} は，真直度，測定面の平面度及び基準面との平行度によって生じる測定誤差を含む。

第4節　ねじによる測定

4.1　ねじによる測定の原理

ねじは図2－19に示すように，1回転するとリード分だけ移動する。したがって，ねじの1回転を適宜に等分することによって，ねじの移動を細分化して見ることができる。この原理を使った測定器の代表的なものがマイクロメータである。測定器のほかに，工作機械の寸法送り装置などにも用いられている。

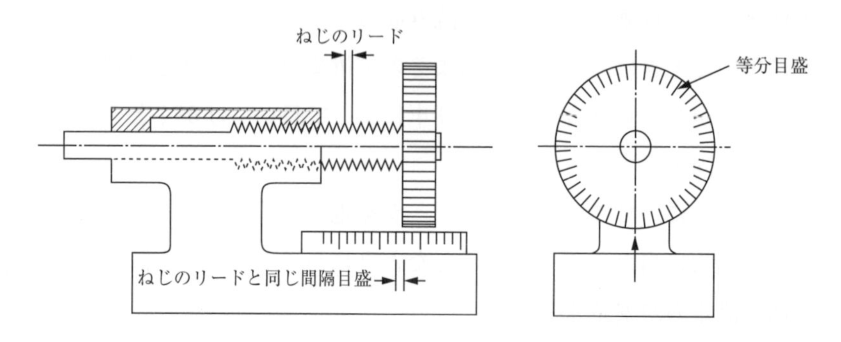

図2－19　ねじによる測定の原理

4.2　外側マイクロメータ

図2－20に示すシンブルを回すと，スピンドルがねじで送られる。フレームの他端に固定されたアンビルとスピンドルの両測定面の間に被測定物を挟んだとき，スリーブとシンブルの目盛により寸法を0.01 mm まで，目盛間を目分量で細分化すれば0.001 mm まで，細かく読み取ることができる。

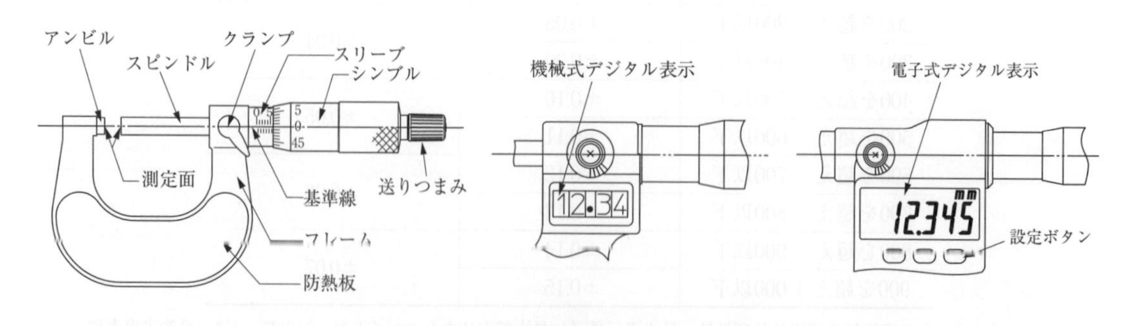

（a）目　盛　式　　（b）機械式デジタル表示の例　　（c）電子式デジタル表示の例

図2－20　外側マイクロメータの各部の名称と種類（JIS B 7502：2016）

現在，一般的に使用されている目盛式の外側マイクロメータは，1848年にフランスのパーマによって考案された。1867年に開催されたパリ万博でそれを見たブラウンとシャープが，アメリカに持ち帰って商品化し，その後改良されて今日に至っている。目盛式ではシンブルが何回転したかを読み誤りやすく，また，目盛をさらに細分化して読み取るには熟練が必要なため，機械式のカウンタを併用したり，デジタル表示するマイクロメータもある。

【構　造】

アンビルはフレームに固定され，スピンドルはピッチ0.5 mm 又は1 mm の正確に作られた精密ねじ部をもち，シンブルに固定され一緒に回転する。スリーブにはシンブルの1回転に相当する単位の目盛を刻み，シンブルの円周には1周を50等分（ピッチ1 mm のものでは100等分）した目量0.01 mm の目盛が刻まれている（図2－21）。

ラチェットストップ又はフリクションストップは，測定力を一定にするための装置である。

内部には，スピンドルの精密ねじとめねじとのすきま（バックラッシ）を調整するテーパナットがある。

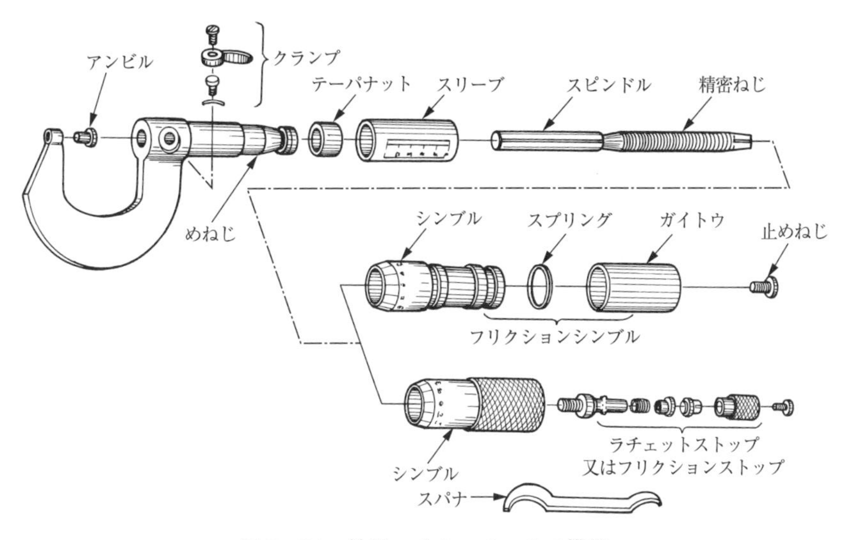

図2－21　外側マイクロメータの構造

【精度と測定範囲】

ねじの製作上，高精度の長いねじを作ることが極めて困難なことから，測定範囲は25 mm が一般的である。したがって，測定範囲の区分は25 mm 間隔であり，測定する長さによって適当な区分のマイクロメータを選ばなければならない。

また，50 mm の長いストロークの特殊マイクロメータもある。

マイクロメータの計測特性及び性能は，基点合わせを最小測定長で行う場合にだけ適用する。マイクロメータの計測特性及び性能は，適切な機器及び不確かさが明確な標準器，例えば，JIS B 7506に規定されるブロックゲージなどによって測定することができる。測定は，測定範囲内全域のマイクロメータの計測特性及び性能を評価できるものでなければならない。

JISでは，指示値の最大許容誤差（MPE）として，全測定面接触誤差J（最大許容誤差J_{MPE}），繰り返し精密度R（最大許容誤差R_{MPE}），部分測定面接触誤差E（最大許容誤差E_{MPE}）が用いられる。ここで，外側マイクロメータで規定されている，測定範囲ごとに全測定接触面による指示値の最大許容誤差J_{MPE}やマイクロメータの性能を合わせたものを，表2－9に示す。

表2-9　外側マイクロメータの全測定接触面による指示値の最大許容誤差J_{MPE}及び性能（JIS B 7502：2016）

［単位：µm］

<table>
<tr><th>測定範囲

［mm］</th><th>全測定面接触による指示値の最大許容誤差</th><th>測定面の平面度</th><th>測定面の平行度</th><th>スピンドルの送り誤差</th><th>10N当たりのフレームのたわみ</th></tr>
<tr><td>0～ 25</td><td rowspan="3">±2</td><td rowspan="12">0.6</td><td rowspan="3">2</td><td rowspan="20">3</td><td rowspan="2">2</td></tr>
<tr><td>25～ 50</td></tr>
<tr><td>50～ 75</td><td rowspan="2">3</td></tr>
<tr><td>75～100</td><td rowspan="3">±3</td><td rowspan="4">3</td></tr>
<tr><td>100～125</td><td>4</td></tr>
<tr><td>125～150</td><td>5</td></tr>
<tr><td>150～175</td><td rowspan="3">±4</td><td rowspan="2">6</td></tr>
<tr><td>175～200</td><td rowspan="4">4</td></tr>
<tr><td>200～225</td><td>7</td></tr>
<tr><td>225～250</td><td rowspan="3">±5</td><td rowspan="2">8</td></tr>
<tr><td>250～275</td></tr>
<tr><td>275～300</td><td rowspan="4">5</td><td>9</td></tr>
<tr><td>300～325</td><td rowspan="3">±6</td><td rowspan="8">1</td><td rowspan="2">10</td></tr>
<tr><td>325～350</td></tr>
<tr><td>350～375</td><td>11</td></tr>
<tr><td>375～400</td><td rowspan="3">±7</td><td rowspan="4">6</td><td rowspan="2">12</td></tr>
<tr><td>400～425</td></tr>
<tr><td>425～450</td><td>13</td></tr>
<tr><td>450～475</td><td rowspan="2">±8</td><td>14</td></tr>
<tr><td>475～500</td><td>7</td><td>15</td></tr>
</table>

注）この表以外の測定範囲をもつマイクロメータのJ_{MPE}及び性能は，受渡当事者間の協定による。

マイクロメータの検査でよく使用される全測定面接触誤差（表2－10）及び測定面の平面度（表2－11）の測定方法を次に示す。

① 全測定面接触誤差は，ブロックゲージなどの機器を使用し，誤差を求める。

② マイクロメータのスピンドルが回転式の場合，ねじピッチの整数倍の位置及びその中間の位置でスピンドルの測定が可能となるように，次に示すブロックゲージの寸法が望ましい。

表2−10　全測定面接触誤差の測定方法（JIS B 7502：2016）

種類	測定方法	図	測定用具
外側マイクロメータ	マイクロメータの最小測定長で定圧装置を使用して基点合わせを行った後，選定した長さの各ブロックゲージを測定面間に挟み，定圧装置を使用してマイクロメータの指示値からブロックゲージの寸法を減じて求める。	ブロックゲージ	JIS B 7506に規定する0級もしくは1級のブロックゲージ又はこれと同等以上のゲージ

表2−11　測定面の平面度の測定方法（JIS B 7502：2016）

種類	測定方法	図	測定用具
外側マイクロメータ，歯厚マイクロメータ，マイクロメータヘッド	側定面にオプチカルフラット又はオプチカルパラレルを密着させ，白色光による赤色干渉しまの数を読み取る。なお，赤色干渉しまの1本は，0.3 μmとして換算する。	オプチカルフラット又はオプチカルパラレル	JIS B 7430に規定する1級又は2級のオプチカルフラット又はJIS B 7431に規定する1級のオプチカルパラレル

なお，最小測定長がゼロ以外の場合は，最小測定長に相当する寸法をこれらに加算したブロックゲージの寸法が望ましい。

2.5 mm，　5.1 mm，　7.7 mm，　10.3 mm，　12.9 mm

15.0 mm，17.6 mm，　20.2 mm，　22.8 mm 及び25.0 mm

これらの寸法のブロックゲージを使用して測定を行う場合，スピンドルの様々な回転角における指示誤差を求めることができる。

その他の測定方法に関しては，JIS B 7502：2016を参考にする。マイクロメータの検査項目例については，第8章に記載する（p. 273　第4節「4.2　検査・定期検査」参照）。

【使用法】

① 基準点の確認は，測定範囲0 mm～25 mmではアンビルとスピンドルを接触させて行い，その他は付属の基準棒又はブロックゲージを測定して行う。

② 基準点調整をするときは，スリーブにあけられている小穴により，付属品のスパナでスリーブを回転させる。調整する量が大きい場合は，いったんシンブルとスピンドルを解体して組み直す。

③ 測定値の読取りは，ラチェットストップを回して工作物を挟み，ラチェットストップを2回～3回空転させたときの目盛を読む。

④　目盛の読み方は，シンブルの端面でスリーブ上の目盛0.5 mm 単位を読み，次にスリーブの軸線方向に引かれた水平標線に位置するシンブルの目盛から，0.01 mm 単位を読み取る（図２－22（ａ））。

通常のマイクロメータでは，シンブルの目盛線とスリーブの基線との太さが目盛の間隔の1/5になるように作られているので，目盛線の太さの半分のずれは，目量つまり0.01 mmの1/10に相当する。このことを利用して目分量で1 μm まで読み取れる（同図（ｂ））。

また，スリーブの基線の上にバーニヤ目盛が付いているマイクロメータでは，これを使って1 μm まで読み取れる（同図（ｃ））。

⑤　0.01 mm 単位の精度の高い測定を行うため，温度の影響を考慮し，大形のマイクロメータでは，自重によるたわみを考えて測定と基準点の確認と同じ向きに支えて行う。

⑥　格納時は必ずアンビルとスピンドルを離しておき，クランプしない。接触したまま長時間放置しておくとフレームにゆがみを与えたままになり，また，さびの発生を早める。

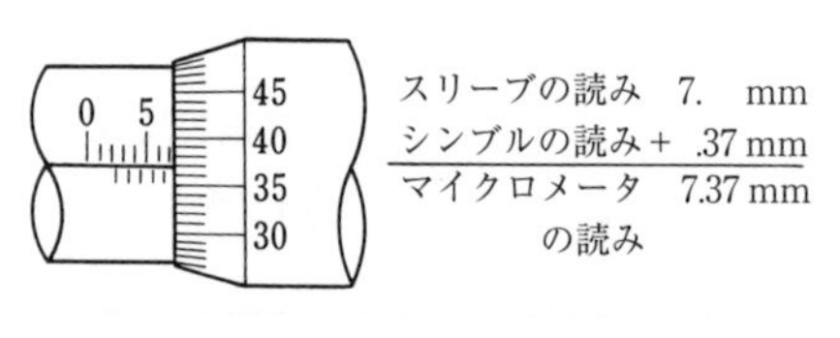

（ａ）標準目盛の読み方

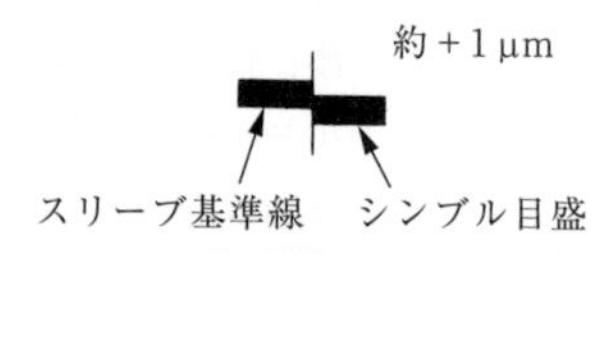

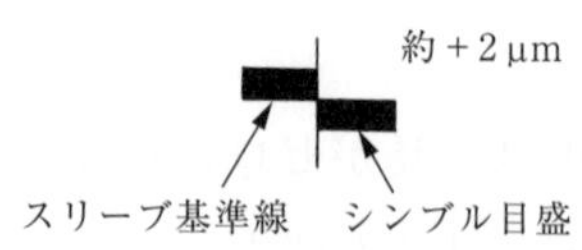

（ｂ）目分量による0.001 mmまでの読み方

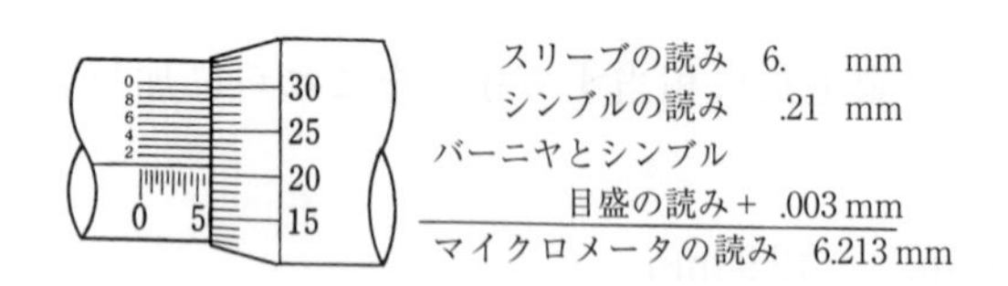

（ｃ）バーニヤ目盛による0.001 mmまでの読み方

図２-22　外側マイクロメータの目盛の読み方

4.3　内側マイクロメータ

内側マイクロメータには，穴径や内幅の寸法を測るための二点測定式マイクロメータと，穴径の測定に便利な三点測定式マイクロメータがある。

（1）　三点測定式内側マイクロメータ

マイクロメータ本体に対し直角に開閉する３個の測定子により，丸穴径の測定が的確で測定精度が高い。

【構　造】

図２－23のように，３個の測定子が精密ねじの先端にあるテーパ部によって開閉する。構造

図２−23　三点測定式内側マイクロメータ

上から１台が測定できる範囲は2 mm〜10 mm 程度と狭く，一般に数個が１組となっていて，6 mm から300 mm まで測れるものが市販されている。

また，めねじのように被測定面の形状に応じた測定子をもつものや交換できるものもある。

【精　度】

三点測定式内側マイクロメータは JIS に規定はないが，市販されているものの精度は器差2 μm〜5 μm 程度である。

【使用法】

器差の確認は基準リングゲージで行うが，測定子の戻りはばねによるため，測定に当たっては常に開く方向で測定子を接触させなければならない。

4.4　その他のマイクロメータ

マイクロメータの利用度は非常に高く，その種類も多種多様であるが，その主なものを挙げて特徴を述べる。ここでは目盛式の例のみを示すが，デジタル式もある。

（1）　ベンチ・マイクロメータ

フレーム自体を最も安定性のあるスタンドとしたもので，シンブルの目盛筒も大径となっているので，目量をさらに小さな値にとることができる。また測定長を任意に変えることができるように，マイクロメータヘッドが移動できるものがある（図２−24）。

（2）　デプス・マイクロメータ（JIS B 7544：1994）

デプスゲージと同様で，穴や溝の深さの測定に用いられる（図２−25）。

（3）　スライド式及び替えアンビル式外側マイクロメータ

１個のマイクロメータによって広範囲の測定ができるように考えられたもので，長いアンビ

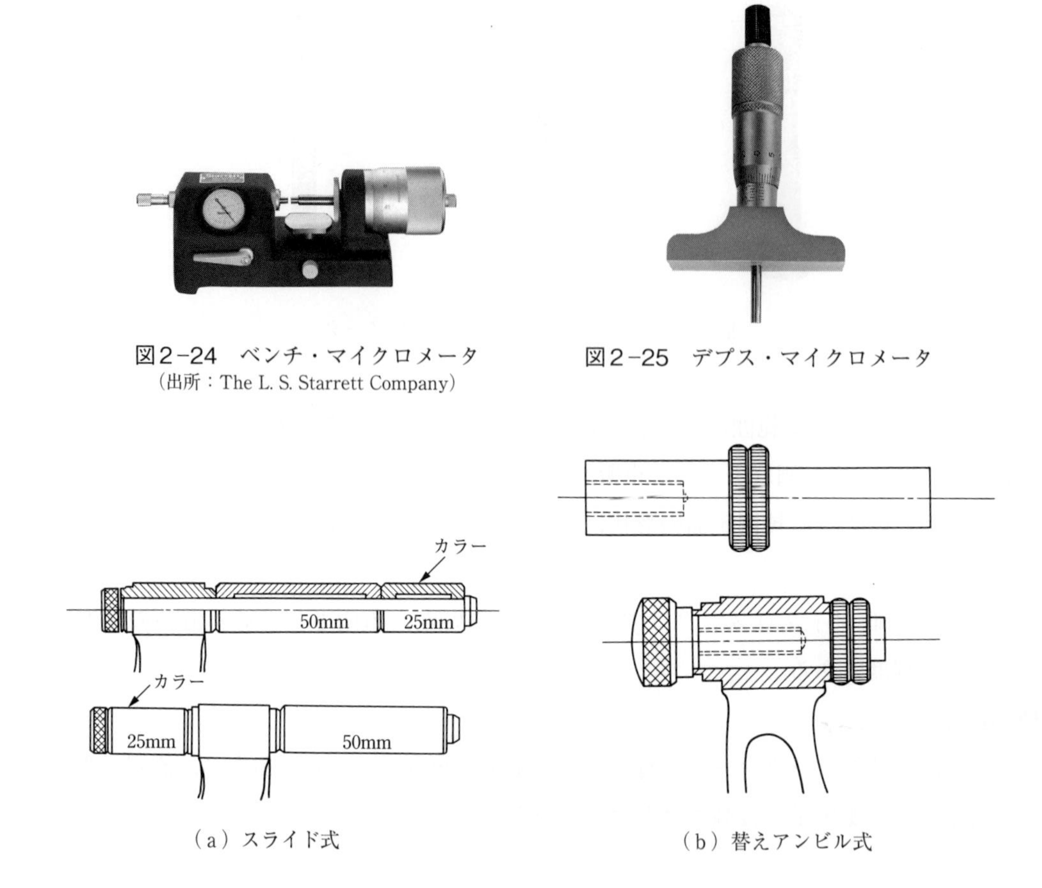

図2-24　ベンチ・マイクロメータ
（出所：The L. S. Starrett Company）

図2-25　デプス・マイクロメータ

（a）スライド式

（b）替えアンビル式

図2-26　スライド式及び替えアンビル式外側マイクロメータ

ルをそれぞれ異なる寸法のカラーに差し換えることによって測定範囲の区分を変えるスライド式及び，そのつど所要の長さに応じてアンビルを付け替える替えアンビル式がある（図2－26)。

類似したものに，キャップ式アンビルを継ぎ足して測定範囲を変えるものもある。

（4）　リミット・マイクロメータ

1個のフレームに2組のマイクロメータヘッドとアンビルを取り付けたもので，限界ゲージとして用いることができる（図2－27)。

（5）　歯厚マイクロメータ

測定面がディスク状になっており，歯車の歯の間に差し込んで，インボリュート歯車のまたぎ歯厚を測定する（図2－28，p. 255　第7章第3節「またぎ歯厚の測定」参照)。

応用した測定では，紙やシート状のものの厚み測定や，測定子が飛び出していないと測れないところに使われる。

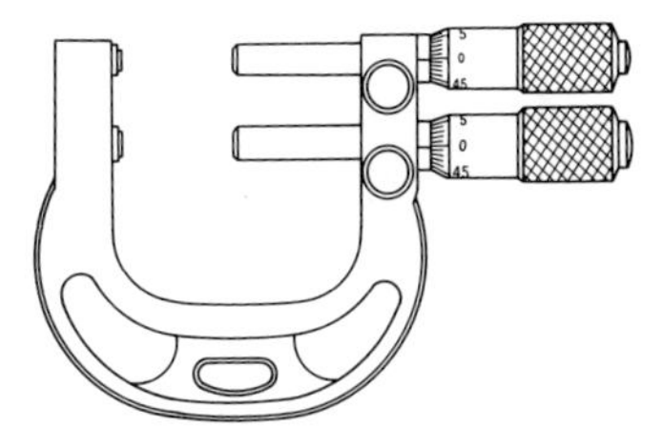

図2-27　リミット・マイクロメータ

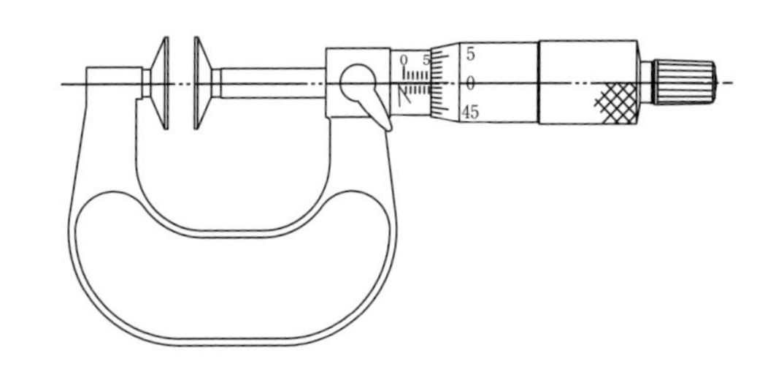

図2-28　歯厚マイクロメータ（JIS B 7502：2016）

（6）　ダイヤルゲージ付きマイクロメータ

外側マイクロメータのアンビル側にダイヤルゲージを取り付けたもので，指掛けにより2 mm ぐらい自由に開き，ばねの力で元に戻る。マイクロメータを一定の値にクランプして工作物の寸法のばらつきをダイヤルゲージで読み取ることができるので，同一寸法の大量測定に便利である（図２－29）。

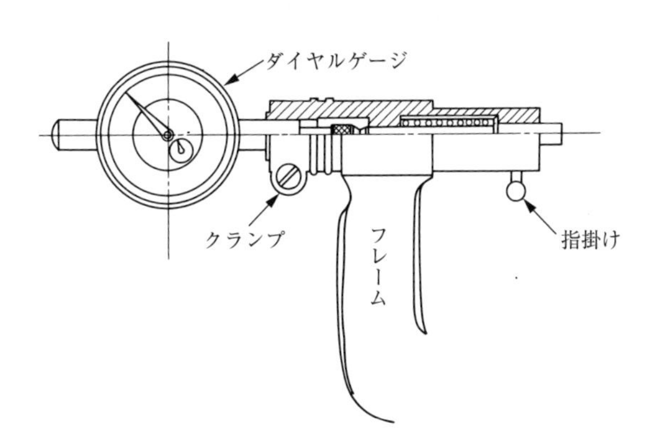

図2-29　ダイヤルゲージ付きマイクロメータ

（7）　指示マイクロメータ

前記のダイヤルゲージがフレーム内に組み込まれたもので，押しボタンによりアンビルが開閉する（図２－30）。アンビルの動きは，歯車又はてこによって拡大され，指示部に1 μm～2 μm 単位での目盛が刻まれている。中央を0として±20 μm 範囲の偏差を指針で読み取ることができる（JIS B 7520：1981）。

これと類似したものに，パッサメータがある（図２－31）。これはマイクロメータをもたないが，アンビルとスピンドルの開きはブロックゲージを挟んでゼロ合わせを行う。指示範囲は中央を0として±80 μm の比較測定ができる。

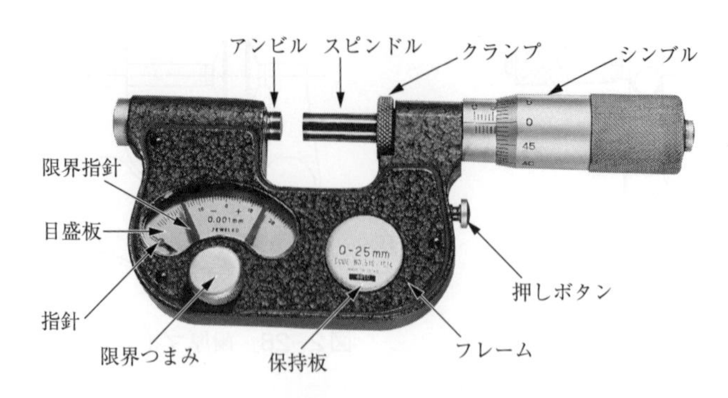

図2−30　指示マイクロメータ

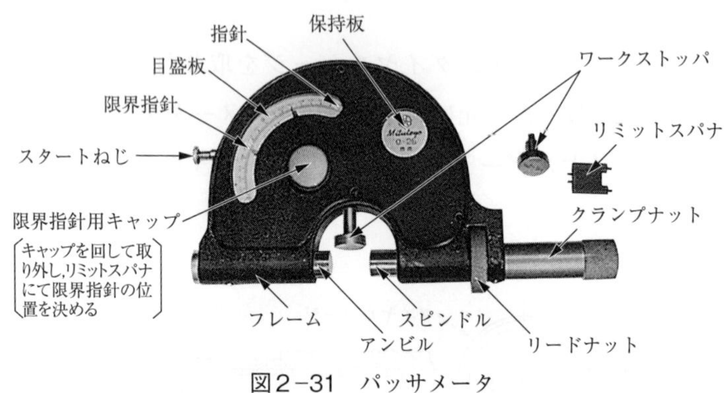

図2−31　パッサメータ

(8)　キャリパ形内側マイクロメータ

ジョウの開閉によって内径又は溝幅の測定に用いる。測定範囲は5 mm～25 mmと25 mm～50 mm である。測定面の形状は，穴の測定に適した小半径の曲面からなり，線接触をする。

シンブル及びスリーブ上の目盛は外側マイクロメータと逆方向に寸法が記入されている。

キャリパ形内側マイクロメータは，構造上，アッベの原理に基づく外側マイクロメータより精度が劣り，器差は約2倍ある（図2－32）。

(9)　マイクロメータヘッド

マイクロメータのスピンドルやシンブルなどの，測定ねじ部分のみをまとめたものである。機械装置あるいは，ほかの測定機に取り付けて，精密な送りや位置決めなどに使用される（図2－33）。

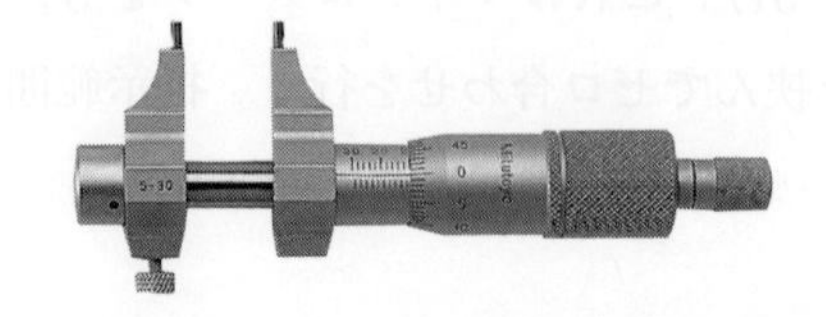

図2−32　キャリパ形内側マイクロメータ

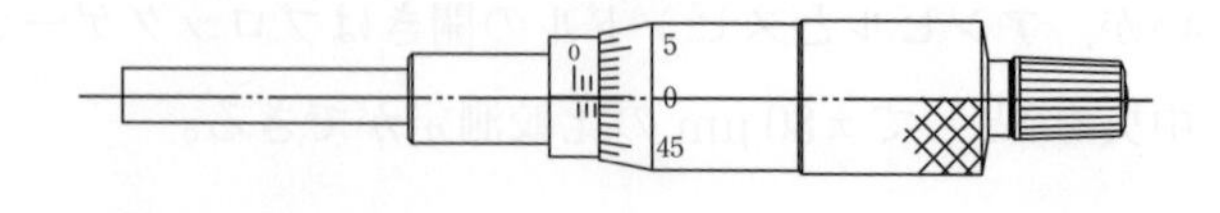

図2−33　マイクロメータヘッド（JIS B 7502：2016）

第５節　端度器による測定

一定の呼び寸法に正しく仕上げられた，両端面を測定面とする標準ゲージを端度器と呼び，一般に構造が簡単で長期間にわたり高い精度をもっている。

5.1　ブロックゲージ

端度器は18世紀初めごろに考案されたが，現在のように長方形断面の形で，組み合わせて寸法を作るブロックゲージは，1896年にスウェーデンのヨハンソンが初めて製作した。当時，102個のブロックゲージを１個又は数個組み合わせることで，1 mm から201 mm まで0.01 mm 間隔で２万個の精度の高い寸法を作り出した。組合わせによる誤差は，測定面が非常によく仕上げられているために密着（リンギング）して，ほとんど皆無に等しい。

現在は1 μm 間隔で組み合わせることができ，機械工場における長さの標準に用いて，各種測定器の検査及び指示値の確認や調整に用いたり，比較測定における標準ゲージとして広範囲に使用されている。

【構　造】

断面寸法は国によって多少異なるが，JIS では呼び寸法0.5 mm 以上1 000 mm 以下の断面寸法をもつものについて規定している。

一般にブロックゲージに用いられる材料は，鋼製では高炭素高クロム鋼，クロムカーバイド，タングステンカーバイドが主なもので，硬さは HV800以上であることと定められている。

最近は，鋼に近い熱膨張係数をもつセラミックス製のものもある。セラミックス製のブロックゲージは，さびないことと，傷でかえり（金属のまくれ）ができにくいので，鋼製に比べて保守が簡単なことが特徴である。

図２－34に示すように，ブロックゲージには6 mm 未満の小さい寸法のものでは測定面に，6 mm 以上の寸法のものでは側面に，Ａ：呼び寸法，Ｂ：製造業者の略号及びＣ：製造番号が

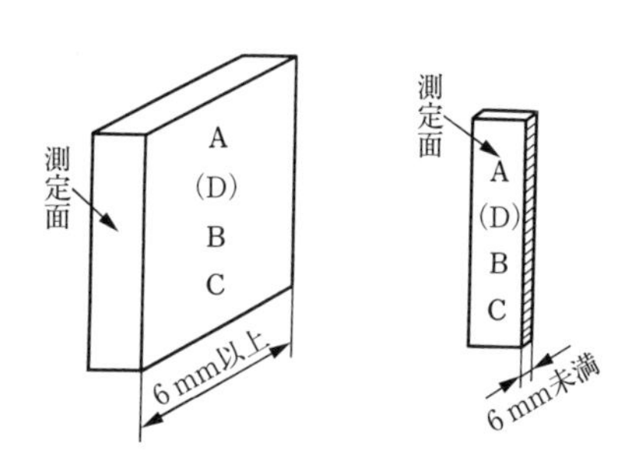

図２－34　ブロックゲージの表示

記されている。製造番号の最初の２桁は製造時の西暦年号の10位と１位を表している。また，ＡとＢの間にＤ：材料記号を入れる場合もある。

ブロックゲージの標準組合わせのセットを図２－35に示す。112個組のほかに103，76，47，32，18，９，８個組などがある。各種寸法の組合わせを表２－12に示す。

図2-35　ブロックゲージ（103個組）

表2-12　ブロックゲージの主な組合わせ

寸法段階［mm］	寸法範囲［mm］	セット記号	S112(1)	S 103	S 76	S 47	S 32	S 18	S 9（＋）	S 9（－）	S 8
0.001	0.991～0.999	個数						9		9	
	1.001～1.009		9					9	9		
0.01	1.01～1.09					9	9				
	1.01～1.49		49	49	49						
0.1	1.1～1.9					9	9				
0.5	0.5～9.5				19						
	0.5～24.5		49	49							
1	1～9						9				
	1～24					24					
—	1.000 5		1								
	1.005			1	1	1	1				
—	10				1		1				
	20				1		1				
	25		1	1		1					
	30				1		1				
	40				1						
	50		1	1	1	1					
	60						1(2)				
	75		1	1	1	1					
	100		1	1	1	1					
25	125～200										4
—	250										1
100	300～500										3
総　個　数			112	103	76	47	32	18	9	9	8

注(1)　S 112の1.0005を除いてS 111（111個組）としたものもある。
　(2)　60 mmの代わりに50 mmにしたものもある。
備考　上記のセットに保護ブロックゲージ（２個）を加えたものは，そのセット記号の末尾にＰをつける。

【精　度】

ブロックゲージの精度には，測定面の間の寸法のほかに，測定面同士の寸法差幅及び測定面の平面度が影響する。それらの JIS による定義を図2－36に示す。

ブロックゲージの寸法（l）は，測定面上の点から他の測定面に密着させた同一材料，同一表面状態の基準平面までの距離（ブロックゲージの寸法には，密着のときに生じる密着層の厚さを含む。同図（a））であり，ブロックゲージの測定面の中心における寸法を中央寸法（l_c）という。

任意の位置における寸法の呼び寸法からの寸法差（e）は，任意の位置における寸法 l の呼び寸法 l_n からの寸法差 $l - l_n$ で，呼び寸法からの最大寸法差（e_d）は，$l_{max} - l_n$ 又は $l_n - l_{min}$ のうち数値の大きいほうとする（同図（b））。

ブロックゲージの寸法許容差（t_e）とは，測定面の任意の位置における寸法の呼び寸法からの許容することのできる寸法差であり，寸法差幅（v）は，ブロックゲージの最大寸法 l_{max} と最小寸法 l_{min} との差で，中央寸法からの寸法差 f_o と f_u の和に等しい（同図（b））。

ブロックゲージの寸法許容差幅（t_v）は，ブロックゲージの寸法差幅（v）の許容することのできる値である。

また，平面度は測定面上のすべての点を二つの平行な平面で挟み，その間隔が最小となると

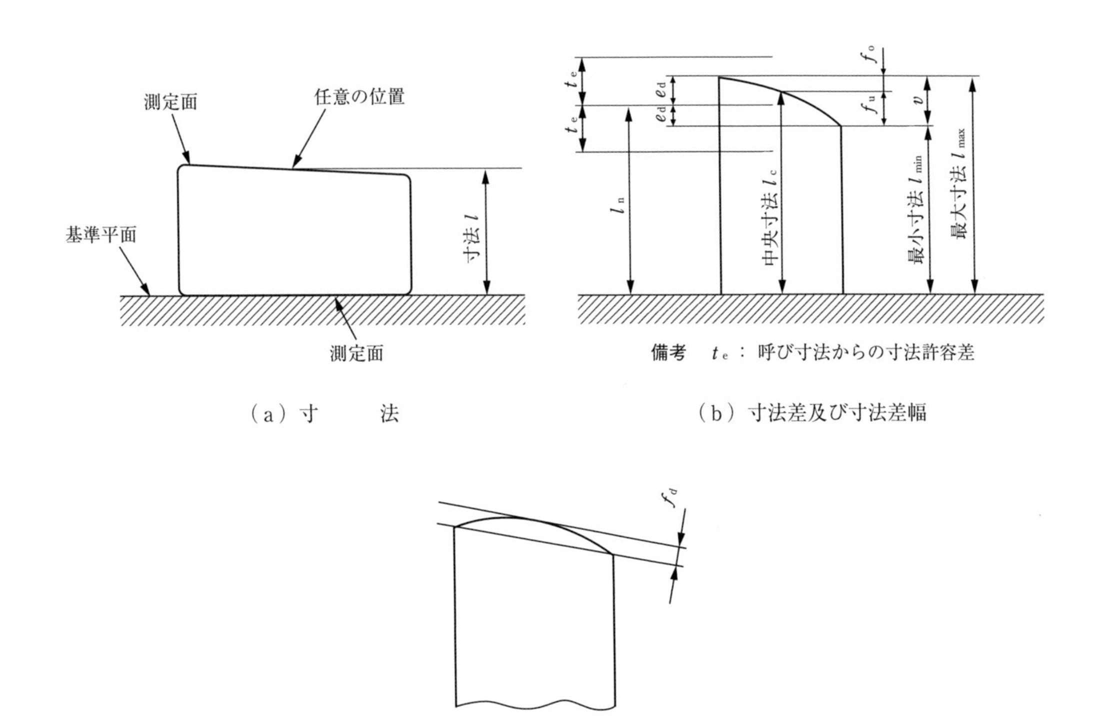

（a）寸　　法

（b）寸法差及び寸法差幅

（c）測定面の平面度

図2−36　ブロックゲージの寸法・寸法差及び寸法差幅・平面度（JIS B 7506：2004）

きの距離 f_d（同図（c））で表す。いずれも各測定面の縁から0.8 mm は除いた内側の範囲を対象としている。

ブロックゲージは，JIS B 7506：2004では精度によりK，0，1，2級の4等級に分けられており，各等級ごとの寸法許容差と寸法許容差幅を表2－13に，平面度公差を表2－14に示す。

K級は光波干渉測定法によって校正し，ほかの等級のブロックゲージの校正に用い，常に校正証明書とともに使用する。0，1，2等級のブロックゲージはK級との比較測定法で校正する。校正の不確かさは，上記の寸法許容差と寸法許容差幅に含める。各等級の使用目的の例を参考として表2－15に示す。

表2－13　呼び寸法からの寸法許容差及び寸法許容差幅（JIS B 7506：2004）

［単位：μm］

呼び寸法 l_n ［mm］		K級		0級		1級		2級	
を超え	以下	寸法許容差 t_e(±)	寸法許容差幅 t_v	寸法許容差 t_e(±)	寸法許容差幅 t_v	寸法許容差 t_e(±)	寸法許容差幅 t_v	寸法許容差 t_e(±)	寸法許容差幅 t_v
0.5(1)	10	0.20	0.05	0.12	0.10	0.20	0.16	0.45	0.30
10	25	0.30	0.05	0.14	0.10	0.30	0.16	0.60	0.30
25	50	0.40	0.06	0.20	0.10	0.40	0.18	0.80	0.30
50	75	0.50	0.06	0.25	0.12	0.50	0.18	1.00	0.35
75	100	0.60	0.07	0.30	0.12	0.60	0.20	1.20	0.35
100	150	0.80	0.08	0.40	0.14	0.80	0.20	1.60	0.40
150	200	1.00	0.09	0.50	0.16	1.00	0.25	2.00	0.40
200	250	1.20	0.10	0.60	0.16	1.20	0.25	2.40	0.45
250	300	1.40	0.10	0.70	0.18	1.40	0.25	2.80	0.50
300	400	1.80	0.12	0.90	0.20	1.80	0.30	3.60	0.50
400	500	2.20	0.14	1.10	0.25	2.20	0.35	4.40	0.60
500	600	2.60	0.16	1.30	0.25	2.60	0.40	5.00	0.70
600	700	3.00	0.18	1.50	0.30	3.00	0.45	6.00	0.70
700	800	3.40	0.20	1.70	0.30	3.40	0.50	6.50	0.80
800	900	3.80	0.20	1.90	0.35	3.80	0.50	7.50	0.90
900	1 000	4.20	0.25	2.00	0.40	4.20	0.60	8.00	1.00

注(1)　呼び寸法の0.5 mmは，この寸法区分に含まれる。

表2－14　測定面の平面度公差（JIS B 7506：2004）

［単位：μm］

呼び寸法［mm］		K級	0級	1級	2級
を超え	以下				
0.5(1)	150	0.05	0.10	0.15	0.25
150	500	0.10	0.15	0.18	0.25
500	1 000	0.15	0.18	0.20	0.25

注(1)　呼び寸法の0.5 mmは，この寸法区分に含まれる。

表２−15　ブロックゲージの各等級と使用目的の例

<table>
<tr><th colspan="2">ブロックゲージ等級</th><th>使用目的</th></tr>
<tr><td rowspan="3">参照用</td><td rowspan="3">K</td><td rowspan="2">ほかの級のブロックゲージの校正用</td></tr>
<tr></tr>
<tr><td rowspan="2">精密学術研究用</td></tr>
<tr><td rowspan="3">標準用</td><td rowspan="3">0</td></tr>
<tr><td rowspan="2">検査用，工作用ブロックゲージの点検，測定器類の精度点検</td></tr>
<tr></tr>
<tr><td rowspan="5">検査用</td><td rowspan="5">1</td><td rowspan="2">ゲージの精度点検</td></tr>
<tr></tr>
<tr><td rowspan="2">機械部品及び工具などの検査</td></tr>
<tr></tr>
<tr><td rowspan="2">ゲージの製作</td></tr>
<tr><td rowspan="7">工作用</td><td rowspan="7">2</td></tr>
<tr><td rowspan="2">測定器類の精度調整</td></tr>
<tr></tr>
<tr><td rowspan="2">工具刃物類の取付け</td></tr>
<tr></tr>
</table>

【使用法】

① 所要寸法の組合わせは，小数点の最後の桁から順次求めていき，最小の個数で組み立てる。また，使用回数の多いものについては摩耗を少なくするために，あまり使用されていないブロックゲージを用いて組み立てる工夫も必要である。

組合わせ例）

30.01 mm　は1.01 mm　+ 14 mm　+ 15 mm

40.015 mm は1.005 mm + 1.01 mm + 18 mm + 20 mm　をそれぞれ組み合わせる。

② 使用に際しては，必要なブロックゲージのみをケースから抜き取り，１個ずつ丁寧に取り扱う。柔らかい清浄な布又はシーム革を，ベンジンあるいはアルコールに浸してブロックゲージに塗布された防せい剤を拭き取り，光線定盤（オプチカルフラット）を用いて測定面に傷によるかえりや摩耗による凹凸がないことを確かめてから用いる。

③ ブロックゲージの組立ては，両方が厚い場合は図２−37（ａ）のように60°～90°に十字に重ね，軽くもみつけるようにして回し，吸引してきたら指の力を接触面全体に行き渡るようにして正しく重ね合わせ，密着させる。これをリンギングという。

同図（ｂ）は，厚物と薄物のブロックゲージの組合わせ方で，厚いほうに薄いブロックゲージを縦に並べて一部分を重ね，指の腹で軽くもみつけながら吸引が起こるに従って長手方向に重ねて密着させる。また，両方が薄い場合は，いったん組立て寸法とは関係ない

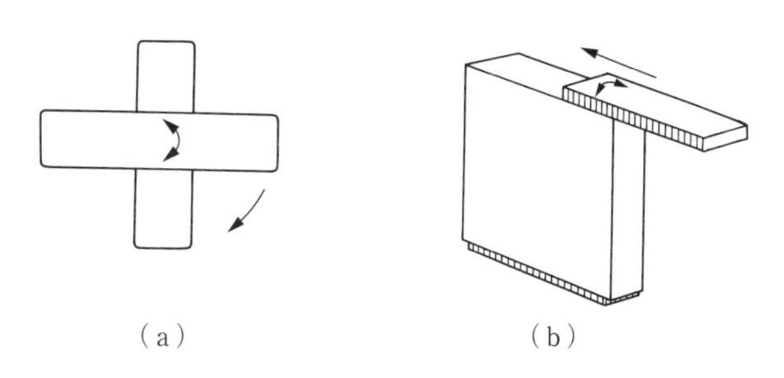

（ａ）　（ｂ）

図２−37　ブロックゲージの密着法

適当な厚さのあるブロックゲージの上に1個を密着させ，さらにその上にもう1個を密着させてから，不必要な寸法のブロックゲージを取り去る。

密着に際しては，良質の油を薄く塗布すると組み立てやすい。

④　密着したブロックを引き離すときは，厚物同士はねじるようにして行い，薄物は反りの出ないように長手方向に滑らせながら行うとよい。不要になったブロックゲージの組立ては，長時間密着したまま放置しておくと離しにくくなるので，速やかに引き離しておく。

⑤　格納に当たっては，防せい剤を塗布して，セットの元の位置に戻しておく。

⑥　ブロックゲージの基本姿勢は，100 mm 以下では垂直に立てる姿勢，100 mm を超えるものは水平にエアリー点（p. 33　図1－14（a）参照）で支える姿勢であり，ブロックゲージ自身の校正はこの姿勢で行われるのが一般的である。したがって，ブロックゲージをほかの測定器の校正や寸法の標準として使用するときに同じ姿勢で使うと，寸法の変化が最も少なくなる。

100 mm を超えるブロックゲージには，大抵は支える点を示すマークが表示してある。

⑦　ブロックゲージの精度は，測定面の縁から0.8 mm の範囲では保証されていないので，端のほうだけを使うことはしない。

【付属品】

ブロックゲージの高精度を利用し，図2－38のように種々の形状に組み立てて使うための精密な付属品がJISに規定され，これらはセットでも市販されている。

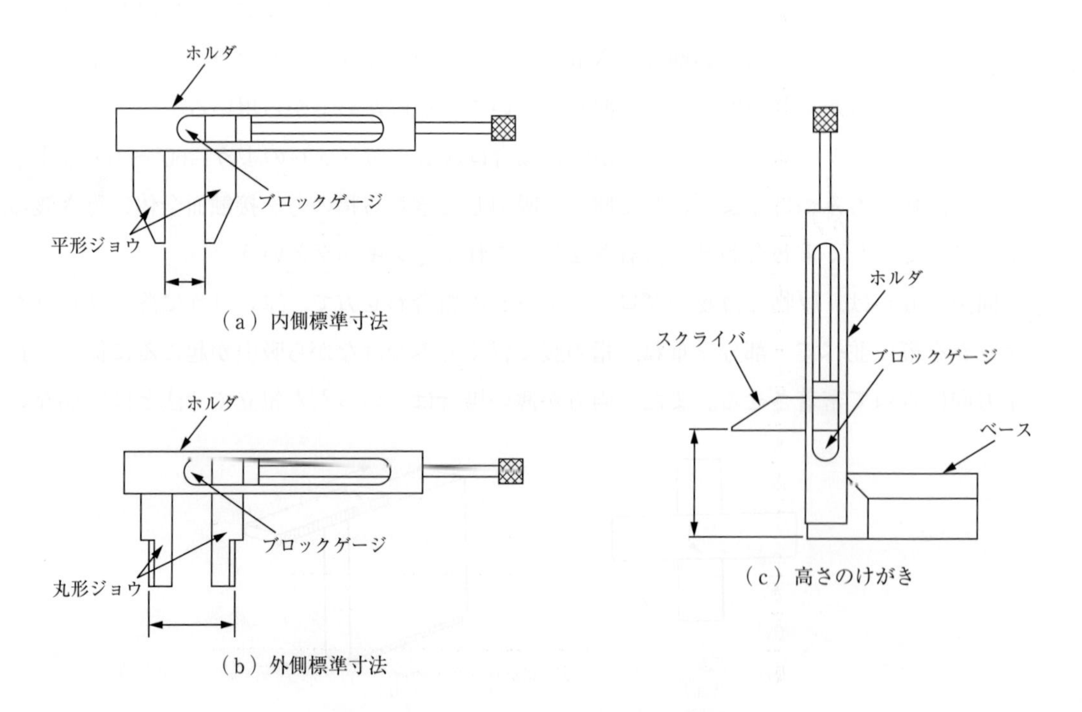

図2－38　ブロックゲージ付属品の使用例

【ブロックゲージの応用標準器】

図2－39に示すハイトセッティング・マイクロメータは，精密な間隔で突き出させて垂直に並べたブロックゲージ列と，それ全体を間隔の距離だけ精密に移動させるマイクロメータヘッドを組み合わせて構成されており，ブロックゲージの上面あるいは下面を精密な高さに設定することができる。一般にブロックゲージ間隔は20 mmであり，マイクロメータヘッドの目量は1 µmで，バーニヤ付きやデジタル表示のものには0.1 µmまで設定できるものがある。

ハイトゲージのスクライバをブロックゲージの面に合わせて，そのまま加工物にけがくと，高さ寸法を精密に移し取ることができる。また，てこ式ダイヤルゲージなどによる高さの比較測定において，高さ寸法の標準としても使える。

類似したものに，マイクロメータヘッドは付いていないが，ノギスやハイトゲージなどの検査に使用する目的で，必要な寸法のブロックゲージだけを1列にセットし，垂直や水平に置いて使える標準器もある。

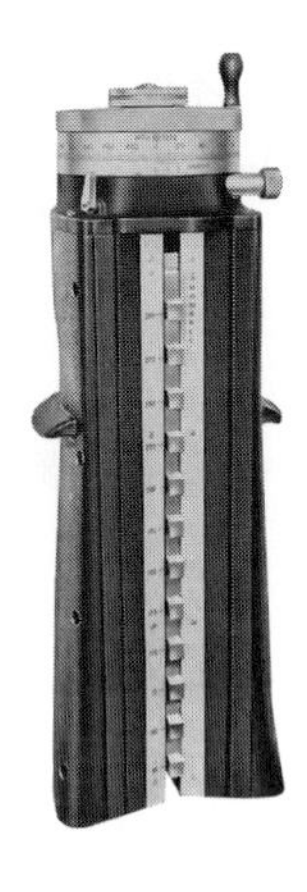

図2－39　ハイトセッティング・マイクロメータ

5.2　その他の端度器

ブロックゲージと同様に，長さの標準ゲージとして使用されるものに図2－40の棒ゲージがある。両端面には平らなものと呼び寸法を直径とする球面があり，いずれも測定器の精度検査，又は部品の組立て及び調整の基準に用いる。握り部は，手から伝わる熱を防ぐためにエボナイトやゴム管などの断熱材で覆われている。その他，端度器には図2－41に示す円筒形のプラグゲージ，リングゲージ及び標準キャリパゲージなどがある。

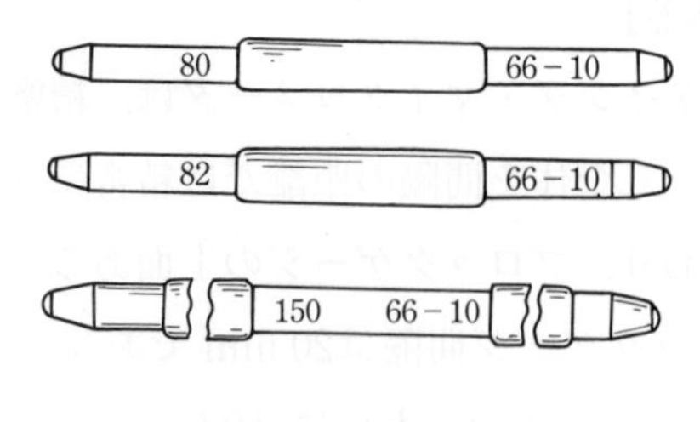

図２−40　棒ゲージ

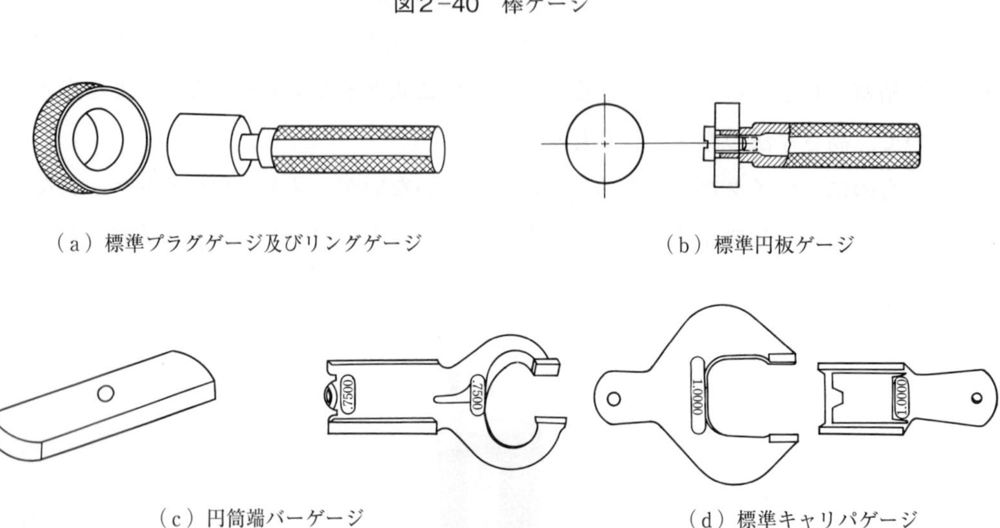

（a）標準プラグゲージ及びリングゲージ　（b）標準円板ゲージ

（c）円筒端バーゲージ　（d）標準キャリパゲージ

図２−41　各種端度器

第６節　固定寸法ゲージによる測定

6.1　単測ゲージ

１個の測定器に一つの寸法又は形状しかもたないゲージで，一般に工作物の測定部分の形状と逆形に作られている。ゲージを工作物の測定部にあてがって，一致する寸法又は形状によって比較測定を行う。

（1）　すきまゲージ

シックネスゲージとも呼ばれ，ほかの測定器では測りにくい小さなすきまの測定に用いる（図２－42）。

【構　造】

リーフは，厚さを示す寸法に正確に仕上げられた薄い鋼板からできている。リーフの形状にはA形とB形があり，厚さ0.01 mmから3 mmまで各種寸法をもつ10，11，12，13，19，25枚が１組になった組合わせゲージ（同図（ａ））と単体のものがある（表２－16）。

すきまゲージと同様の目的で使用されるものに，帯状のシックネステープがある。

【精　度】

厚さの寸法許容差及び幅の反りの許容値は，表２－17のとおりである。

【使用法】

測定物のすきまの大小により，１枚又は数枚を重ね合わせて差し込み，しっくりと合ったときのゲージの厚さを面に表示されている寸法から読み取る。

また，加工物を工作機械のテーブル上に据え付けたときや機械組立ての際に，すきまの有無を確認するためにも使用されている。

［単位：mm］

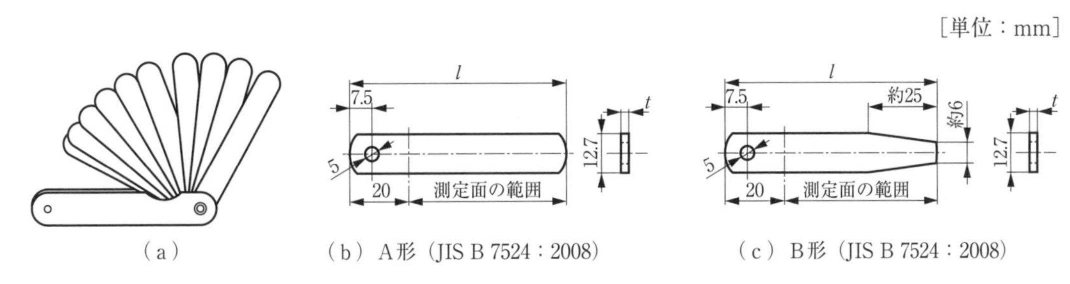

（ａ）　（ｂ）A形（JIS B 7524：2008）　（ｃ）B形（JIS B 7524：2008）

図２－42　すきまゲージ

表2-16　組合わせすきまゲージのリーフ構成（JIS B 7524：2008）

［単位：mm］

形式符号		リーフの長さ	リーフの枚数	組み合わせるリーフの呼び寸法及び組合わせの順序
A形	B形			
75A10	75B10	75	10	0.30, 0.03, 0.04, 0.05, 0.06, 0.07, 0.08, 0.10, 0.15, 0.20
100A10	100B10	100		
150A10	150B10	150		
200A10	200B10	200		
300A10	300B10	300		
75A11	75B11	75	11	1.00, 0.05, 0.10, 0.20, 0.30, 0.40, 0.50, 0.60, 0.70, 0.80, 0.90
100A11	100B11	100		
150A11	150B11	150		
75A12	75B12	75	12	0.30, 0.01, 0.02, 0.03, 0.04, 0.05, 0.06, 0.07, 0.08, 0.09, 0.10, 0.20
100A12	100B12	100		
150A12	150B12	150		
75A13	75B13	75	13	3.00, 0.03, 0.04, 0.05, 0.06, 0.07, 0.08, 0.10, 0.15, 0.20, 0.30, 1.00, 2.00
100A13	100B13	100		
150A13	150B13	150		
75A19	75B19	75	19	1.00, 0.03, 0.04, 0.05, 0.06, 0.07, 0.08, 0.09, 0.10, 0.15, 0.20, 0.25, 0.30, 0.35, 0.40, 0.45, 0.50, 0.70, 0.80
100A19	100B19	100		
150A19	150B19	150		
75A25	75B25	75	25	1.00, 0.03, 0.04, 0.05, 0.06, 0.07, 0.08, 0.09, 0.10, 0.11, 0.12, 0.13, 0.14, 0.15, 0.20, 0.25, 0.30, 0.35, 0.40, 0.45, 0.50, 0.60, 0.70, 0.80, 0.90
100A25	100B25	100		
150A25	150B25	150		

表2-17　すきまゲージの精度（JIS B 7524：2008）

［単位：mm］

呼び寸法の範囲	厚さの許容差	幅方向に対する反りの公差
0.01以上　0.06以下	±0.003	—
0.06を超え0.10以下	±0.004	
0.10を超え0.30以下	±0.005	
0.35		0.003
0.35を超え0.65以下	±0.008	0.004
0.65を超え3.0 以下	±0.010	0.005

備考　この表の寸法数値は，JIS B 0680に規定する標準温度の20℃によるものとする。

（2）　針金ゲージ（ワイヤゲージ）

針金の太さや薄板の厚さを，図2－43に示す円板の円周に切られた各種寸法の穴，又は溝幅によって簡単に分類するときに用いる。

【構　造】

円形鋼板の周囲に各種の寸法をもつ穴と溝があり，それぞれに呼び番号が刻印されている。

【精　度】

針金の直径又は薄板の厚さの判別が主なる目的のため，精度についてはそれほど強く要求されていない。

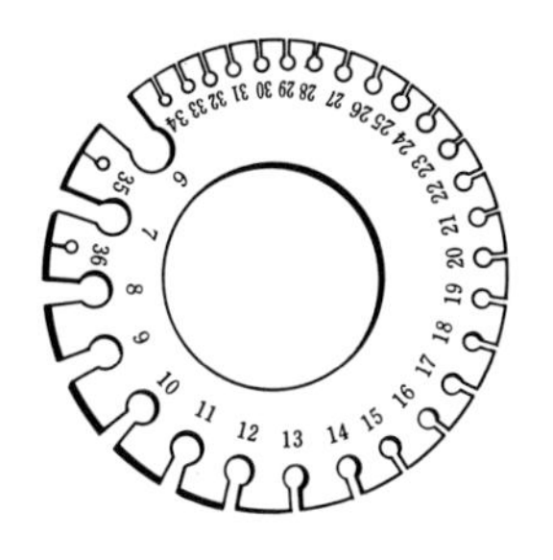

図2−43　針金ゲージ

【使用法】

針金又は鋼板を，あまり無理のないように差し込み，最もしっくり合った個所で，番号又は寸法を読み取る。

針金の太さ及び薄板の厚さについては，呼び番号で表すSWG（イギリス標準）とAWG（アメリカ基準）がある。

（3）　半径ゲージ

ラジアスゲージ又はアール（R）ゲージともいう（図2−44）。測定物の隅や丸みにゲージをあてがい，すきみ法（注）によって半径を測定する（図2−45）。

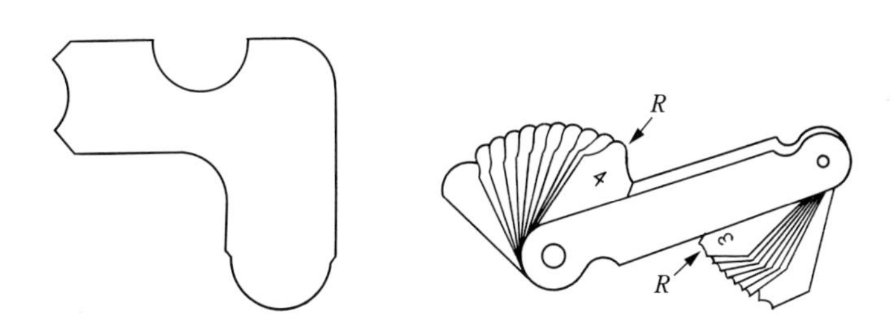

図2−44　半径ゲージ

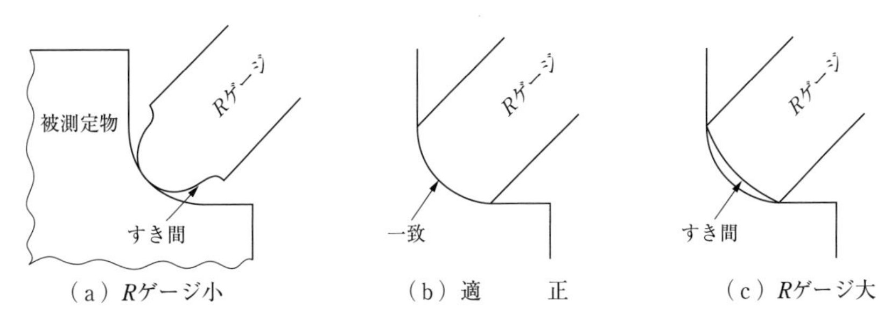

（a）Rゲージ小　（b）適　正　（c）Rゲージ大

図2−45　す き み 法

（注）すきみ法：光線をあて，すきまからもれる光の度合いによって直角度の狂いを測定する。

【構　造】

それぞれの鋼板に，各種の半径の凹形と凸形の測定面をもつゲージをセット組みにしたものと，単体のものがある。

【精　度】

測定物の精度によってゲージの仕上がり精度が異なり，特に規定はない。

【使用法】

すきみ法により，表示寸法から工作物の測定部の丸みの検査，又は工作物の加工に際しての仕上がり精度を判定するときに使用する。

6.2　限界ゲージ

（1）　限界ゲージ方式

第1章第2節「2.1　公差」（p. 16）で述べたように，すべての工作物には，その機能に応じてある範囲内のサイズ差が許されている。したがって，図2－46に示す挟みゲージを例にとると，上限の上の許容サイズを通り側とし，下限の下の許容サイズを止り側と定めた両限界をもつゲージを作り，通り側を難なく通過して，止り側に入らない製品寸法を合格とする方法が限界ゲージ方式である。したがって，製品の実際寸法を知ることはできないが，検査で合格，不合格を決定するには判定が容易で，それほどの経験を必要としないことから大量測定に適している。

以上の両限界の寸法をもつゲージを総称して，限界プレーンゲージ（限界ゲージ）という。

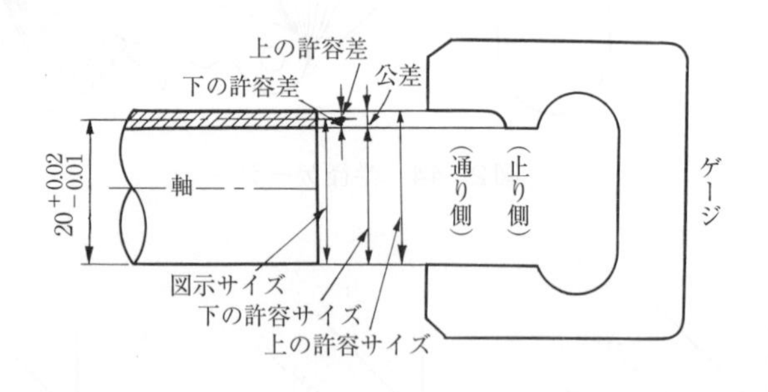

図2－46　挟みゲージ

（2）　テーラの原理

軸を挟みゲージで測定した場合，たとえ検査に合格しても，軸の曲がりや等径ひずみ円の有無はこのゲージで知ることはできない。これは，穴の検査で図2－47に示す全形プラグゲージを用いた場合も同様で，止り側が入らないからといっても，だ円状又はたいこ状の場合は，局部的に上の許容サイズより大きいときもあり得る。したがって，1905年イギリスのテーラ（W.

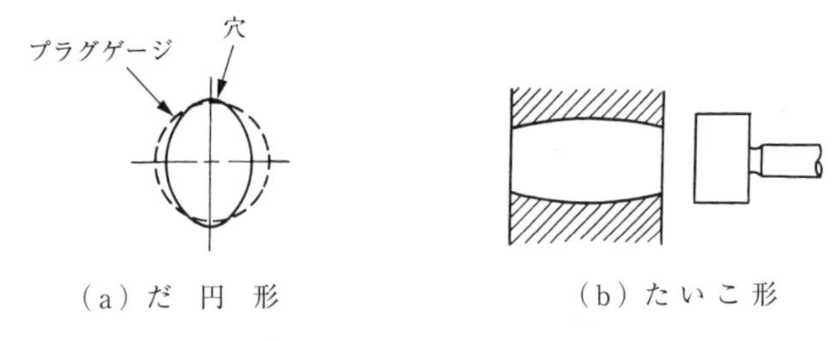

（a）だ　円　形　　（b）たいこ形

図2-47　プラグゲージ

Taylor）によって次の原理が唱えられた。

「通り側ではすべての寸法又は決定量が同時に検査され，止り側では各寸法が別々に検査されなければならない。」

すなわち，軸に対する検査では，通り側は測定部分の長さに等しい測定面をもつリングゲージが好ましく，止り側では測定面の狭い挟みゲージを用いる。また，穴については，通り側にプラグゲージ，止り側に棒ゲージを使用することが理想的である。

(3)　各種限界ゲージ

限界ゲージの種類は工作物の測定部分の形状によっていろいろあるが，その主なものについて述べる。

a　軸用限界ゲージ

図２－48に示すリングゲージと挟みゲージがある。

b　穴用限界ゲージ

図２－49に示すプラグゲージには，小径用，大径用，全形プラグゲージ，部分プラグゲージ，板ゲージ，テボゲージがある。ほかに板ゲージ，棒ゲージなどもある。

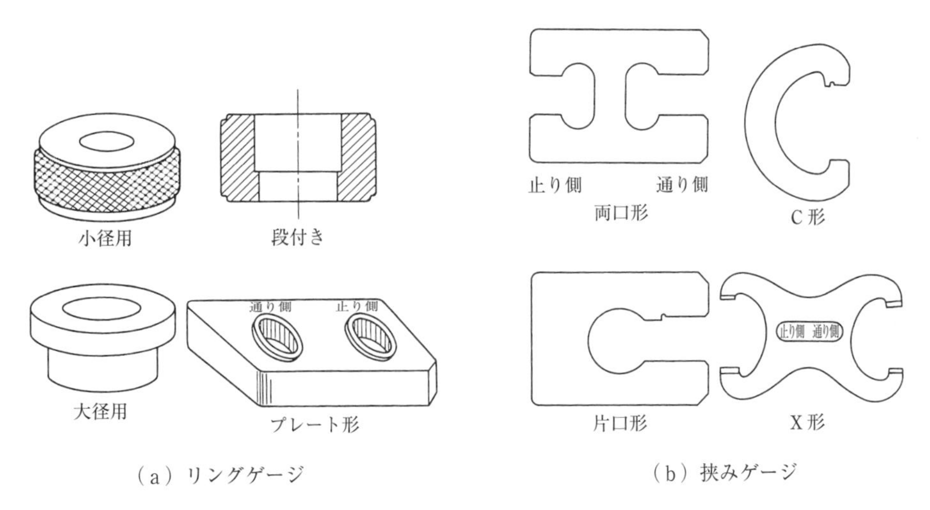

（a）リングゲージ　　（b）挟みゲージ

図2-48　軸用限界ゲージ

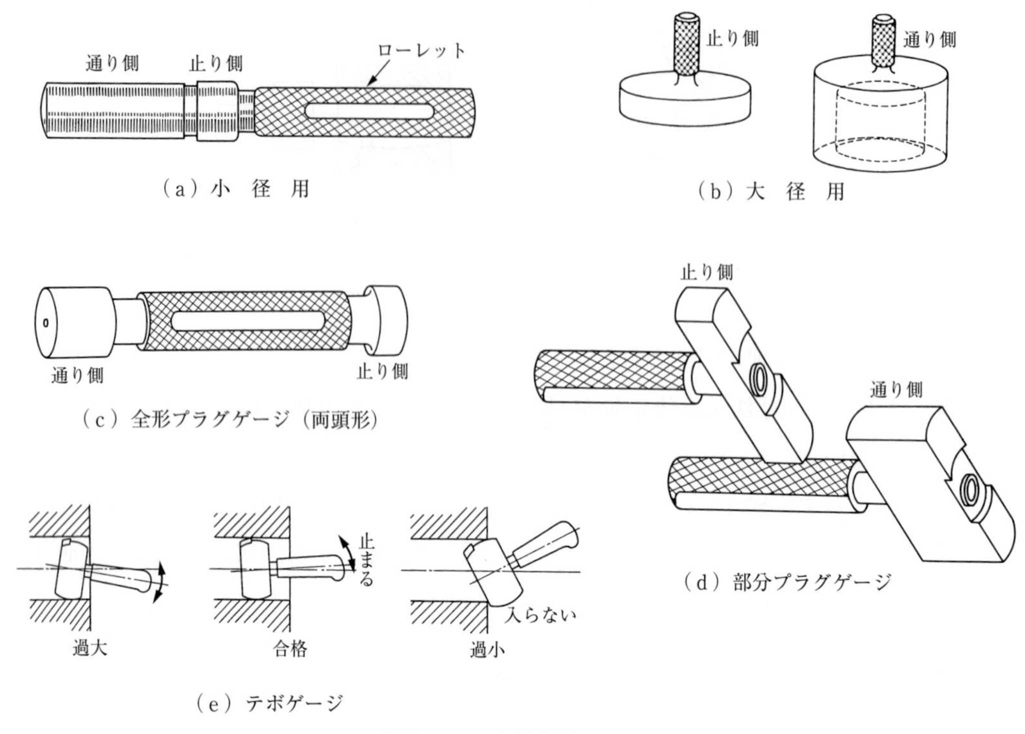

図2-49　穴用限界ゲージ

c　長さ用限界ゲージ

図2－50に示すゲージのほかに，軸用の挟みゲージを使用することができる。

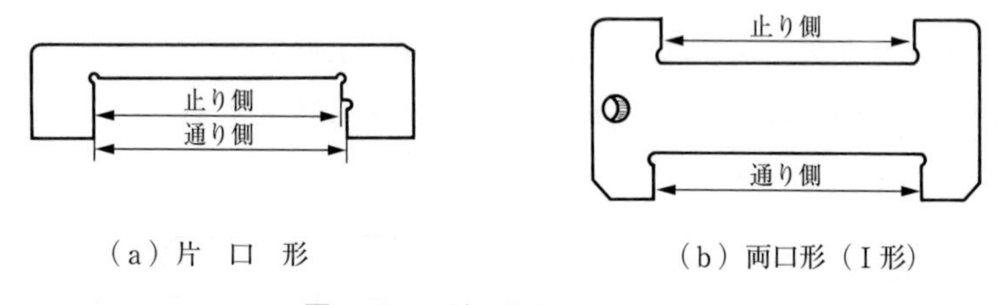

図2-50　長さ用限界ゲージ

d　深さ又は段付き用限界ゲージ

図2－51のように，すきみ法による凹形と凸形があり，深さに対しては，プラグにノッチ又はけがき線を施したものがある。

e　溝用限界ゲージ

図2－52に示すI形，又は長い溝幅の測定には円板状にして転がしながら検査のできる円板ゲージがある。

【精　度】

IT 基準公差の4等級以下の製作公差が与えられ，一般に工作物に与えられる公差の1/10程度が要求されている。

【使用法】

① 通り側は無理なく通り，止り側は無理に押し込んではならない。

② 通り側と止り側の判別は，通り側の測定面は止り側より長く，また止り側に赤印が付いている。

③ プラグゲージは穴にまっすぐに差し込み，抜けなくなったときは，プラグゲージを冷やして工作物を温めると楽に抜ける。

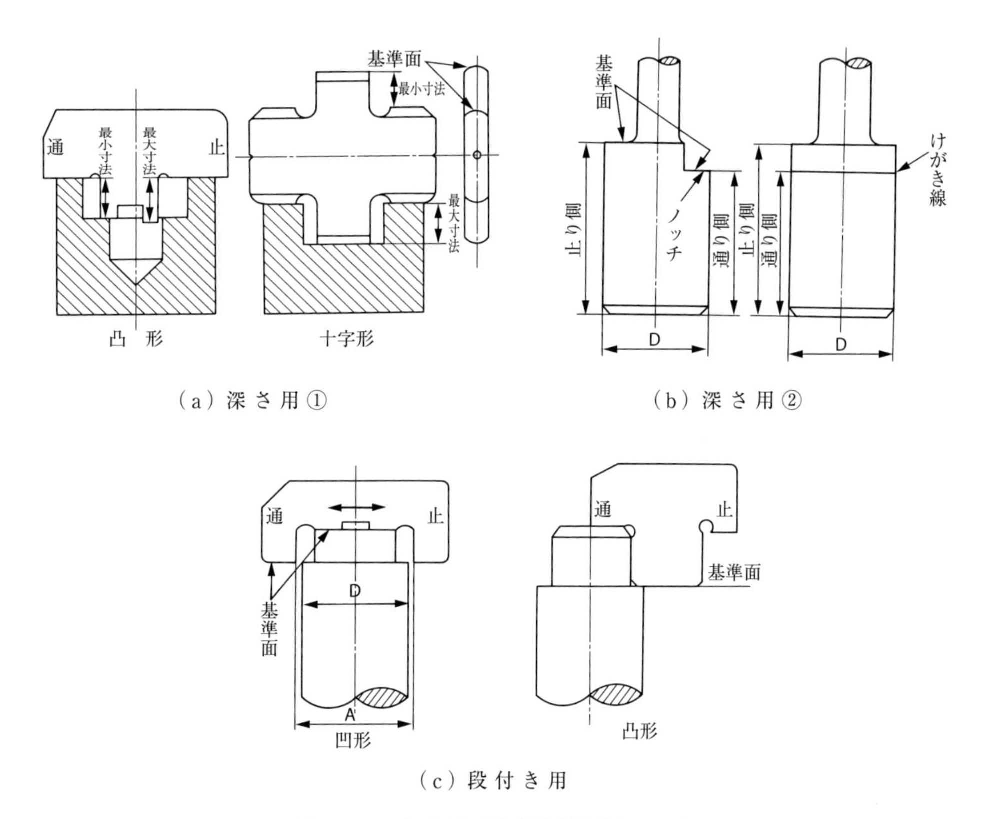

図2−51　深さ及び段付き用限界ゲージ

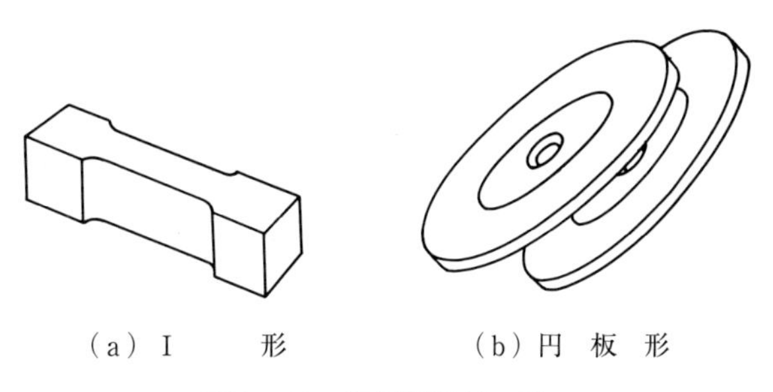

図2−52　溝用限界ゲージ

第7節　比較測定器とその測定

比較測定器を総称してコンパレータとも呼ぶ。ブロックゲージ又は標準ゲージを基準として工作物の形状や寸法を比較し，測定器の指示部に示された偏差から寸法及び形状の合格，不合格を決定したり，偏差を基準ゲージの寸法へ加減して間接的に実際寸法を求めることができる。一般に置換法によるため精度の高い測定ができるが，測定範囲は狭い。

種類を拡大機構によって分類すると，機械式，流体式，電気式がある。

7.1　機械式コンパレータ

寸法のわずかな偏差を拡大する機構に歯車列やてこを応用したものである。

（1）　ダイヤルゲージ

機械工場において最も多く用いられ，基準ゲージと工作物の比較測定のほかに，次に示す各種の検査など，その使用範囲は極めて広い。

① 工作機械の精度検査
② 回転軸の振れの検査
③ 加工，組立てにおける面の測定
④ 心出し
⑤ 機械加工における送り量の確認

a　スピンドル形ダイヤルゲージ

スピンドルがその軸方向に作動するもので，標準タイプでは目盛板はスピンドルと平行に付いている。目量は0.01 mm，0.002 mm と0.001 mm がある。

【構　造】

図2－53の構造図に示すように，スピンドルのわずかな動きは，スピンドルに刻まれたラックによって，これとかみ合う第1ピニオンと同軸の第1歯車を回転させ，さらにセンタ・ピニオンに伝わり，その軸端に固定された長針を回転させる。

第2歯車及びひげぜんまいは，スピンドルの運動方向が変わったときに生じるバックラッシを除くためのものである。目盛板は外枠とともに回転し，指針の位置に合わせてゼロ点調整ができる。0.01 mm 目盛のダイヤルゲージは指針の1回転がスピンドルの1 mm の動きに相当し，円周を100等分して，1目盛0.01 mm を示す。短針とその目盛は長針の回転数，いい換えれば mm 単位を示す。測定範囲は5 mm と10 mm がある。さらに拡大機構を追加して目量を小さく

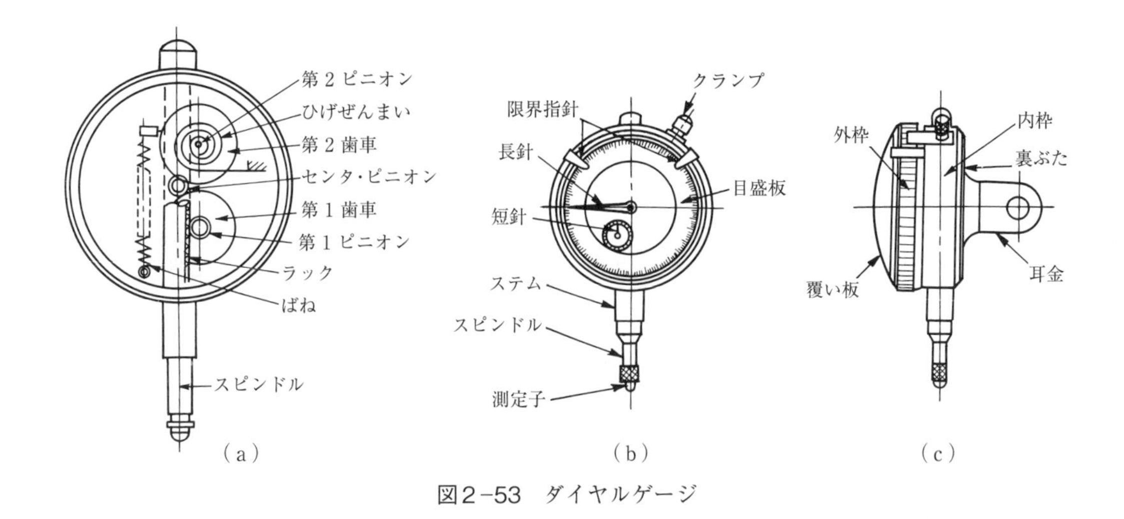

図2–53　ダイヤルゲージ

したものは，測定範囲は短くなっており，目量0.001 mm のものでは，測定範囲は1 mm，2 mm，5 mm がある。

【精　度】

ダイヤルゲージは，指示誤差のほかに，スピンドルを押し込む方向（行き方向）と出てくる方向（戻り方向）で，同じ点を測ったときの差の戻り誤差及び，繰り返して同じ点を測定したときの表示の安定さを示す精密度が重要である。

図２－54に示す方法により，マイクロメータヘッドあるいは測長器でダイヤルゲージを移動させ，その指針が測定位置の目盛に合ったときの，マイクロメータヘッドあるいは測長器側での指示の偏差を読み取る。行き方向と，終点で折り返して戻る方向とで，各測定点の偏差を記録し，図２－55の固定ゼロ点法による指示誤差曲線の例に示すように，1/10，1/2，１回転の各範囲と全測定範囲における指示誤差と戻り誤差を求める。ここで，1/10回転の指示誤差は隣り合った測定点間で偏差の変化が最も大きかったものであり，10目盛指示誤差ともいう。

指示誤差，戻り誤差及び繰返し精密度の許容値を，JIS B 7503：2017では表２－18のように

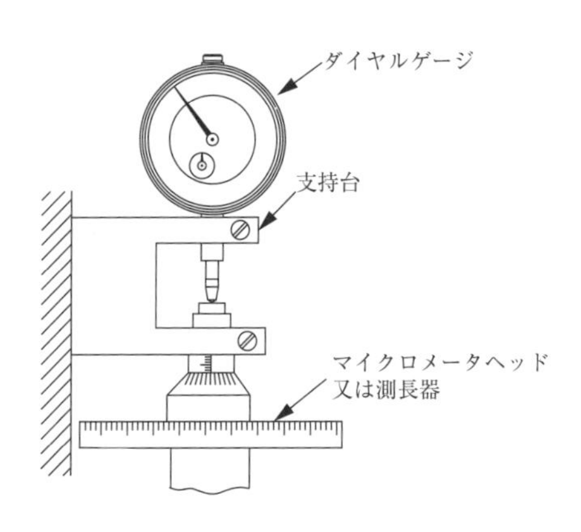

図2–54　ダイヤルゲージの精度検査方法（JIS B 7503：2017）

規定している。これらの許容値は，校正の不確かさを含めたものである。

また，ダイヤルゲージの検査項目例は，第8章第4節「4.2　検査・定期検査」(p. 273) を参照。

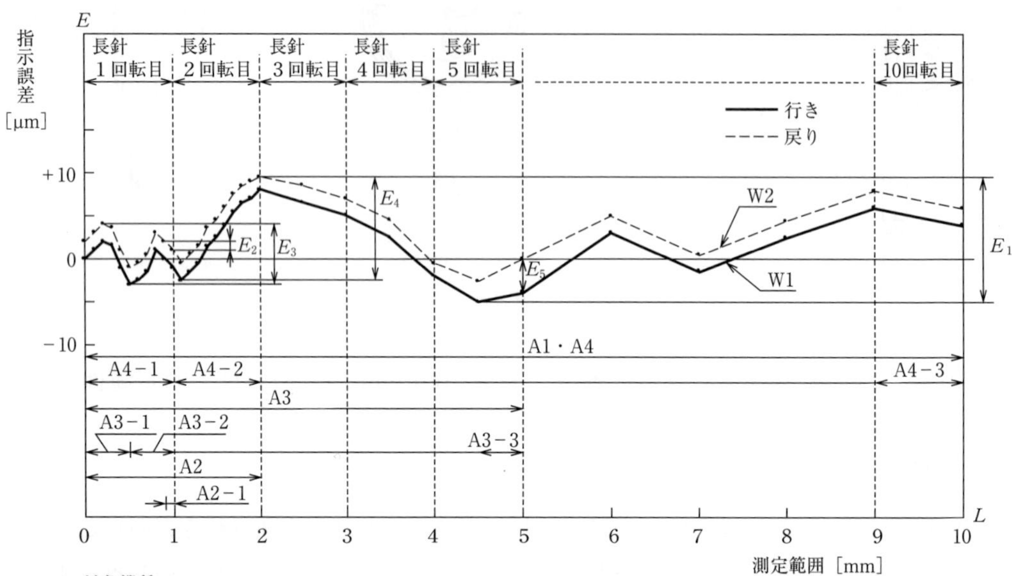

対象機種
- 目量　0.01 mm
- 1回転の測長長さ　1 mm
- 測定範囲 10 mm
- 回転数 10回転

E　：指示誤差［μm］
W1：行き指示誤差曲線
W2：戻り指示誤差曲線
A1：全測定範囲指示誤差評価範囲
A2：1/10 回転指示誤差評価範囲
　A2−1：ある点における評価範囲
A3：1/2 回転指示誤差評価範囲
　A3−1：0.5回転目の評価範囲
　A3−2：0.5〜1回転までの評価範囲
　A3−3：4.5〜5回転までの評価範囲
A4：1回転指示誤差評価範囲
　A4−1：1回転目の評価範囲
　A4−2：2回転目の評価範囲
　A4−3：10回転目の評価範囲
E_1：全測定範囲指示誤差［μm］
E_2：1/10回転指示誤差［μm］
（図は戻り方向でのある点での誤差）
E_3：1/2回転指示誤差（図は0.5回転目における誤差）［μm］
E_4：1回転指示誤差（図は2回転目における誤差）［μm］
E_5：戻り誤差（図はある点における誤差）［μm］

図2−55　固定ゼロ点法指示誤差曲線の例（JIS B 7503：2017）

表2−18　ダイヤルゲージの最大許容誤差（MPE）①（JIS B 7503：2017）

（a）縦形（標準形）外枠径50 mm以上

［単位：μm］

目量［mm］		0.01								0.005	0.001		
測定範囲［mm］		1以下	1を超え3以下	3を超え5以下	5を超え10以下	10を超え20以下	20を超え30以下	30を超え50以下	50を超え100以下	5以下	1以下	1を超え2以下	2を超え5以下
指示誤差	1/10回転	5	5	5	5	8	10	10	12	5	2	2	3.5
	1/2回転	8	8	9	9	10	12	12	17	9	3.5	4	5
	1回転	8	9	10	10	15	15	15	20	10	4	5	6
	全測定範囲	8	10	12	15	25	30	40	50	12	5	7	10
戻り誤差		3	3	3	3	5	7	8	9	3	2	2	3
繰返し精密度		3	3	3	3	4	5	5	5	3	0.5	0.5	1

注）1回転未満ダイヤルゲージのMPEは，1/2回転及び1回転の指示誤差は規定しない。

表2−18　ダイヤルゲージの最大許容誤差（MPE）②（JIS B 7503：2017）

（ｂ）縦形（標準形）外枠径50 mm未満及び横形（バックプランジャ形）

［単位：μm］

目量［mm］		0.01				0.005	0.002	0.001
測定範囲［mm］		1以下	1を超え3以下	3を超え5以下	5を超え10以下	5以下	1以下	1以下
指示誤差	1/10回転	8	8	8	9	6	2.5	2.5
	1/2回転	11	11	12	12	9	4.5	4
	１回転	12	12	14	14	10	5	4.5
	全測定範囲	15	16	18	20	12	6	5
戻り誤差		4	4	4	5	3.5	2.5	2
繰返し精密度		3	3	3	3	3	1	1

注）１回転未満ダイヤルゲージのMPEは，1/2回転及び１回転の指示誤差は規定しない。

ｂ　バックプランジャ形ダイヤルゲージ

スピンドルが目盛板と直角方向に取り付けられたもので，スピンドルの移動量を垂直方向から読み取ることができる（図２－56）。

【構　造】

スピンドルの動きを直角方向に変換する拡大機構により指針に伝える。機構の制約で，測定範囲は長くできない。

【精　度】

スピンドル形ダイヤルゲージに準じて製作されているが，機構上から精度はやや劣り，特にJISでは規定していない。

ｃ　ダイヤルゲージの使用法

① ダイヤルゲージは，必ず保持具やほかの装置に取り付けて使用するが，その代表的なダイヤルゲージ・スタンドへの取付けを図２－57に示す。取付けは図２－53のステムか耳金の部分で固定するが，この部分はJISで寸法が規定されているので互換性がある。

② 取付けは測定力に比べて十分強固に，また確実に固定し，腕の長さはできるだけ短くし，たわみや指示値のばらつきが出ないようにする。

図2−56　バックプランジャ形ダイヤルゲージ

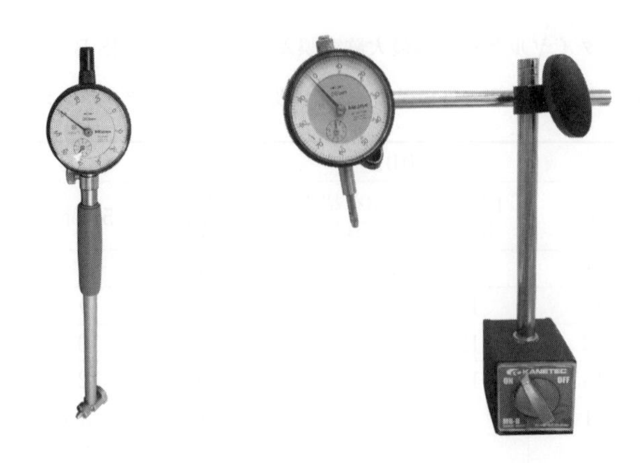

図２−57　ダイヤルゲージの取付けの例

③　スピンドルの軸は測定物の変位する方向と完全に平行になるように取り付ける。もし角度が１°あると，10 mm の測定では1.5 μm の誤差が生じる（図２−58)。テーパの測定の場合は，基準中心線に対して直角に取り付ける。

④　スピンドルがフリー状態で指針が静止している位置から1/10回転分押し込まれる間と，そこから測定範囲だけ移動した残りのところは，前後の余裕ストロークであって精度が保証されていないので，測定には使わない。

⑤　測定の開始前には標準ゲージなどにより基準点（通常はゼロ点）を合わせる。基準点合わせは戻り誤差を考えて，スピンドルを測定のときと同じ方向に送って行う。そして，測定終了のときには必ず基準点確認を行う。また，長時間続く測定のときには，途中で時々基準点確認を行う。

⑥　工作物や測定物をダイヤルゲージにあてがうときは，測定子の側面から衝突させないよう，測定子を指の腹で軽くつまんで持ち上げるか，付属のレバーでスピンドルを持ち上げておいてあてがう。

⑦　測定子を被測定面に当てるときは，跳ね上がらないよう静かに，また，常に一定の速さで当てる。

⑧　測定範囲の長い測定では指示誤差が影響するので，標準ゲージなどで補正値を確認しておくのがよい。

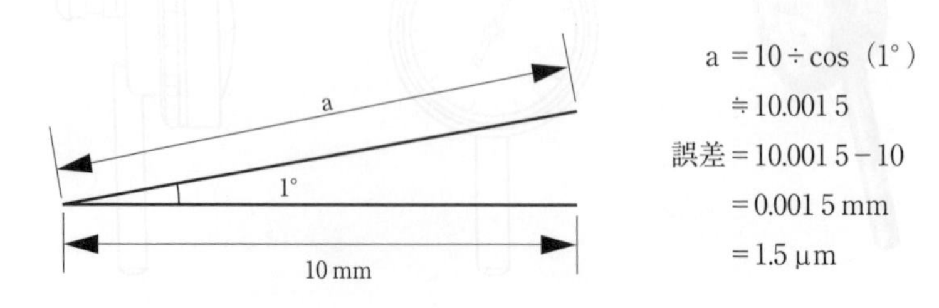

図２−58　スピンドルの軸の取付けと誤差

d　ダイヤルゲージを利用した測定器

シリンダゲージ（図２－59）は，ダイヤルゲージを取り付け，リングゲージなどの標準器と比較測定して穴の直径を測る。２点測定であるが，円周方向は案内板により自動的に中心に寄るので，速く測定できる。

測定子のストロークは1.2 mm と短いので，測定子と反対側の替えロッドを交換して測定範囲を変えられる。

JIS B 7515：1982では，測定範囲が18 mm～400 mm までを規定しているが，市販では6 mm からある。

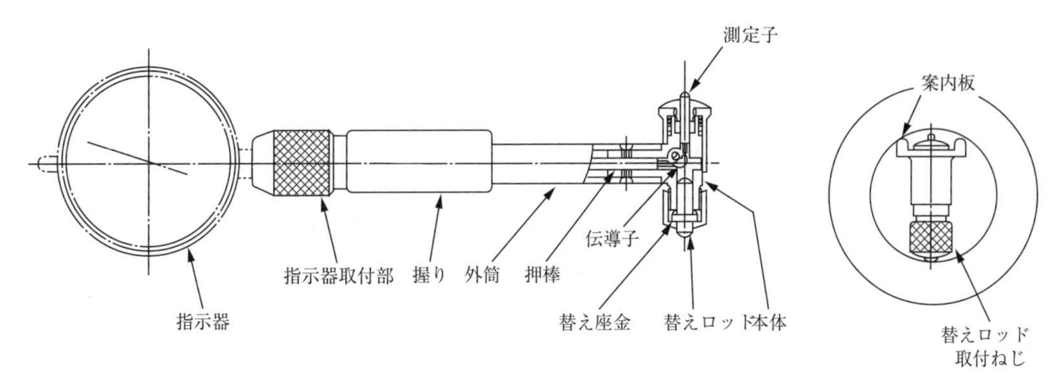

図２−59　シリンダゲージ（JIS B 7515：1982）

（2）　てこ式ダイヤルゲージ

測定子は細長く，支点を中心にして，てこ状に円弧運動をする。したがって，測定範囲はわずかであり，主な用途は，図示サイズと比較した微小な偏差の測定やハイトゲージなどでプローブとして用いる等である。図２－60に示すような使い方や，狭い箇所の測定に適している。

てこ式ダイヤルゲージには，縦形，横形，垂直形の３種類がある（図２－61）。

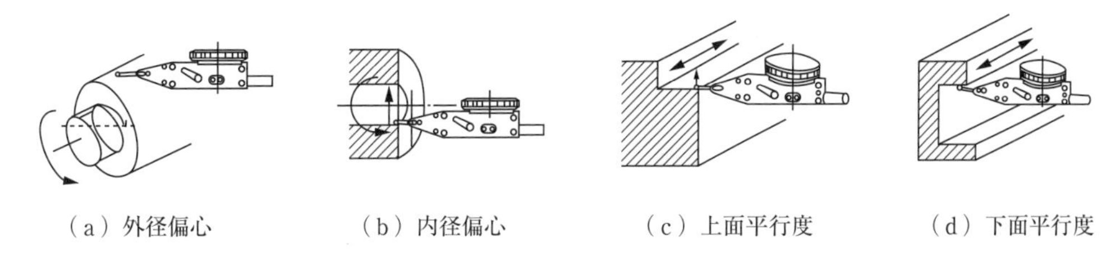

（a）外径偏心　（b）内径偏心　（c）上面平行度　（d）下面平行度

図２−60　てこ式ダイヤルゲージ使用例

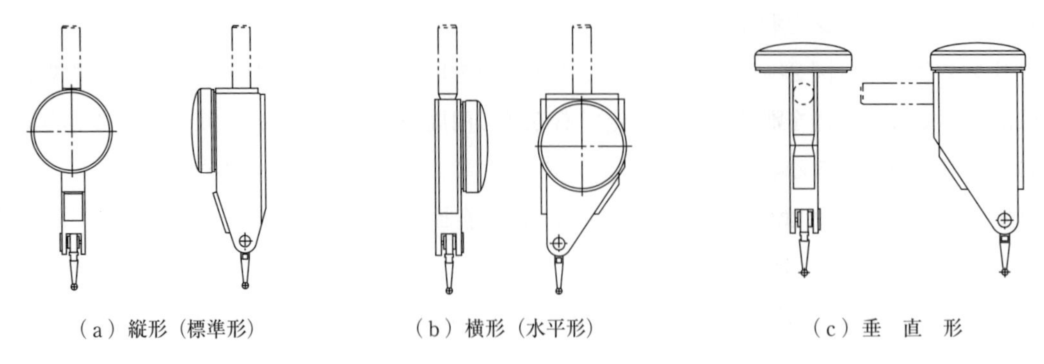

（a）縦形（標準形）　（b）横形（水平形）　（c）垂　直　形

図2−61　てこ式ダイヤルゲージの種類（JIS B 7533：2015）

【構　造】

縦形の代表的な構造を図２－62に示す。測定子の動きは，てこの反対側の腕から，歯車機構やよじれ溝付き軸を通じて直角方向に変換し，拡大されて伝わり，指針を回転させる。測定子の回転の方向を，必要に合わせて切り替えて使うレバー切替形と，中立点から両方向に動く自動切替形がある。

また，測定子の腕と反対側の腕とは，支点の位置で，摩擦継手で結合されているので，測定子を適当な方向に曲げて設定することができ，測定子が衝突を受けたときの安全な逃げにもなっている。目量0.01 mm と0.002 mm が JIS で規定されている。

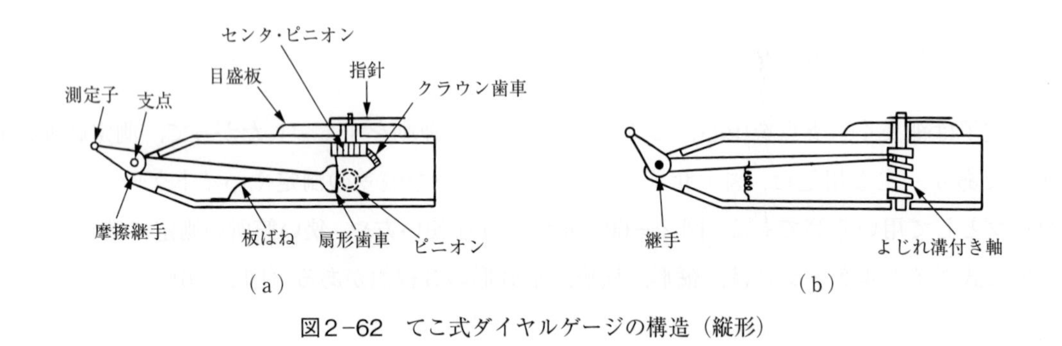

（a）　（b）

図2−62　てこ式ダイヤルゲージの構造（縦形）

【精　度】

ダイヤルゲージと同様の方法で，全測定範囲行き指示誤差，10目盛指示誤差，繰返し精密度及び戻り誤差を求める。

誤差線図を図２－63に，JIS で規定している最大許容誤差及び許容限界を表２－19に示す。

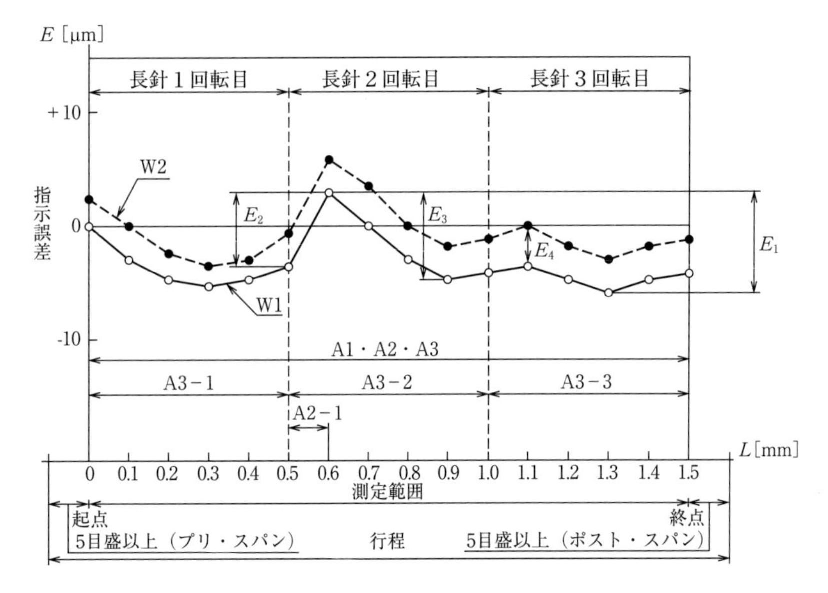

<対象機種>

- 目量　0.01 mm
- 測定範囲　1.5 mm
- 1回転の側長長さ　0.5 mm
- 回転数　3回転

L：指示長さ［mm］
E：指示誤差［μm］
W1：行き誤差曲線
W2：戻り誤差曲線
A1：全測定範囲行き指示誤差評価範囲
A2：10目盛指示誤差評価範囲
　A2－1：ある点における評価範囲
A3：1回転指示後さ評価範囲
　A3－1：1回転目の評価範囲
　A3－2：2回転目の評価範囲
　A3－3：3回転目の評価範囲
E_1：全測定範囲行き指示誤差
E_2：10目盛指示誤差（図はある点での誤差）
E_3：1回転指示後さ（図は2回転目における誤差）
E_4：戻り誤差（図はある点での誤差）

図2－63　てこ式ダイヤルゲージの誤差線図（JIS B 7533：2015）

表2－19　てこ式ダイヤルゲージの性能（MPE／MPL）（JIS B 7533：2015）

<table>
<tr><td colspan="2">目量［mm］</td><td colspan="3">0.001／0.002</td><td colspan="4">0.01</td></tr>
<tr><td colspan="2">回転数</td><td>1回転</td><td colspan="2">多回転</td><td colspan="3">1回転</td><td>多回転</td></tr>
<tr><td colspan="2" rowspan="2">測定範囲［mm］</td><td rowspan="2">0.3以下</td><td rowspan="2">0.3を超え
0.5以下</td><td rowspan="2">0.5を超え
0.6以下</td><td rowspan="2">0.5以下</td><td colspan="2">0.5を超え1.0以下</td><td rowspan="2">1.0を超え
1.6以下</td></tr>
<tr><td>$L_1 \leqq 35$(1)</td><td>$35 < L_1$(1)</td></tr>
<tr><td rowspan="3">指示誤差
［μm］
（MPE）</td><td>全測定範囲行き</td><td>4</td><td>6</td><td>7</td><td>6</td><td>9</td><td>10</td><td>16</td></tr>
<tr><td>1回転</td><td>－</td><td colspan="2">5</td><td>－</td><td>－</td><td>－</td><td>10</td></tr>
<tr><td>10目盛</td><td>2</td><td colspan="2">2</td><td>5</td><td>5</td><td>5</td><td>5</td></tr>
<tr><td colspan="2">戻り誤差［μm］（MPE_H）</td><td>3</td><td colspan="2">4</td><td>4</td><td>4</td><td>5</td><td>5</td></tr>
<tr><td colspan="2">繰返し精密度［μm］（MPE_R）</td><td>1</td><td colspan="2">1</td><td>3</td><td>3</td><td>3</td><td>3</td></tr>
<tr><td rowspan="2">測定力［N］
（MPL）</td><td>最大</td><td>0.5</td><td colspan="2">0.5</td><td>0.5</td><td>0.5</td><td>0.5</td><td>0.5</td></tr>
<tr><td>最小</td><td>0.01</td><td colspan="2">0.01</td><td>0.01</td><td>0.01</td><td>0.01</td><td>0.01</td></tr>
</table>

注(1)　測定子の長さを表す。

【使用法】

① ダイヤルゲージと同じ使用法であるが，さらに次の点に注意する。

② 測定子の軸方向と測定方向とはできるだけ直角にする。どうしても直角に取り付けることができない場合のため，取付けの角度のずれによる補正の方法がJISで規定されている（図2－64）。

③ 指針の最初の5目盛までと測定範囲を超えたところは，余裕のストロークであり，精度は保証されていない。

④ 測定子は摩耗や破損したときに交換できるが，腕の長さが異なると拡大率は変わるので，正確に同じ長さのものと交換しなければならない。

変位量＝指針の移動量×cos α

角度（α）	cos α
5°	0.996
10°	0.985
15°	0.966
30°	0.866
45°	0.707
60°	0.500

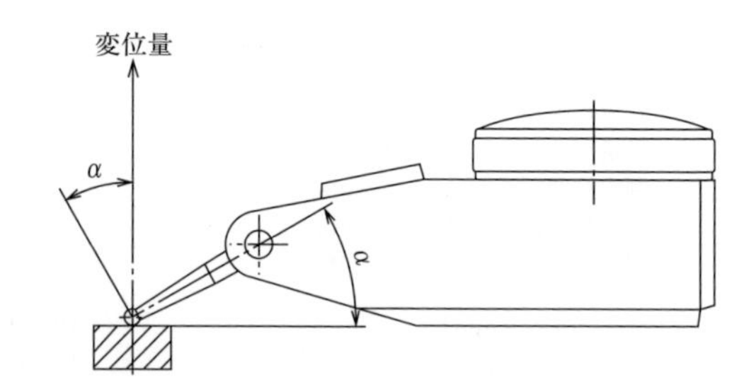

図2-64　取付角度による補正（JIS B 7533：2015）

（3）　指針測微器

図2－65に示すような，目量が1 μm以下で指針の回転範囲が1回転未満のものを，指針測微器という。非常に高精度な比較測定や標準器の校正に使用する。

【構　造】

図2－66に構造の例を示す。

【精　度】

表2－20に精度の許容値を示す。

【使用法】

① 精度の高い測定に用いるため，温度の影響や振動などの環境に十分な注意が必要である。

② 指示範囲が狭いため，工作物の寸法に大きなばらつきがあるときは，あらかじめダイヤルゲージで選別しておくとよい。

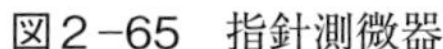

図2−65　指針測微器

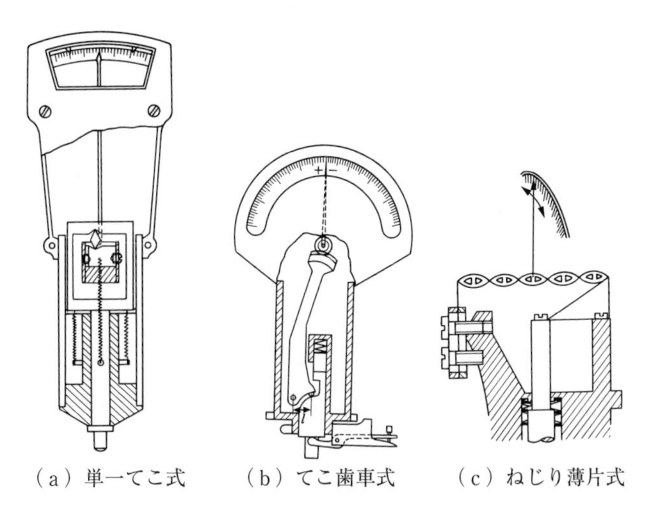

（a）単一てこ式　（b）てこ歯車式　（c）ねじり薄片式

図2−66　各種指針測微器の構造

表2−20　指針測微器の精度の許容値（JIS B 7519：1994参照）

［単位：μm］

ステムの直径	指示すべき値	指示誤差	戻り誤差	指示の安定度
8 mmのもの	50以下	±1.0	0.5以下	目量の1/3以下
	50を超え 100以下	—		
8 mmを超えるもの	50以下	±0.5	0.3以下	
	50を超え 100以下	±1.0		

備考　温度20℃，文字板を上向きで水平にした姿勢での許容値である。

7.2　流体式コンパレータ

流体式コンパレータの代表的なものに，空気マイクロメータがある。

（1）　空気マイクロメータ

1928年フランスのメネソンが考案したもので，工作物の被測定面と対向するノズルから圧縮空気を吹き出し，ノズルと工作物の被測定面とのすきまの大小によって変化する空気の流出量によって，精度の高い比較測定を行うことができる。

【長　所】

① 測定子は工作物と非接触のため，摩耗しないので常に高精度を保つことができる。また，被測定面に傷や変形を生じない。

② 倍率の調整が容易である。

③　管により測定部を測定器本体から任意の位置に移動して遠隔操作ができる。

④　流量の変化を自動機械に連動させて自動測定ができる。

⑤　装置が1個あれば,管によって同時に多数の測定器に適格な空気を送り込むことができる。

【短　所】

①　高精度の圧力調整を含む空気の浄化装置及び圧縮装置を必要とし，持ち運びが不便。

②　応答時間が比較的遅い。

【構　造】

形式には流量式，圧力式及び流速式があるが，一般に多く用いられているのは図2－67（b）の流量式空気マイクロメータで，流量の変化によって目盛板を備えたガラステーパ管内を上下するフロートの位置から偏差を読み取ることができる。

同図（c）はフランスのソレックス社製で背圧低圧式のもので，流量による圧力の変化を目盛ガラス管内の水位の差（P）を読み取ることで，すきま（h）を求めることができる。

【精　度】

JIS B 7535：1982では流量式のみについて規定している。拡大率1 000倍から10 000倍まで各倍率によって，各種寸法のブロックゲージをセットして，その各指示値とブロックゲージの寸

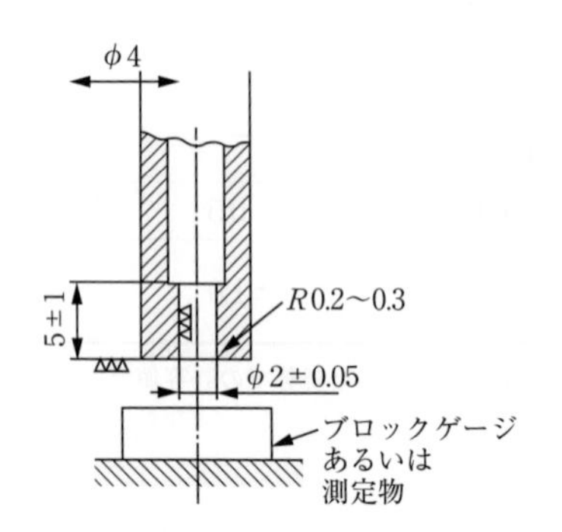

（a）測定ヘッドの標準ノズル

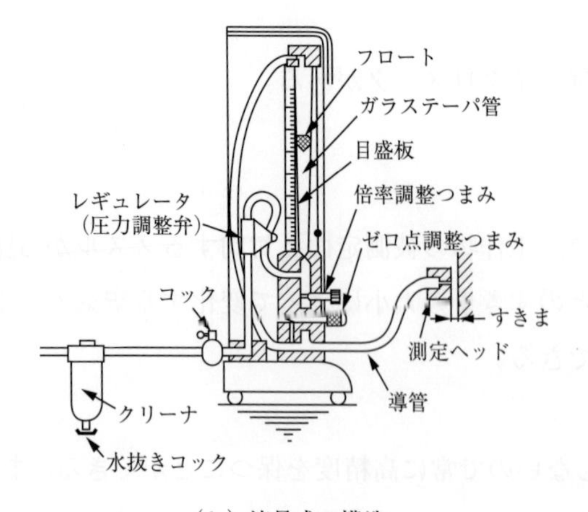

（b）流量式の構造

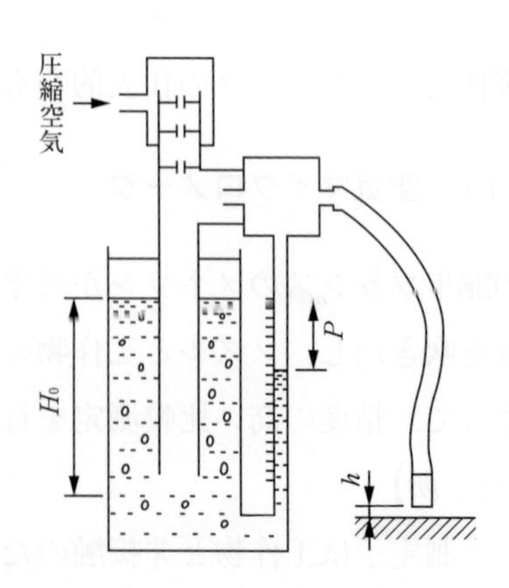

（c）空気低圧式の構造

図2－67　空気マイクロメータ

法との偏差の最大値から4 μm から0.5 μm 以内，また，同一条件で10回以上繰り返して測定した指示値のばらつきに対し，2 μm から0.3 μm 以内の規定がある。

【使用法】

① 空気圧は，添付されている使用説明書の指定圧力に従い，一定に保つ。

② ノズルは常に清浄に保ち，傷をつけない。

③ 空気マイクロメータ本体は，振動のない水平な台上に安定させる。

④ 倍率及びゼロ点の調整は，３段階の寸法をもった基準ゲージで行う。倍率とゼロ点調整は相互に関連があり，両方を繰り返して調整する。

⑤ 表面粗さによって測定値に影響を与えるため，基準ゲージはなるべく被測定面と同じ表面粗さに仕上げる。

⑥ 測定子は各被測定面の形状に応じたものを選ぶ。その使用例を図２－68に示す。

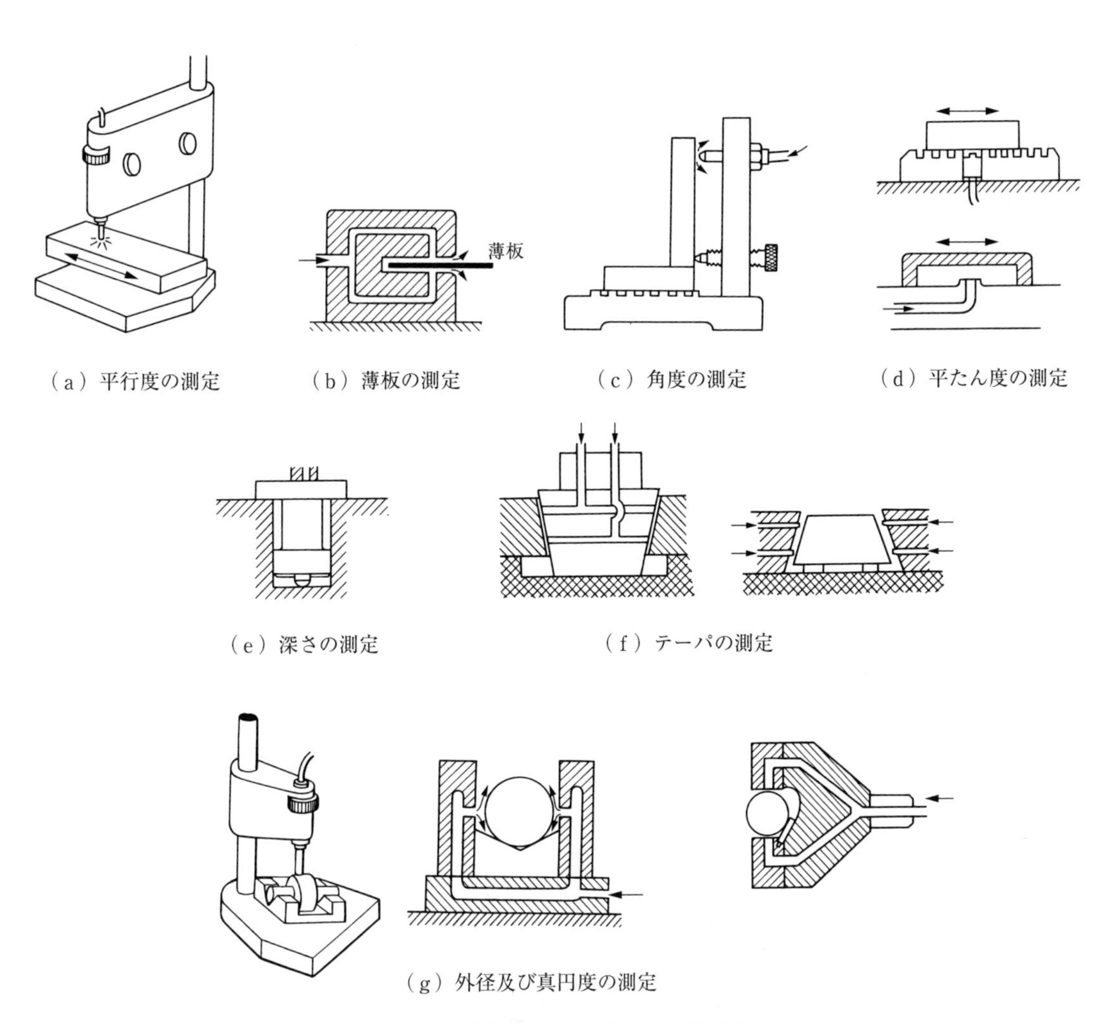

図2−68　空気マイクロメータの使用例

7.3　電気式コンパレータ

機械的な変位量を電気的な変化量に変換する機構のもので，増幅による倍率の調整が容易で応答が速く，演算，遠隔操作が可能で，自動機械に接続して自動制御や記録を行うことができる。

（1）　電気マイクロメータ

使用目的によっていろいろな種類があり，また測定部に使用される変換方式に誘導形，抵抗形及び容量形があるが，一般に精度，安定度の良いことと取扱いが容易なことから，差動変圧器を用いた誘導形が多く使用されている。

【構　造】

図２－69は変位の検出器として用いられている差動変圧器で，一次コイルを挟んだ二つの二次コイルと，測定子の偏差に従って動くコアからなっている。二つの二次コイルはコアの位置によって，それぞれ一次コイルとの結合度が異なるので，一次コイルに交流電圧を加えるとコアの変位に比例した交流電圧を二次コイルに誘起する。この電圧を電気的に合成・拡大し，長さの単位の目盛をもつメータやデジタル表示部に表示する。

図２－70は差動変圧器式電気マイクロメータの回路構成であるが，必要に応じて演算回路及び出力回路が付け加えられる。図２－71に指示計及び検出器を示す。検出器はスタンドなどに取り付けて使用する。

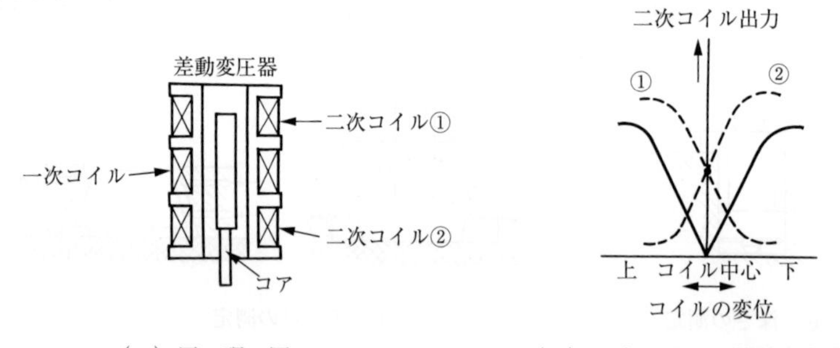

（a）原　理　図　　（b）二次コイルの差動出力曲線

図2−69　差動変圧器

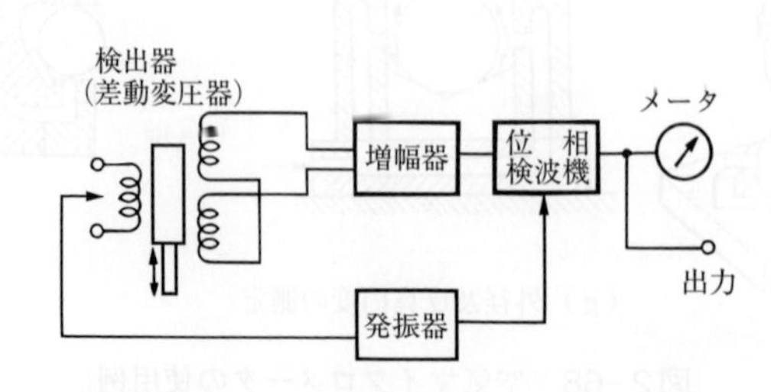

図2−70　差動変圧器式電気マイクロメータの回路構成

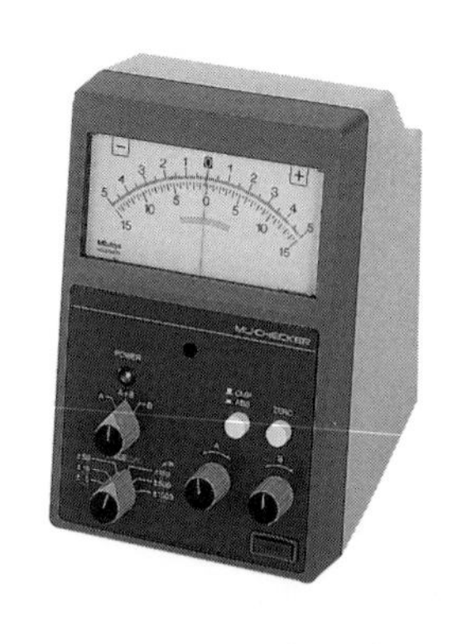

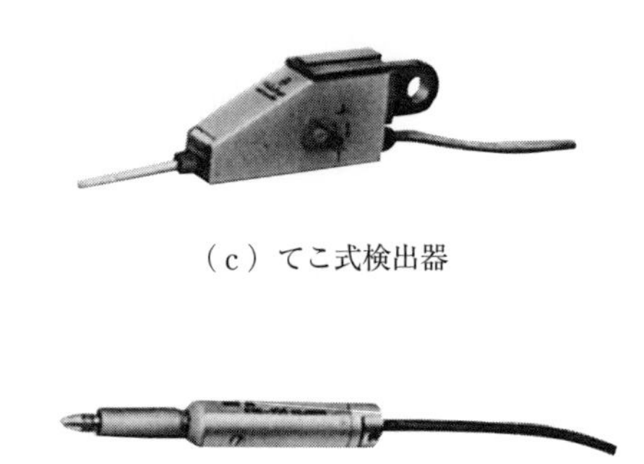

（c）てこ式検出器

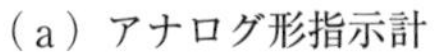

（a）アナログ形指示計　（b）デジタル形指示計　（d）プランジャ式検出器

図2−71　電気マイクロメータ

【精　度】

JIS B 7536：1982に詳細が規定されている。一般に使用しているものは目量0.2 μm～5 μmのものが多く，器差については目量0.1 μm，0.2 μmでは目量±1以下，目量0.5 μm以上では目量±0.5以下で，繰返し誤差については，すべて目量の0.5以下である。

【使用法】

① 振動や衝撃を与えない。

② 温度の影響を考慮する。

③ 添付されている使用説明書に従って，倍率及びゼロ点の調整を行う。

④ 測定力をあまり大きくしない。

⑤ 電源スイッチを入れた後，安定するまでしばらく待って測定する。

第８節　光波干渉計及びレーザ測長機

8.1　光の干渉の原理

光は波として進む性質がある。光波の性質を説明するには，次の要素が使われる。

・速　度（c）：光波が１秒間に進む距離。

・波　長（λ）：光波が１往復振動する間に進む距離。

・振動数（f）：光波が１秒間に振動する回数。$f = c / \lambda$ の関係がある。

・位　相（ϕ）：光波が１往復の間のどの状態にあるかを表す。１往復を１回転360°（又は 2π ラジアン）とみなした角度で表す。

同じ方向に進む二つの光波が重なると，互いの波の山と谷のずれの関係，つまり位相の関係で強め合ったり弱め合ったりする。これを光の干渉と呼ぶ。

一つの光を光学的に二つに分けて，別々の光路を経由した後に再び同じ方向に進むように集めたとき，二つの光路の長さが全く同じであれば，再び集めた光は元の光と同じ位相で重なり，同じ状態であるので強度（明るさ）は変わらない。二つの光路の長さの差がちょうど波長の半分である場合には，再び集まったときに互いの光は位相が半分の180°異なるので，山と谷が打ち消し合って強度はゼロとなる。二つの光路差がこの中間の場合には，再び集めた光は中間の強度になる。

これを利用すれば，一方の光路を一定にして干渉して生じる明暗のしま（干渉じま）の変化を見ることで，他方の光路の変動量を測定できる。図２－72にマイケルソンの干渉計の原理を示す。光は半透明鏡で二つに分けている。

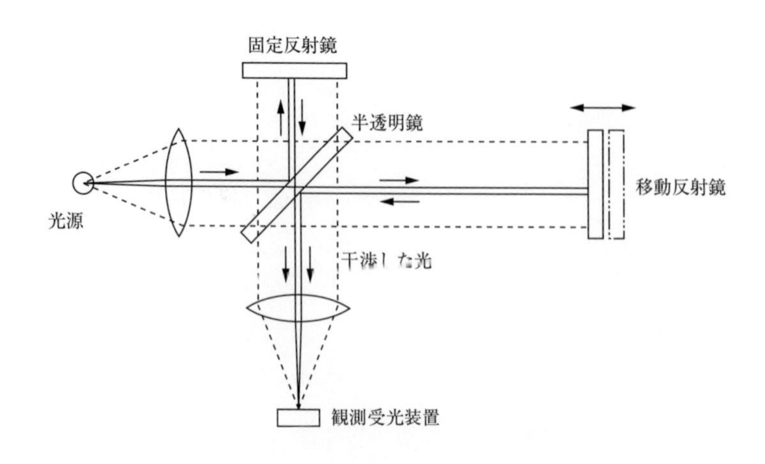

図２−72　マイケルソンの干渉計の原理

光の干渉現象の身近な例としては，測定関係ではブロックゲージやマイクロメータの測定面の平面度をオプチカルフラット（JIS B 7430：1977）で検査するときの虹模様がある。上からオプチカルフラットに入った光がオプチカルフラットの接触面の内側で反射するものと，透過して測定面で反射するものに分かれる。戻った二つの光が集まって干渉を起こす。

測定面の平面度が悪かったり，双方の面が完全に接触しないと，間にすきまができ，すきまが波長のちょうど1/4，3/4，5/4倍になっているところでは，測定面で反射する光の往復の光路が1/2，3/2，5/2倍だけ長いので，干渉の結果は打ち消されて暗いしまになる。その中間は明るいしまであるが，普通の光はいろいろな波長が混ざっているので，色の付いたしまが何本も現れる（図２－73）。

また，マイクロメータやブロックゲージなどの測定面の平行度・平面度の測定には，オプチカルパラレル（JIS B 7431：1977）を用いて測定を行う。

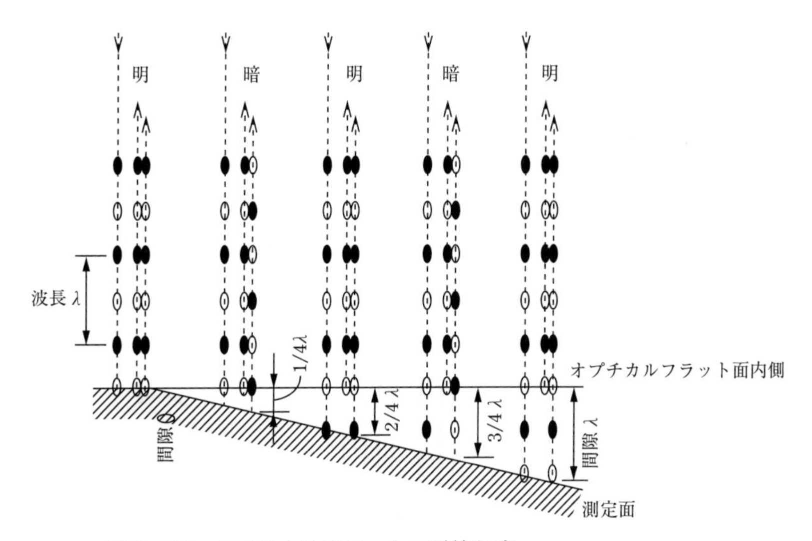

図２−73　オプチカルフラットの干渉じま

【平面度の測定方法】

被測定面にオプチカルフラットを乗せ，光波干渉じまを作る。

この干渉じまの形状を測定し，次の式から求める（図２－74）。

$$F=\frac{\lambda}{2}\times\frac{b}{a}$$

F：平面度［μm］　　b：干渉じまの曲り量［mm］

a：干渉じまの中心間隔［mm］　　λ：使用する光の波長［μm］

ただし，式中の$\frac{b}{a}$は，表２－21に示す周辺の幅を除いた範囲内における最大値を用いる。

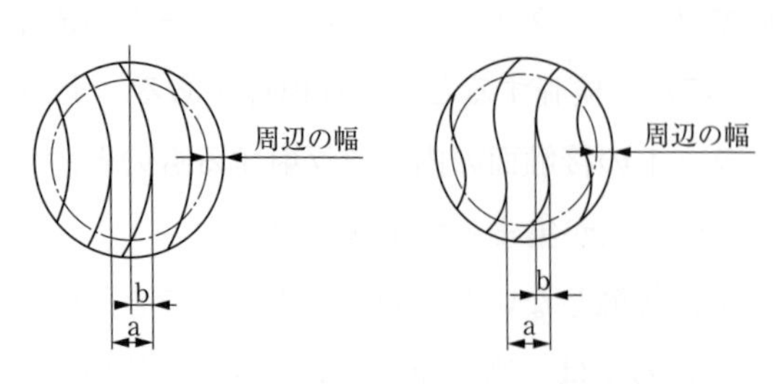

図2−74　平面度の測定（JIS B 7430：1977）

表2−21　周辺の幅（JIS B 7430：1977）

［単位：mm］

呼　び	周辺の幅
45	2
60	
80	
100	3
130	

図2−75にマイクロメータの平面度測定による状態の一例を示す。その程度は，赤色干渉じまの数を読取り，次式から求められる。

$$F = \frac{\lambda}{2} \times n$$

F：平面度［μm］　　n：赤色干渉じまの数［本］

λ：使用する光の波長［μm］

※赤色干渉じまの場合　$\lambda / 2 = 0.32$ μm

したがって，平面度は同図（b）の場合，0.32 μm ×4=1.28 μm で約1.3 μm，同図（c）の場合，0.32 μm ×2=0.64 μm で約0.6 μm となる。

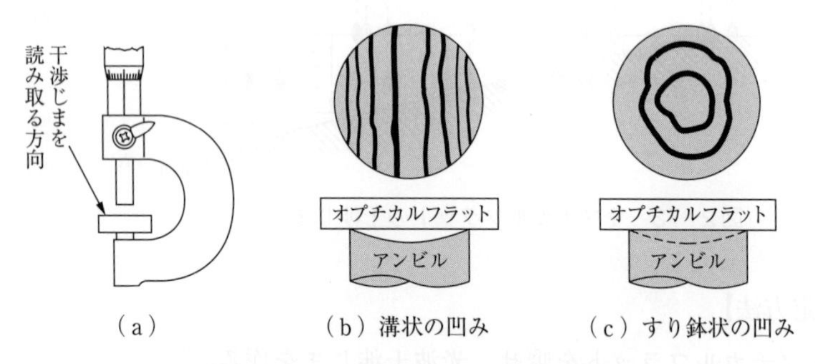

図2−75　マイクロメータの平面度測定

（出所：㈱ミツトヨ「精密測定機器・総合カタログ No.13」）

8.2 レーザ光

普通の光は様々な波長が混ざっており，各波長の干渉じまは異なる間隔で現れるので，光路差が大きくなるにつれて，ほかの波長の干渉じまと入り混じって分からなくなる。また，普通の光は位相がそろっているのはわずかな間なので，光路差が長いと往復しているうちに位相の違う光が来て，干渉じまが乱されてしまう。これらの理由から，普通の光で干渉を確認できる

のは数 μm の距離に限られる。

レーザ光は，単波長で同じ位相の光が得やすいので，先のような問題がなく，非常に長い距離でも干渉を起こす。レーザ光源が発明され，波長が安定したものに改良されてから，光波干渉測定技術が進んだ。トレーサビリティ制度においても，レーザは標準の中心になっている。

また，レーザ光は長い距離でも光線の太さがほとんど広がらず，細いビームのまま伝わるので，その特徴も測定に利用されている。

8.3　光波干渉計

可視光の波長は約0.4 μm～0.8 μm であり，光波干渉計ではその干渉じまをさらに分割して読み取るので0.01 μm レベルの測定ができる。ここでは，ブロックゲージの校正に使用される場合について説明する。

図２－76（ａ）に示すように，ブロックゲージの一方の測定面を基準平面に密着させて，ほかの測定面の方向からレーザ光を当てて干渉じまを見る。

その視野を同図（ｂ）に示す。中央の長方形の中がブロックゲージの測定面による干渉じまであり，周囲は基準面による干渉じまである。この中のしまと周囲のしまの間隔のずれを読み取れば，中の面が周囲の面から，波長の倍数よりどれくらい高くなっているかを計算することができる。ブロックゲージは呼び寸法からの寸法偏差が小さいので，１波長を超えるほどは差がないと考えて，呼び寸法から波長の何倍であるかを求め，それに計算で出した差を加えてブロックゲージの寸法を求める。

図２－77は実際の光波干渉計である。しまのずれ量を自動的に読み取り，より確実に測定するために二つの波長のレーザを使っている。

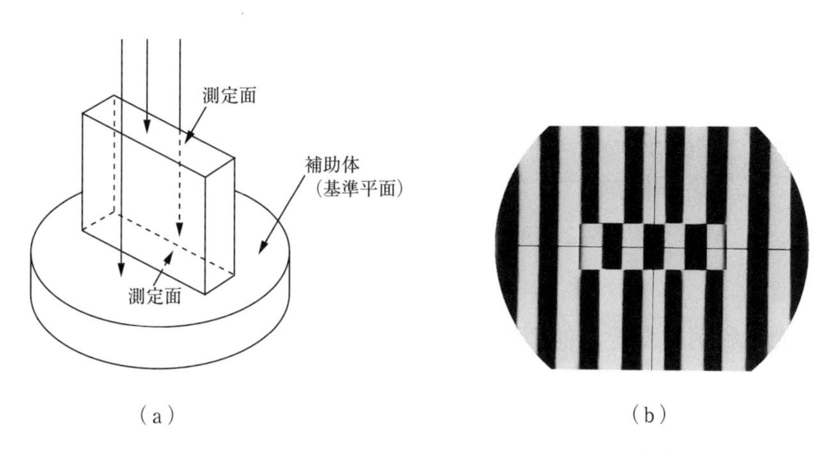

図２−76　光波干渉計によるブロックゲージの測定

図２−77　光波干渉ブロックゲージ測定機

8.4　レーザ測長機

図２−78は，機械・装置などの長い距離の変位量をレーザ干渉で測定する例を示したものである。キューブコーナは，正方形の箱の角を取り出した形で内側を鏡にしたもので，仮に光軸に対して傾いて取り付けても，入ってきた方向に光を正確に反射して戻せる（同図（ｂ））。

機械・装置の移動部に取り付けたキューブコーナが波長分だけ移動するごとに干渉じまの明暗が１回ずつ繰り返されるので，その回数を光電的な方法で数えると移動距離を測ることができる。しかし実際には，明暗の繰返しは非常に速く計数が困難なため，周波数のわずかに異なった二つのレーザ光を使い，両方の光波によって生じるうねりを利用して計測している。

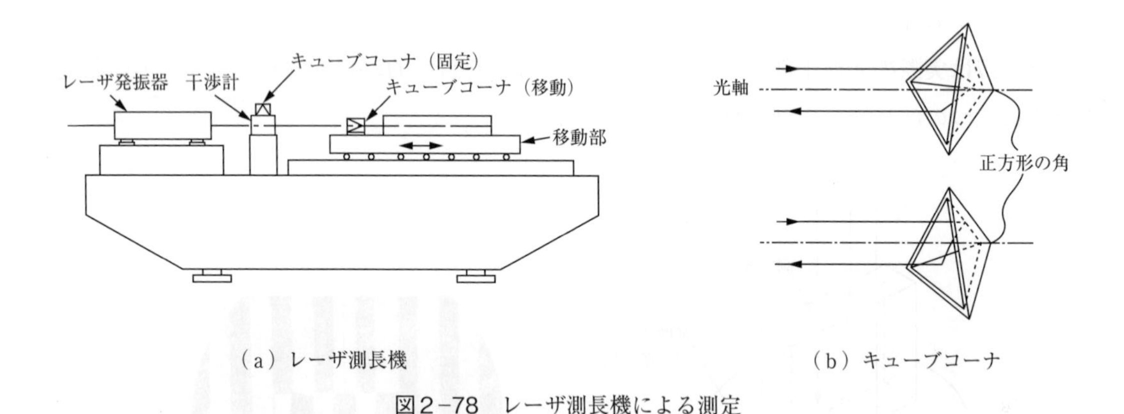

（ａ）レーザ測長機　　（ｂ）キューブコーナ

図２−78　レーザ測長機による測定

8.5　レーザ光を利用したその他の測定器

a　レーザ外径測定器

発光部から出たレーザ光線を，平行に一定の速度で図で上下方向に走査（スキャン）させ，受光部で検出する。この途中に測定物を置くと，その直径や高さの幅だけ光線をさえぎるので，その時間を測って，走査の速さから直径や幅の寸法を求める。

非接触で測定できるので，測定物が静止している場合だけでなく，測定物が軸の方向に動いている場合にも連続して高速の測定が可能である（図２－79）。

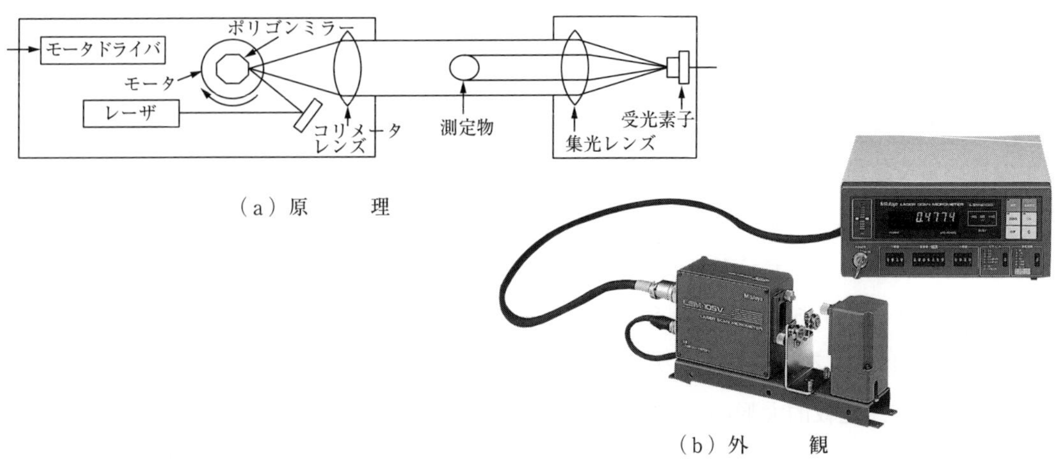

（a）原　　理

（b）外　　観

図２−79　レーザ外径測定器

b　レーザ変位計

発光部からレーザ光線を一定の角度で測定物に当てて，反射光を受光部で検出する。測定器と測定物との距離が変化すると，反射光が受光部に戻る位置が変わるので，それによって距離の変化量を測る。三角測量と同じ原理である。

また，発光部と受光部が一体のまま距離の変動方向と平行に移動できるユニットにして，その移動量を測定できる構成にしておき，反射光が常に一定位置に戻るよう，つまり測定物との距離を一定に保つようコントロールするときのユニットの移動を読んで，距離を測ることもできる。非接触で測定できるので，測定物を図で横方向に動かしながら，連続して高速の測定が可能である（図２－80）。

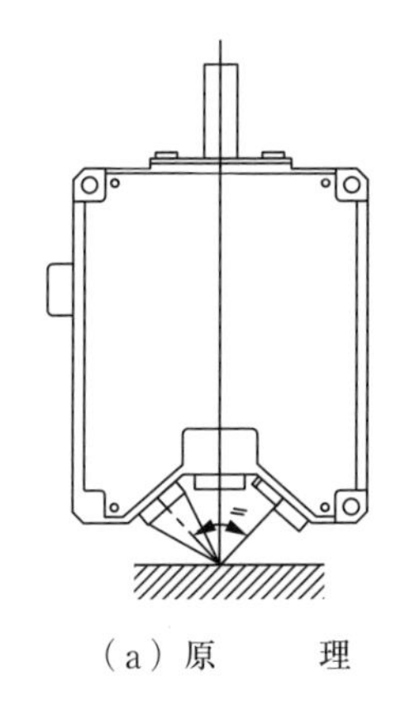

（a）原　　理

（b）外　　観

図２−80　レーザ変位計

第９節　デジタルスケール（ディジタルスケール）

9.1　デジタルスケールの概要

フライス盤などの工作機械を用いて，図面に基づいて部品を加工する場合，カッター又はテーブルの移動量や位置を正確に設定する必要がある。また，寸法測定器では，測定ヘッド又はテーブルの移動量を精密で正確に計測する必要がある。移動量や位置を，人が目盛で読むより正確で速く自動的に検出し，デジタル表示させたり，測定データや機械への信号として出せるものにデジタルスケールがある（図２－81）。

JISで規定されているデジタルスケールは，工作機械や測定装置などに取付けが容易なユニットになっていて，比較的大形のものを指しているが，同じ原理で用途に合わせたものもある。特に非常に小形化され，計数回路がIC化・省電力化されたものは，多くの長さ測定器にも組み込まれてデジタル化に利用されている。

【特　徴】

送りねじの回転量や，目盛で移動量を読み取る機械的な方法に比べ，デジタルスケールは直線スケールを基準にして直接テーブルの移動量をμm単位で検出できるため，簡単な操作で高精度な測定ができることが大きな特徴である。

測定値が数字で得られるため，読取りの誤りや個人差がなく，コンピュータとの接続により測定データの処理が可能である。サーボモータ及び制御装置との組合わせにより，高精度なテーブルの位置制御も可能となる。

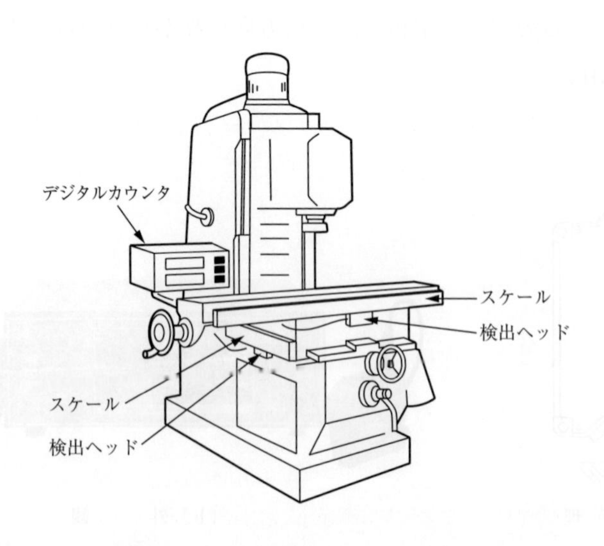

図２−81　デジタルスケールの取付け例

【構　造】

デジタルスケールの基本構造は，一定ピッチの精密で微細な目盛をもつスケールと，スケールの目盛から移動量に相当した電気信号を検出する検出ヘッド及び，検出した電気信号を計数して移動量を表示するデジタルカウンタで構成される。

【検出方式】

スケールの目盛から電気信号を検出する方式には，光電式，磁気式，電磁誘導式，静電容量式などがある。図２－82に光電式の検出部の構造を示す。

光電式は，発光素子から出て，ガラス製の直線スケールとインデックススケールとの格子目盛を通過した光を受光素子で検出し，両スケールが互いに相対的に動いたときの光量の変化を検出して電気信号に変換する。電気信号は図２－83のように，位相の異なる二つの正弦波が得られるようにしている。信号周期はスケールの目盛ピッチに相当し，機種によって20 μm，40 μm などがある。光電式ではほかに，発光素子及び受光素子がスケールの同じ側に配置され，直線スケール目盛で光を反射させて検出するタイプもある。

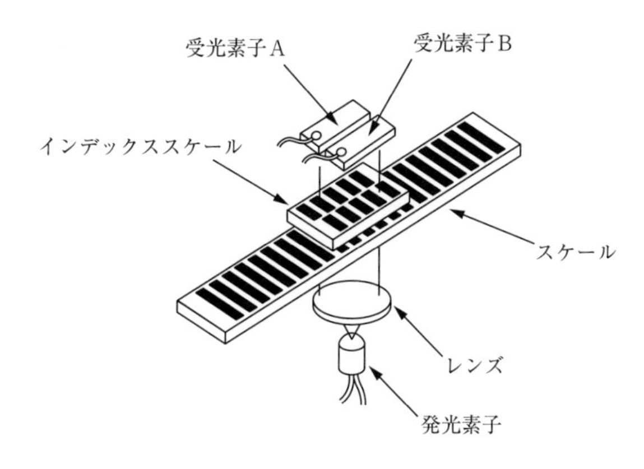

図2−82　光電式の検出部

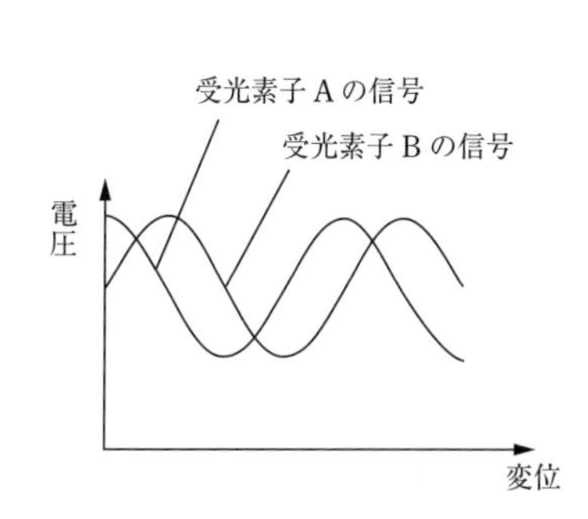

図2−83　検出された電気信号

受光素子からの電気信号は，増幅器を経由し，信号周期よりさらに細かく分割するため，分割回路を経て1 μm，5 μm の最小読取値に相当するパルス信号に変換される。二つの信号の位相により移動方向を判断して，それに対応する増減パルスをデジタルカウンタで計数して表示する。

一定ピッチの目盛をもつスケールから発生する変位のパルス信号を，基準点から連続して計数するインクリメンタル方式と，複数の異なる目盛からの信号により基準点からの絶対的な位置を検出するアブソリュート方式があり，用途によって使い分けられる。

【量子化誤差（デジタルエラー)】

デジタル値で表示される測定器では，基本的に最小読取値以下は読み取れないので，それによる誤差が発生する。図２－84において，（ａ）と（ｂ）では，同じ移動量であるにもかかわらず，基準点をセットする位置によって測定値に1カウントの差が発生してしまう。これが+に出るか−に出るかは測定者には分からないので，例えば最小読取値が1 μm の場合，原理上±1 μm の誤差が発生する。これを量子化誤差あるいはデジタルエラーと呼んでいる。

測定器に限らず，デジタル表示で読み取った値には，この誤差があることに注意する必要がある。

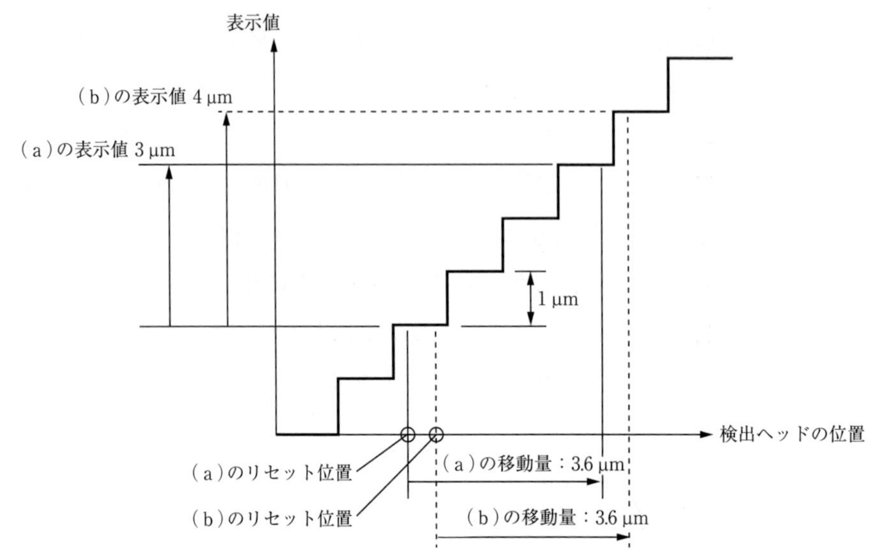

図2-84　デジタルスケールの量子化誤差

9.2　機械・装置用のデジタルスケール

【構造と種類】

図2−85に示すように，直線スケールが，ほこり・切くず・切削油から保護するためのスケールケースに収納され，それに沿ってスライドする検出ヘッドと一体でスケールユニットになっているユニット形（同図（a））のほかに，スケールユニットからプランジャが出ているシリンダ形（同図（b））及び，スケールと検出ヘッドが別のままで，機械・装置は取り付けるときに組み合わせるセパレート形（同図（c））がある。

ユニット形とシリンダ形は，加工機械から一般の機械装置や測定装置に使用できる。セパレート形は，比較的クリーンな環境で高精度が要求される装置に使用される。これらとケーブルで接続し信号を処理する回路側には，信号を計数して移動距離の表示やデータ出力をするデジタルカウンタのほかに，機械を制御するための信号として出力するインタフェースユニットがある。

JIS ではユニット形についてだけ規定しており，最小表示量が0.000 5 mm～0.01 mm 測定の有効長が100 mm～3 000 mm までの規格を定めているので，以下でユニット形について説明する。

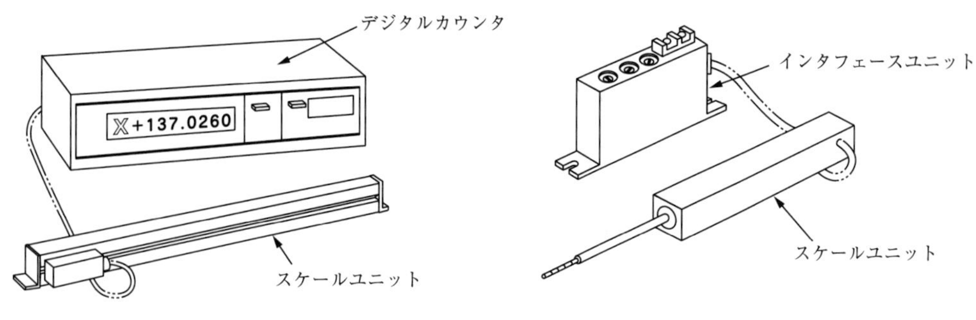

（ａ）ユニット形（JIS B 7450：1989）　　（ｂ）シリンダ形（JIS B 7450：1989）

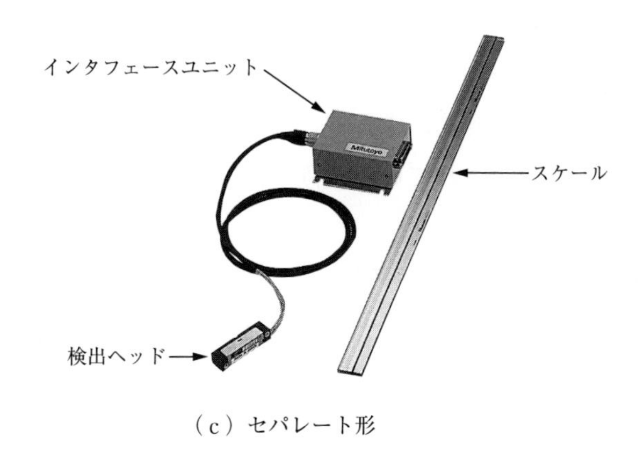

（ｃ）セパレート形

図２−85　デジタルスケールの種類と構成

【精　度】

JIS B 7450：1989では，０，１，２，３級の４等級に分けて有効測定長ごとの誤差の領域と戻り誤差との許容値を定めている。その値を表２－22に示す。ここでいう誤差の領域とは，レーザ測長器又は標準尺を基準にしてスケールの全範囲を測定し，そのときの誤差の最小値と最大値の幅である。戻り誤差とは，各測定箇所における行きと戻りの読み値の差の最大値である。

デジタルスケールを機械・装置に組み込んだ場合，上述の単体での精度が再現できるとは限らない。取付け後のスケール真直度，テーブルの運動真直度，スケールと測定点の位置関係，環境温度などによって精度が変わるため，注意が必要である。

表２−22　デジタルスケールの精度許容値（JIS B 7450：1989）

［単位：μm］

等級	誤差の領域	戻り誤差
０級	$(3+3\,L/1\,000)$	2
１級	$(5+5\,L/1\,000)$	3
２級	$(10+10\,L/1\,000)$	5
３級	$(15+15\,L/1\,000)$	7

備考　Lは有効長（規格値を保証する測定長）［mm］。20℃におけるもの。

【使用法】

① 基本的には，スケールケースを機械や装置の移動部分（テーブルなど）に，検出ヘッドを固定部分（ベッドなど）に取り付ける。場合によっては逆のこともある。

② 機械・装置に取り付ける場合，スケールと機械・装置のテーブルガイドとの平行度，検出ヘッドとスケールとの間隔などについて，メーカが指定する取付けの許容値に従う必要がある。

③ ほこり，切くず，油などでスケールを汚さない。

④ 振動の影響がないよう取付け場所の工夫も必要である。

⑤ 始点から終点までの移動量を求める場合，始点の測定値を終点の測定値から差し引いても求められるが，始点においてデジタルカウンタのリセット・キーで表示をゼロにし，終点での表示を読み取ると，容易に求めることができる。

⑥ デジタルスケールが使用されている装置の例を，表２－23に示す。

表2-23　デジタルスケールの使用されている装置と種類

装　置　名		デジタルスケールの種類		
		ユニット式	セパレート式	最小表示量［μm］（最小出力単位）
工作機械	フライス盤	○		5
	旋　盤	○		1，5
	研削盤	○		0.1，1
	NC旋盤	○		0.1
	マシニングセンター	○		0.1，1
測 定 機	三次元測定機		○	0.1，0.5
	工具顕微鏡	○	○	0.5，1
	万能測長機		○	0.1

9.3　小形デジタルスケールの応用測定器

（1）　測定器の例

a　デジタルマイクロメータ（図２－86（a））

ねじによる測定原理は使っていないが，外観形状や使い勝手が同じなので，一般にはマイクロメータとして扱っている。直線的にスライドさせて操作するものは，特にリニヤマイクロメータと呼ぶこともある。

b　デジタルノギス（同図（b））

c　デジタルハイトゲージ（同図（c））

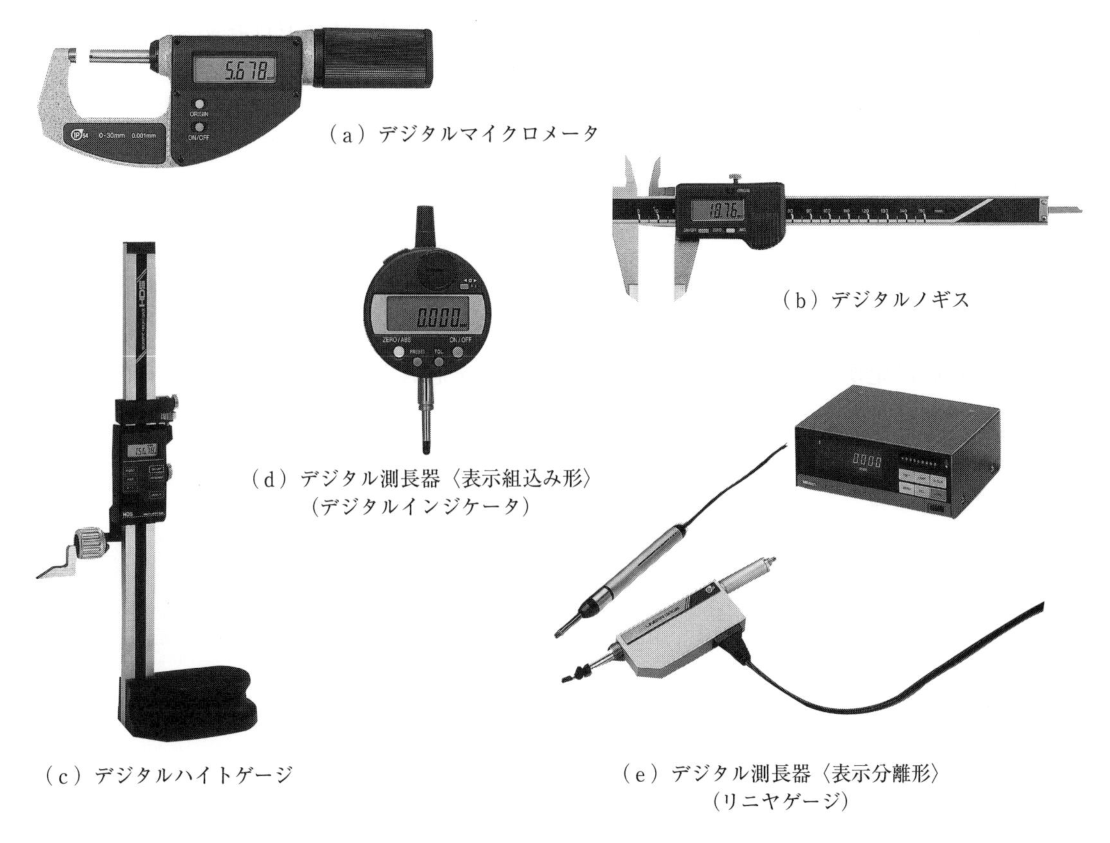

（a）デジタルマイクロメータ

（b）デジタルノギス

（c）デジタルハイトゲージ

（d）デジタル測長器〈表示組込み形〉
（デジタルインジケータ）

（e）デジタル測長器〈表示分離形〉
（リニヤゲージ）

図2−86　デジタルスケール応用測定器の例

d　デジタル測長器（表示組込み形）（同図（d））

使用する形態や保持の方法はダイヤルゲージと類似しているが，測定範囲が長いので，コンパレータとしての使い方のほかに測長器として使われる。デジタルインジケータと呼ばれることもある。

機械式の指針では，振れの幅やピーク位置，合否の判定，接近の様子などが一目で判定できる長所があるので，これを取り入れるためにデジタル表示とアナログ表示を併用した機種もある。

e　デジタル測長器（表示分離形）（同図（e））

電気マイクロメータと同様の使用形態であるが，測定範囲が長いので，コンパレータとしての使い方のほかに測長器として使われる。遠隔からの測定，多数の点の同時測定，測定信号を使った制御などにも適しており，小形のデジタルスケールとしても使われる。リニヤゲージと呼ばれることもある。

【特　徴】

①　表示の読取りが容易に，間違いなくできる。

②　機械式より多くの機能をもっている。一般的な機能を以下に挙げる。

ゼロセット，指定数値のプリセット，表示値のホールド，特にゼロセットは，測定器の基準点の設定作業が容易にできる。

③　データの出力により，測定値の記録，計算，統計処理などが速く，容易に，間違いなくできる。

【使用方法】

①　基本の測定は機械式と変わらないので，読取り以外の使用方法は同じである。そのため，同様の注意と熟練が必要である。

②　基準点の設定が容易になった反面，ゼロセットを忘れたり，ルーズなセットをしたり，設定が変わっていることに気付かないで使ったりして，不正確な測定値を出してしまう危険性があるので，注意が必要である。

第10節　万能測長機

大形，高精度の機械部品又はゲージ類の外側測定及び内側測定など，多用途の能率的な測定には万能測長機が用いられる。万能測長機は用途によりいろいろな構造，寸法のものがあるが，図２－87にそのうちの一例を示す。

万能測長機は標準尺と読取り顕微鏡を利用し，0.001 mm 読みの内・外側測定を250 mm にわたって行うもので，各種の付属品を使用することにより多用途，かつ精密な測定ができる。図２－88（ａ）は読取り顕微鏡の光学系，接眼鏡に取り付けたスクリーン上に現れるゼロ点合わせ（同図（ｂ）），及び148.682 5 mm の測定値（同図（ｃ））を示すものである。

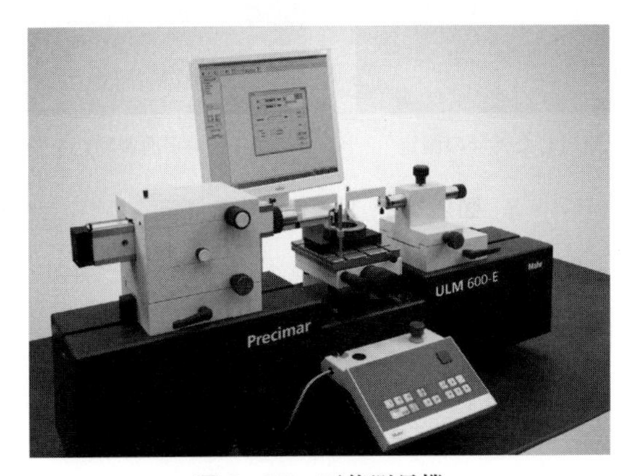

図2−87　万能測長機
（出所：マール・ジャパン（株））

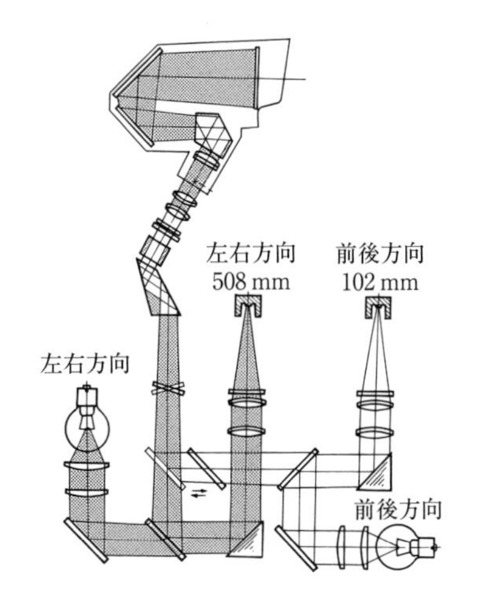

（ａ）読取り顕微鏡の光学系

（ｂ）ゼロ点合わせ

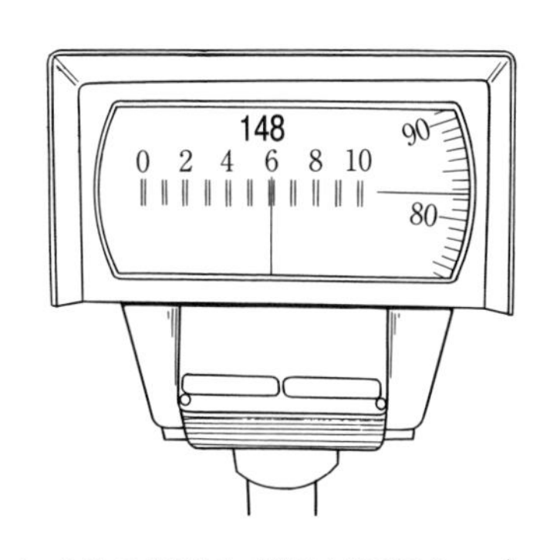

（ｃ）光学系視野図（読み148.682 5 mm）

図2−88　万能測長機の光学系の例と読取り方

また，図２－89（ａ）は付属品のうち中心支持台を使用した外径の測定を，同図（ｂ）は平面載物台を使用した外径の測定を示すものである。

現在では，標準尺の代わりにレーザ干渉計や高精度デジタルスケールを組み込んでデジタル表示ができるので，読取りが容易に行えるものもある。しかし測定の基本的な方法は同じであるから，どのような方式の測長機においても，細心の注意と熟練が必要であることは変わらない。

（ａ）中心支持台を使用した外径の測定

（ｂ）平面載物台を使用した外径の測定

図2−89　付属品による測定

第２章のまとめ

この章においては，長さの単位とその標準について学び，さらに長さ測定に使われている測定器の代表的なものについて学んだ。実際に使われている測定器には，ここで学んだものよりはるかに多くの種類があり，進歩したもの，複雑なものなど様々である。しかし，基本的な部分は共通していることが多いので，基本を十分理解して身につけておけば，初めての測定物や測定器に出合ったとき，自分で判断して応用することができ，適切な測定方法を考えたり，早く使いこなすことが可能になるであろう。

そのためにも，特に次の事項を整理し，再度理解するとともに，それらの測定器を実際に使って，正確な測定値を得るコツを習得するべきである。

（１） 長さの標準は何を基準に決められているか。

（２） 長さの単位の，SI 単位に基づいた正確な書き方と読み方。

（３） 測定の形態の種類を知り，各測定器と測定物の設定方法と基準の取り方。

（４） 各測定器に共通した事項として，

・それぞれの測定器は，どのようなものの測定に適していて，どの程度の寸法までを，どれくらいの精度で測定できるか。

・それぞれの測定器の精度は，どのような項目で判定するか。

（５） 前項を考慮して，実際の工作物などを測るとき，どの測定器を選べばよいか。

（６） それぞれの測定器の使い方において，第１章で学んだ誤差の原因がどのように関係し，その影響を最小限にするためにどのように注意するか。

（７） 線度器の目盛の読取りにおける，視差を防ぐための注意事項。

（８） ノギス，ハイトゲージでは，バーニヤ目盛の原理の理解と実際の読取り方，及び「アッべの原理」による誤差を最小にするための注意事項，測定力の安定した加え方。

（９） マイクロメータのねじによる測定原理の理解と，実際の目盛による読取り方，測定力の安定した加え方。

(10) ブロックゲージの役目，精度による等級の使い分け，リンギングの方法などの習得。

(11) テーラの原理の理解。

(12) 比較測定の特徴と，通常測定の違いの理解。

(13) ダイヤルゲージ，てこ式ダイヤルゲージの読み方と基準点合わせの方法，及びこれら自身がもつ誤差を考慮した測定値の取り方及び誤差の出ない設置の仕方。

(14) 空気マイクロメータ，電気マイクロメータの原理の概要，誤差の出ない検出器の設置の仕方，機械式コンパレータとの使用方法の違い。

・目量の切替え，倍率の調整，立上げ後の安定時間待ち。

(15)　光波干渉測定の原理の概要を理解する。

(16)　レーザ光を使った測定方法の種類。

(17)　デジタルスケール方式の概要。応用測定器の例と，それらの特徴及び注意点。デジタル測定値には量子化誤差が含まれる理由。

ここでは，一般に使用されている測定器に共通した性能レベルを示すため，主にJISの規定値を引用したが，実際にはこれより良いものや，JISに規定がなくメーカで規定値を独自に設定しているものもある。また，新品では規格値を満たしていても，使用したり時間を経たりすると，性能は次第に劣化することも留意しておく必要がある。

第2章　演習問題

次の問題に答えなさい。

【1】　下欄の代表的な測定器を，分類しなさい。

①　線度器＿＿＿＿＿＿＿＿＿＿＿＿＿＿＿＿＿＿＿＿

②　ねじによる測定＿＿＿＿＿＿＿＿＿＿＿＿＿＿＿＿

③　端度器＿＿＿＿＿＿＿＿＿＿＿＿＿＿＿＿＿＿＿＿

④　固定寸法ゲージ＿＿＿＿＿＿＿＿＿＿＿＿＿＿＿＿

⑤　比較測定器＿＿＿＿＿＿＿＿＿＿＿＿＿＿＿＿＿＿

〈語群〉
外側マイクロメータ，リングゲージ，巻尺，すきまゲージ，ノギス，ブロックゲージ，スケール，R ゲージ，デプスマイクロメータ，棒ゲージ，内側マイクロメータ，ダイヤルゲージ，プラグゲージ，空気マイクロメータ，パス，限界ゲージ，シリンダゲージ

【2】　ノギスの各部名称を答えなさい。

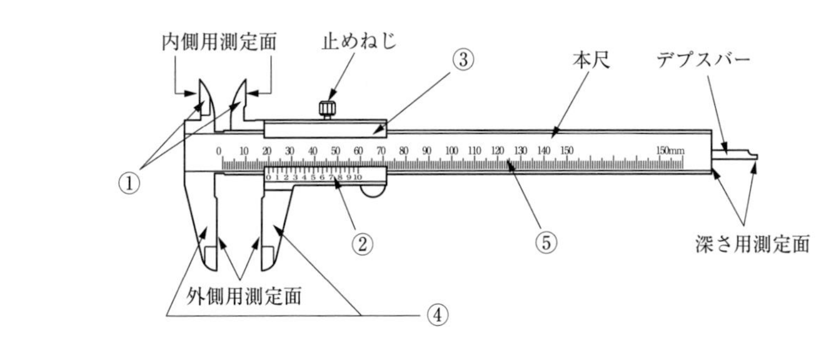

①＿＿＿＿＿＿＿　②＿＿＿＿＿＿＿　③＿＿＿＿＿＿＿　④＿＿＿＿＿＿＿

⑤＿＿＿＿＿＿＿

【3】　外側マイクロメータの各部名称を答えなさい。

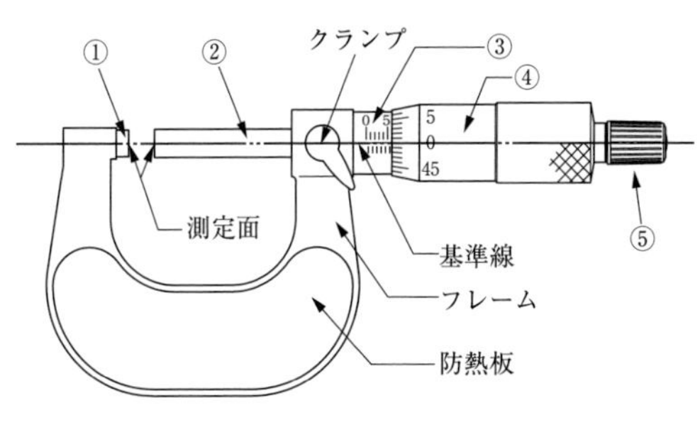

①＿＿＿＿＿＿＿＿　②＿＿＿＿＿＿＿＿　③＿＿＿＿＿＿＿＿　④＿＿＿＿＿＿＿＿
⑤＿＿＿＿＿＿＿＿

【4】　次の説明文の正誤を○×で答えなさい。

①　ノギスを格納する際は，変形を防ぐため，ジョウを力強く閉じ，止めねじでロックするとよい。

②　マイクロメータを格納する際は，フレームの変形を防ぐため，アンビルとスピンドルを離しておく。

③　ブロックゲージをリンギングさせて所要寸法を組み合わせる場合，最大の個数で組み合わせるのがよい。

④　テーラの原理では，軸に対する検査では「通り側がリングゲージ・止り側が挟みゲージ」，穴に対する検査では「通り側がプラグゲージ・止り側が棒ゲージ」とするのが理想的である。

⑤　ダイヤルゲージで同一箇所を測定する場合，スピンドルの行き側と戻り側で測定したとしても，測定値は変わらない。

①	②	③	④	⑤

【5】　デジタル式の測定器では避けられない量子化誤差について，次の説明文を完成させなさい。

量子化誤差は，（a）とも呼ばれる誤差で，最小読取値（b）の値が（c）ことで発生し，原理上，最小読取値の（d）の誤差が発生する。

（a）デジタルエラー　アナログエラー　カウントエラー

（b）以上　以下　未満

（c）読み取れる　読み取れない　無視される

（d）＋1カウント　－1カウント　±1カウント

第3章
角度の測定

第3章では角度の測定全般について学ぶ。

第1節では，角度の単位と基準について学ぶ。

第2節では，角度を測定する方法として，あらかじめ角度設定されているゲージや，これらをいくつか組み合わせ，測定する面に突き合わせて角度を求める方法（単一角度基準）について学ぶ。

第3節では，目盛円板とブレードを測定する面に合わせて角度を読み取る簡便な方法やサインバーによる方法，光学技術を応用した高精度な測定ができるオートコリメータによる方法など，各種測定器を使った測定について学ぶ。

第4節では円すいテーパ角の測定法などについて学ぶ。

第１節　角度の単位と基準

1.1　角度の単位

（1）　度

円周を360等分した弧に対する中心角を１度（1°）としたもの。

a　度表記（小数点表記）

円周を360等分した弧に対する中心角を１度（1°）としたもので，１度未満の角度を十進法にする小数点表記するもの。

例）22.75°

b　度，分，秒表記

度表記の補助単位として１度を60等分した１分（1′），さらに１分を60等分した１秒（1″）がある。

例）45° 25′ 30″

これらを換算するには，下記の方法がある。

①　度表記（小数点表記）を度，分，秒表記に換算

例）125.525°

度：125.525° ＝125° ＋0.525°

分：0.525° ×60＝31.5′ ＝31′ ＋0.5′

秒：0.5′ ×60＝30″

これらを足すと125° 31′ 30″となる。

②　度，分，秒表記を度表記（小数点表記）に換算

例）135° 30′ 45″

度：135

分：30′ ÷60＝0.5

秒：45″ ÷3 600＝0.012 5

これらを足すと，135＋0.5＋0.012 5＝135.512 5° となる。

（2）　ラジアン

円の半径に等しい長さの弧に対する中心角を１ラジアン（1 rad）とした弧度法による。

度とラジアンの関係式を次に示す。

$$360° = 2\pi \text{ rad} \quad (\pi = \text{円周率})$$

$$1° = \frac{\pi \text{ rad}}{180} = 17.453\,29 \times 10^{-3} \text{rad}$$

また,

$$1 \text{ rad} = \frac{180°}{\pi} = 57° 17' 45''$$

工業上の形状の指示には度が多く用いられるが，物理学上の計算にはラジアンを用いると便利である。

1.2　角度の基準

角度の基準は円周を分割することによっていつでも容易にできるので，長さの標準に見られるメートル原器や光波基準などに相当するものはない。

しかしながら，実際の測定に当たってはブロックゲージや目盛尺のように，手近に何らかの形において角度の基準になるものが必要であり，これを単一角度基準と円周分割基準に分類することができる。

第２節　単一角度基準

2.1　角度ゲージ

二つの測定面が一定の正しい角度をもち，単体のものでは長さにおけるブロックゲージと同様の精度のものから，薄板を加工した簡単なものまである。

（1）　アングルブロックゲージ（ヨハンソン式角度ゲージ）

1918年にヨハンソンによって考案されたもので，１個又は２個の組合わせにより，10°～350°の角度範囲においては1′ごとに，また0°～10°及び350°～360°の間は1°ごとの高い精度の角度が得られる。

【構　造】

約50×20 mm，厚さ1.5 mm の工具鋼を焼入れしたもので，各測定面によって２個又は４個の正確な角度が形成されている。

図３－１は85個組で，その他49個組があり，いずれも２個の角度ゲージを組み合わせるための保持具が備えられている。

【精　度】

各角度ゲージの最大許容誤差は±12″で，２個の角度ゲージを組み合わせた場合は±24″以下である。

【使用法】

① 取扱いについては長さのブロックゲージと同じだが，角度ゲージの組合わせは備品の保持具を用いて，図３－２のようにして組み合わせる。

② 工作物の各種角度ゲージの製作及び検査に用いる。

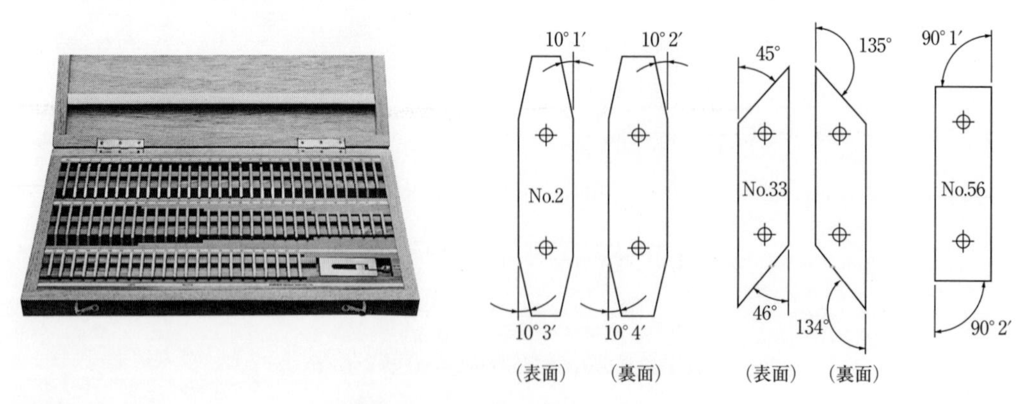

図3−1　アングルブロックゲージ

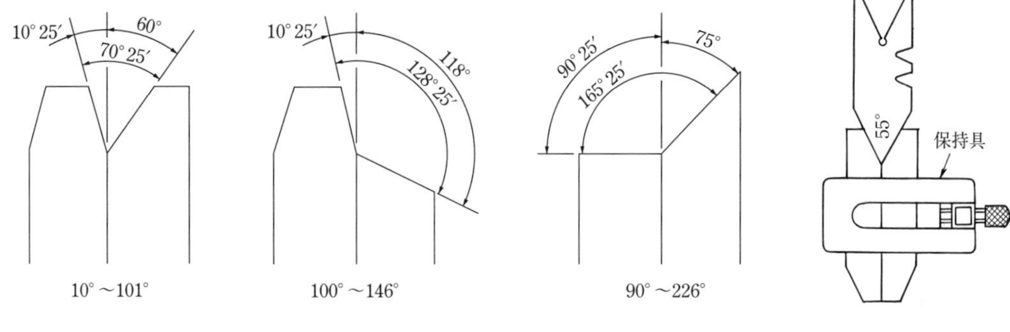

図3-2　アングルブロックゲージの使用例

（2） N.P.L.式角度ゲージ

1940年にイギリスのトムリンソンによって考案された。測定面を大きくして，角度ゲージの個数を少なくしたもので，ヨハンソン式角度ゲージのように同時に各種の角度を作り出すことはできないが，ブロックゲージと同様に密着させて積み重ねることによって，数少ない角度ゲージで任意の正しい角度を作り出すことができる。

【構　造】

測定面は約100×15 mmからあり，正確な平面にラップ仕上げされており，被測定面に密着することができる。図3－3は12個組のもので，個数の組合わせは表3－1に示すように各メーカによって異なる。

【精　度】

各角度ゲージの保証精度は3″～6″のものが多く知られている。

【使用法】

① 取扱い及び密着方法はブロックゲージと全く同じである。

② 角度ゲージは図3－4に示すように，積み重ねる向き（メーカごとに異なる）によって，1″，1′又は1°単位ごとの広範囲にわたる角度を作り出す。

図3-3　N.P.L.式角度ゲージ（12個組）

③　ダイヤルゲージを用いた角度の測定における基準ゲージに用いる。

④　定盤上に工作物の被測定面と並べて置き，直定規ですきみ法によって比較測定する。

表３−１　N.P.L. 式角度ゲージの各種組合わせ

種　類	個　数	各ブロックの角度	得られる角度 範　囲	得られる角度 段階	測定面 [mm]
A	12	41°，27°，9°，3°，1°；27′，9′ 3′，1′；30″，18″，6″	0° ～ 81°	6″	76×16
	13	以上のほかに 3″		3″	
B	14	45°，30°，15°，5°，3°，1°；40′ 25′，10′，5′，3′，1′；30″，20″	0° ～ 99°	10″	長さ100
C	16	45°，30°，15°，5°，3°，1°；30′，15′ 5′，3′，1′；30″，20″，5″，3″，1″	0° ～ 99°	1″	長さ100
D	16	45°，30°，15°，5°，3°，1°；30′，20′ 5′，3′，1′；30″，20″，5″，3″，1″	0° ～100°	1″	51×25
E	12	45°，30°，14°，9°，3°，1°；50′ 25′，9′，3′，2′，1′	0° ～102°	1″	100×15
	15	以上のほかに 30″，15″，5″		5″	

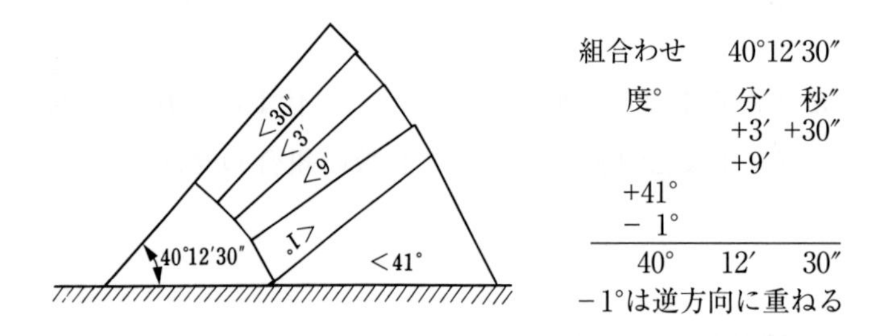

図３−４　N.P.L. 式角度ゲージの組合わせ

（３）　汎用角度ゲージ

簡単に角度を比較したり，測ったりするのに用いる。その構造は１ mm ぐらいの鋼板にそれぞれ正確な角度が付けられており，一般には 1°，2°，3°，4°，5°，8°，12°，14°，$14\frac{1}{2}$°，15°，20°，25°，30°，35°，40°，45° の16枚の組み合せでできている（図３－５）。

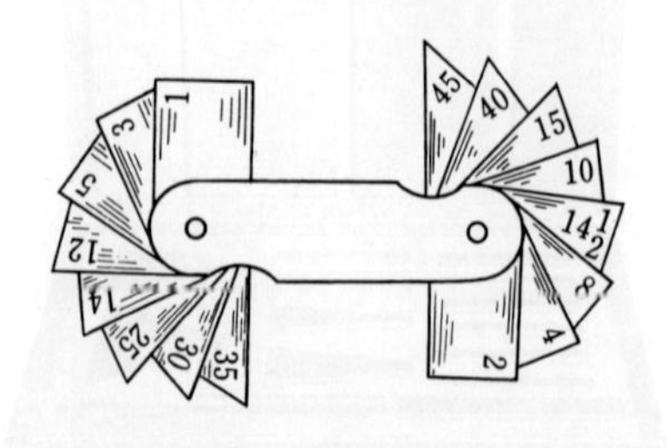

図３−５　汎用角度ゲージ

（4）　直角定規（スコヤ）

直角度の測定に用いる鋼製の固定角度定規で，角度基準の一種と考えることができる。

二つの面又は軸の直角度の検査，また工作物及び機械部品の調整やけがきなどに使用する。

【構　造】

工具鋼で正確に作られたブレードとストックを組み合わせた台付直角定規と，一体のＩ形直角定規，平形直角定規及び刃形直角定規が，JIS B 7526：1995で規定されている（図３－６）。

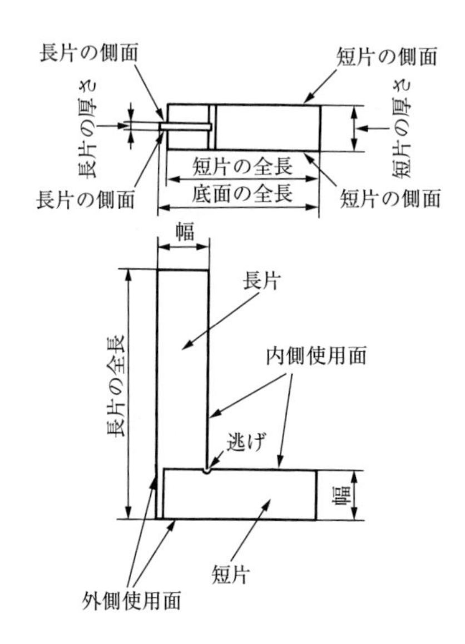

（ａ）台付直角定規

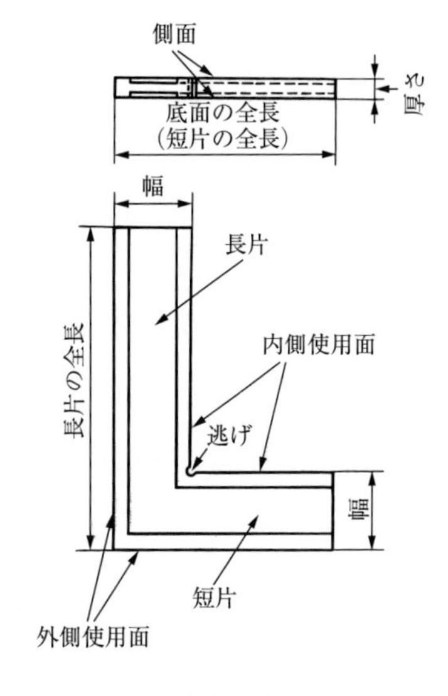

（ｂ）Ｉ形直角定規

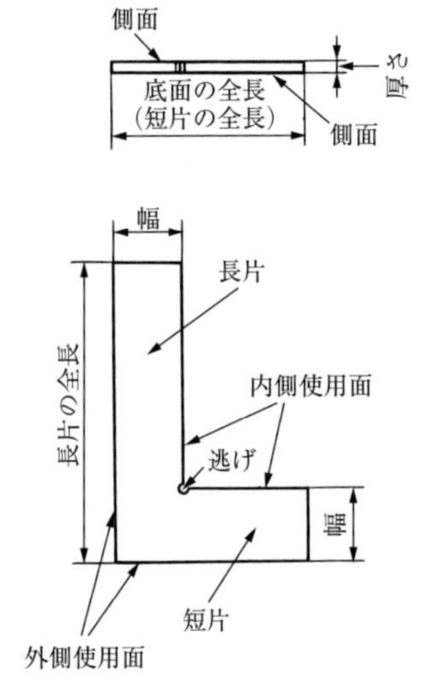

（ｃ）平形直角定規

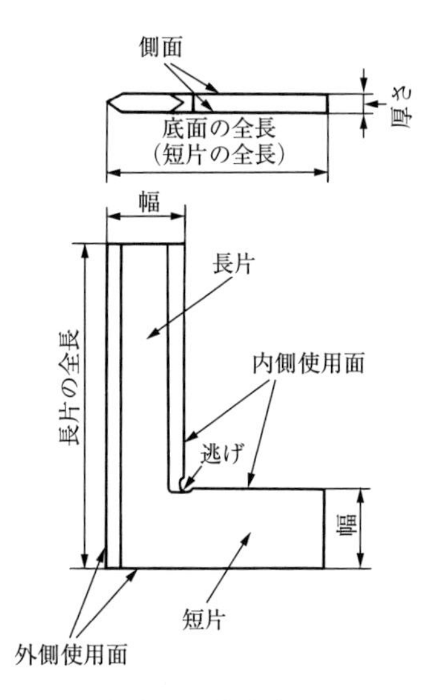

（ｄ）刃形直角定規

図３－６　直角定規（JIS B 7526：1995）

【精　度】

等級は長片の長さを呼び寸法としたそれぞれの直角度から，表３－２に示すように１級と２級が規定されている。直角度の決定は，呼び寸法に対して両端2 mm～10 mm を製作上のダレと認め，検査から除外される。

また，側面の倒れについては，表３－２の値の10倍以下と規定されている。

【使用法】

① 使用に際し，直角度をほかの角度基準ゲージ（円筒スコヤなど）と比較して確認する。特に台付形のものは狂いやすい。

② 直角定規の測定面を工作物の面に当てて直角度を検査するときは，常に光に向かって透かして見ることが大切である。

③ 工作物の面に対して，すきまが見やすいからといって，図３－７のⓐ部のように直角定規をあてがっても，柱の反りや側面の倒れが大きいので正しい検査ができない。

表3−2　直角度規格（JIS B 7526：1995）

［単位：μm］

呼び寸法［mm］	刃形直角定規	I形直角定規		平形直角定規 台付直角定規	
		1級	2級	1級	2級
75	—	—	—	±14	± 28
100	±3.0	±3.0	± 7	±15	± 30
150	±3.5	±3.5	± 8	±18	± 35
200	±4.0	±4.0	± 9	±20	± 40
300	±5.0	±5.0	±11	±25	± 50
500	—	±7.0	±15	±35	± 70
750	—	—	—	±48	± 95
1 000	—	—	—	±60	±120

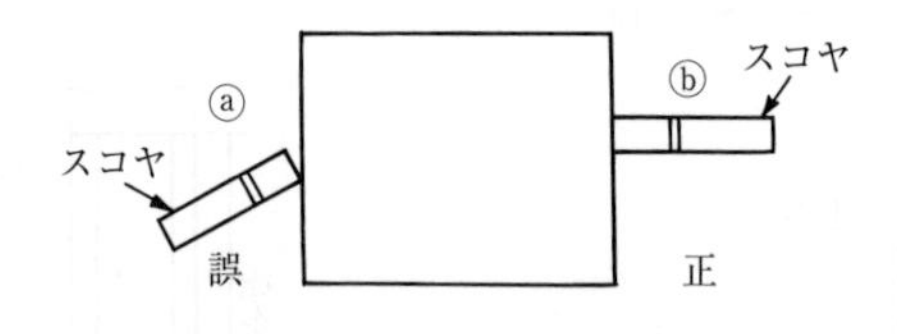

図3−7　スコヤの当て方

（5） 円筒スコヤ

図３－８に示すように，焼入れ鋼又は鋳鉄で円筒形に作られ，円筒の外周と両端面は正しい直角に研削されている。直角定規のような反りや側面の倒れがなく，測定面が曲面のため，すきみが容易である。すきみとは，測定物をスコヤに軽く当て，そのすきまが均一かどうかを見て確認する方法である。主に定盤上に置いて，工作物の直角定規の検査に用いる。

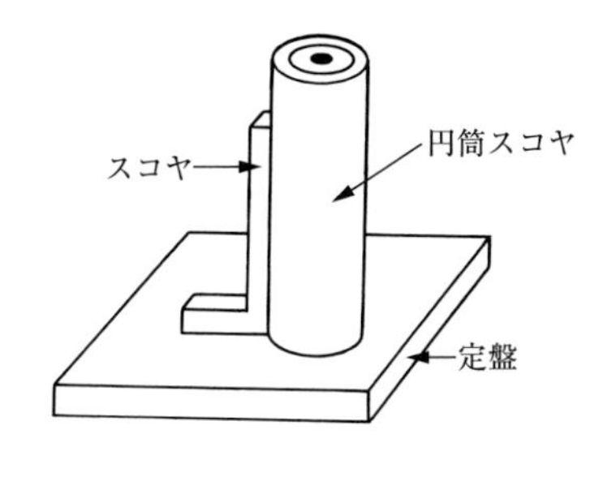

図３−８　円筒スコヤ（Ｉ形）

2.2　目盛分割基準

（１）　目 盛 円 板

円板面の円周を一定の角度に分割したもので，この目盛円板の目盛は1°のものが多く，角度の測定基準やけがきに用いる。

【構造と精度】

円板の円周上に等分目盛が施してある。目盛円板の精度により使用材料も様々で，低精度のセルロイド又は鋼板製から，目盛誤差0.5″程度の高精度の金属目盛板まである。

（２）　割出し円板

工作物及び工具の角度を割り出すときや，角度の調整に便利な角度基準として割出し円板が用いられる。

【構　造】

割出し円板には，図３−９に示す鋼製の多孔円板や切欠き円板がある。

【精　度】

割出し精度は一般に2′程度で，切欠き円板の精度は最も高く，良好なものでは連続する二つの切欠きの間の誤差は最大6″以下，累積誤差は12″以下である。

【使用法】

ウォームとウォーム歯車による割出し台に取り付けて，角度をさらに細かく分割することができる。

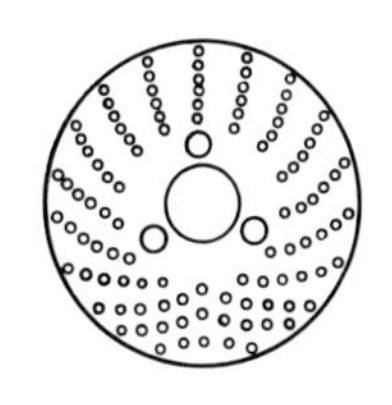

（ａ）多孔円板

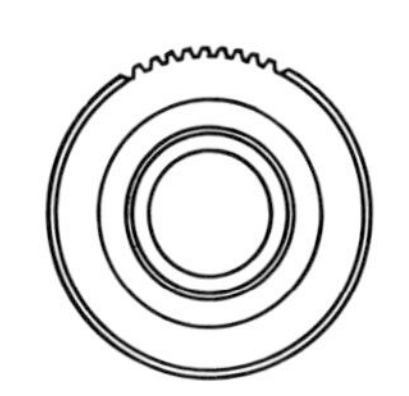

（ｂ）切欠き円板

図３−９　割出し円板

（３）　ポリゴン鏡（角度標準用多面鏡）

イギリスのN.P.L.社が考案したもので，正多角形に作られた反射鏡で，オートコリメータと併用して角度の比較測定の基準に用いる。

【構　造】

図３－10のように，正多角形をした金属又はプリズム鏡で，上面と底面は互いに平行で，鏡面に対して直角に作られている。

【精　度】

ポリゴン鏡の２面間のなす角度の誤差は最大５″で，最近では２″以内のものが知られている。

【使用法】

①　図３－11は目盛円板の目盛の検査を示したもので，回転する目盛円板上にポリゴン鏡をオートコリメータでのぞいて十字標識が正しく合う位置に置き，円板を回転させてオートコリメータ上の反射像が前回と同様の位置に来たときの標線により，円板上の目盛を比較測定することができる。また，同様にして，円板上に正確な目盛を刻むことができる。

②　工作物の被測定面を，ポリゴン鏡と置き換えて比較測定する場合は，工作物の面は鏡面になっていることが必要である。また，必要に応じて平行平面ガラス（オプチカルパラレル）を被測定面に重ねて使用する。

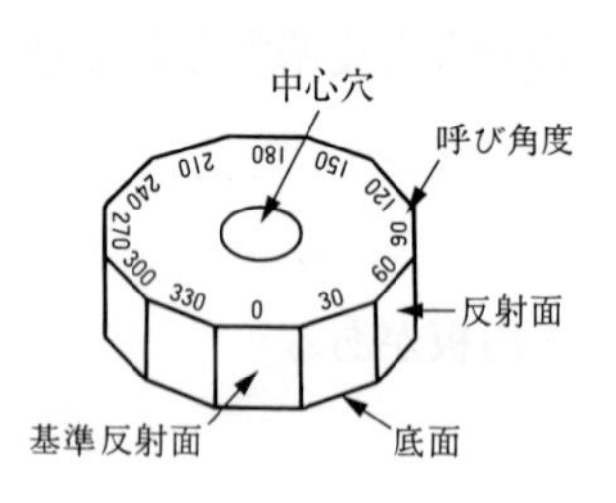

図3−10　ポリゴン鏡の構造（JIS B 7432：1985）

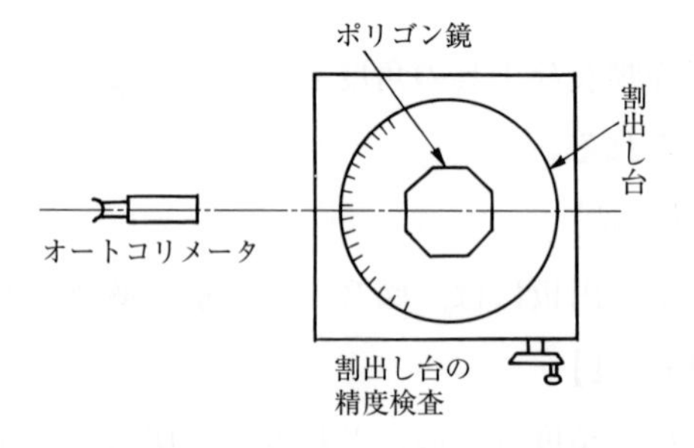

図3−11　ポリゴン鏡の使用例

第3節　各種測定器による角度の測定

3.1　角度定規

目盛円板とブレードによって，角度を簡単に直接読み取ることができる。

(1)　スチール・プロトラクタ

図3－12に示すように，半円形鋼板とブレードの測定面に工作物の面を合わせて，角度を読み取る。

【構　造】

半円周上に1/2又は1°単位の目量が180°にわたって刻まれ，中心にブレードがねじによって取り付けられている。

【精　度】

ブレードの回転軸及び半円形の中心誤差から，高い精度のものは望めず，誤差は一般に10′～15′程度で，長さにおけるスケールと同程度の測定に用いられる。

【使用法】

① 回転軸の止めねじを緩め，目盛板とブレードの測定面を正しく工作物に接触させて，ブレード先端によって目盛を読む。

② 角度のけがきなどのように所要の角度を作り出すときは，ブレードの先端を目盛に合わせたのち，止めねじでしっかりと固定する。

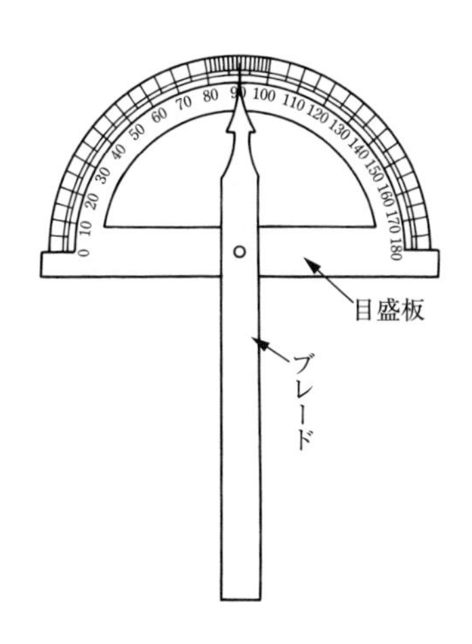

図3－12　スチール・プロトラクタ

（2）　ユニバーサル・ベベルプロトラクタ

図3－13に示すように，ストックとブレードの測定面によって形成された角度では1°単位に，目盛円板とバーニヤからは5′単位に角度を読み取ることができる。

【構　造】

本体に円周目盛360°が刻まれ，測定面をもつストックと一体に作られている。

ブレードはバーニヤをもつタレットに止めナットで固定され，ストックとブレードの両測定面によって任意の角度を直接測定することができる。

【精　度】

スチール・プロトラクタに比べて，総合精度は5′程度でやや高く，長さにおけるノギスと同程度の測定に用いられる。

【使用法】

① ブレードをタレットに固定したときの良否の確認は，目盛によって90°を作り，主止めナットでタレットを本体に固定したのち，直角定規で比較測定する。

② 角度の測定における使用例を図3－14に示す。

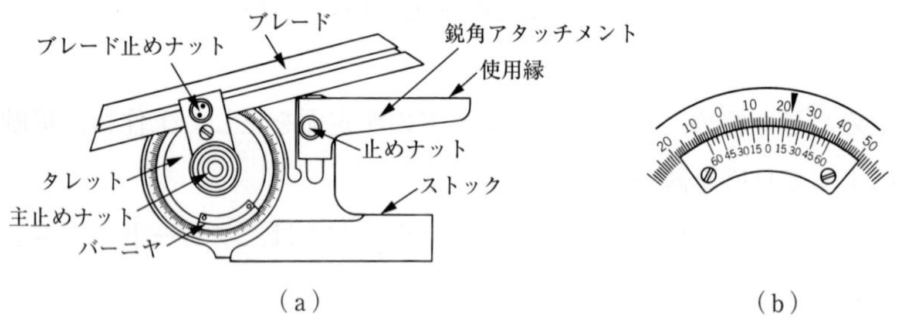

図3−13　ユニバーサル・ベベルプロトラクタ

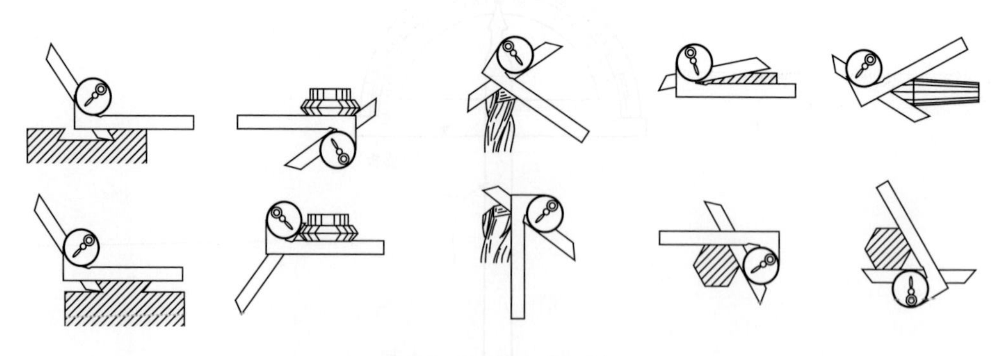

図3−14　使　用　例

3.2　精密水準器

（1）　気泡管式精密水準器

気泡管内に作られた気泡が高位に移動する性質を応用して，気泡の移動量から水平方向又は垂直方向に対するわずかな傾き角を測定したり，機械の据付け又は組立ての水平及び垂直の検査に用いられる。

精密水準器の形状には，水平方向を測定する平形と，垂直方向の測定ができる角形がある（図３－15）。

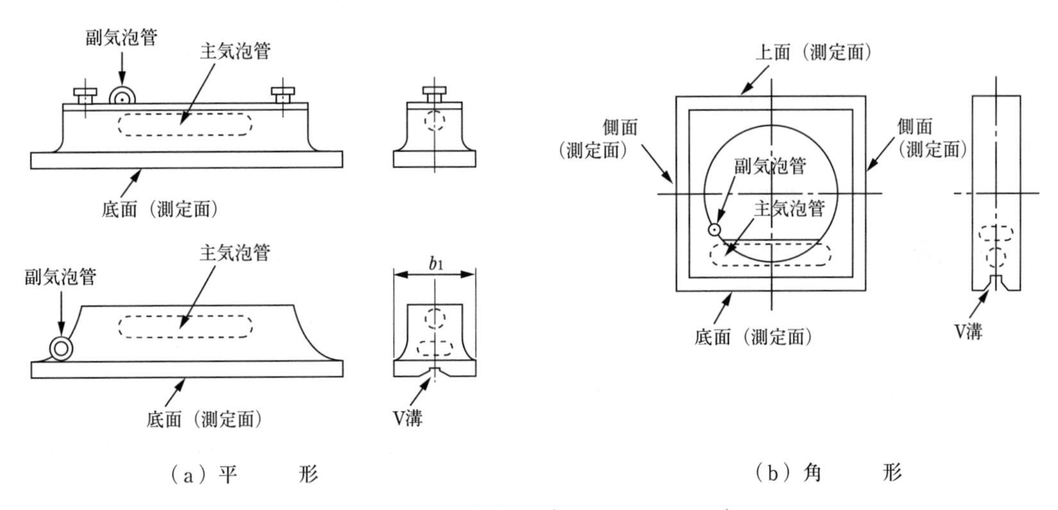

（a）平　　形　　　（b）角　　形

図３−15　精密水準器（JIS B 7510：1993）

【構　造】

測定の基準面をもつ枠内に，金属製のパイプに保護された気泡管が組み込まれている。気泡管は図３－16のように内面を一定の曲率半径をもった「たる状」に正しくラップ仕上げし，外部に約2 mm 間隔の目盛が刻まれている。管内には少量の空気を残してアルコール又はエーテルが封入されている。また，気泡の大きさを調節できるように気泡室を備えたものがある。

気泡室の内側は一定の曲率半径なので，わずかな変位角を次式で測定することができる。

$$L = R\phi$$

$$L = 2\pi Ra / 360 \times 3\,600$$

ϕ：基準からの傾き角［rad］　　L：気泡の移動量［mm］

a：秒［″］　　R：気泡管の曲率半径［mm］

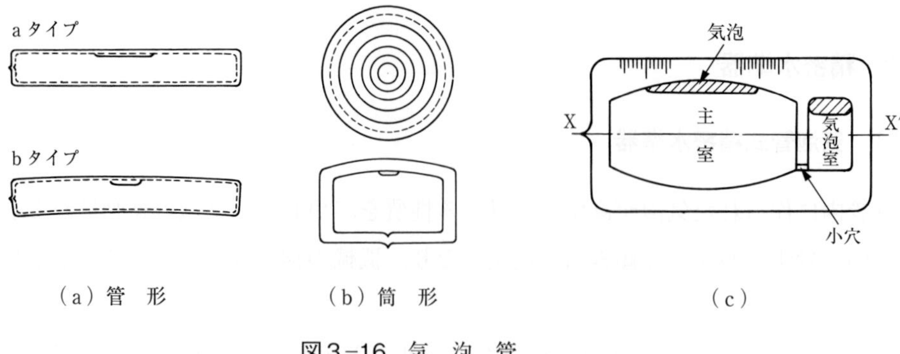

（a）管　形　　（b）筒　形　　（c）

図3−16　気　泡　管

【精　度】

水準器には，気泡を１目盛移動させるのに必要な傾きを示す気泡管の感度によって，表３－３のように１種，２種，３種の３種類がある。

【使用法】

① 水準器の器差の確認は，ほぼ水平な面に水準器を置き，次に左右反転して置き換え，両者の気泡の位置によって行う。もし両者に差のあるときは，気泡管の保持具に取り付けられた調整ねじで，目盛差の1/2を調整する。

② 水準器を測定物の面に置き，気泡の位置を目盛で読んで，水平に対する１ｍについての傾き，又は4″～20″単位の傾き角を知ることができる。

③ 気泡室をもつ水準器の気泡の長さは，黒丸の付いた２線間に調整する。気泡室をもたない水準器では温度によって気泡の長さが変わるので，十分注意する。

④ 水準器の基準面（底面）は平滑であることが特に重要であるため，打痕や傷をつけないよう取扱いには十分注意する。

表３−３　水準器の種別（JIS B 7510：1993）

種　類	感　度
1　種	$\frac{0.02\ \mathrm{mm}}{1\ \mathrm{m}}$（約 4″）
2　種	$\frac{0.05\ \mathrm{mm}}{1\ \mathrm{m}}$（約10″）
3　種	$\frac{0.1\ \mathrm{mm}}{1\ \mathrm{m}}$（約20″）

備考（　）内は参考値である。

（2）　電子式精密水準器

重力の方向を，常に0°とするような振り子構造をもつ精密電子水準器である。

【構　造】

測定の基準面を測定ユニットの底面にもち，測定部分を保護する頑丈な枠で構成されている。測定基準面が傾くと，振り子のように測定ユニットが反対側に寄っていく（図3－17)。傾斜角は角度（″）又はラジアンで表示する。

【精　度】

この方式では，測定できる角度の範囲に限りがあるが（例：±600″），0.2″の測定分解能で測定できる。

【使用法】

機械のベッド面の真直度，定盤などの平面度，駆動テーブルのピッチングやローリングなどを単一測定ユニットの使用で測定できる。二つの測定ユニットを使用して，一つの測定ユニットを基準とし，二つ目の測定ユニットを測定したい面に設置すれば，互いの角度の差を求めることにより，基準に対する測定物の動きを測定することができる（図3－18)。

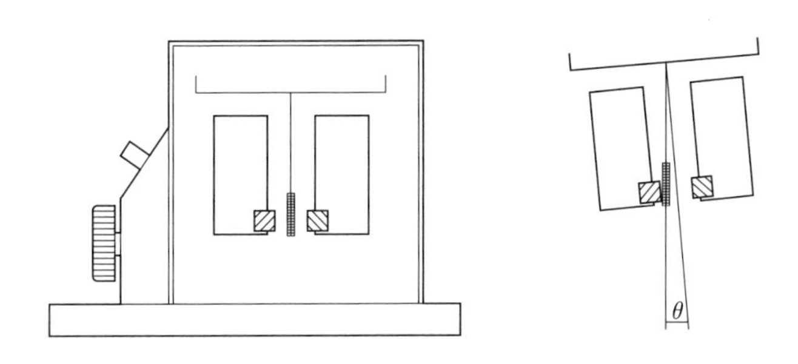

図3−17　電子式精密水準器の原理

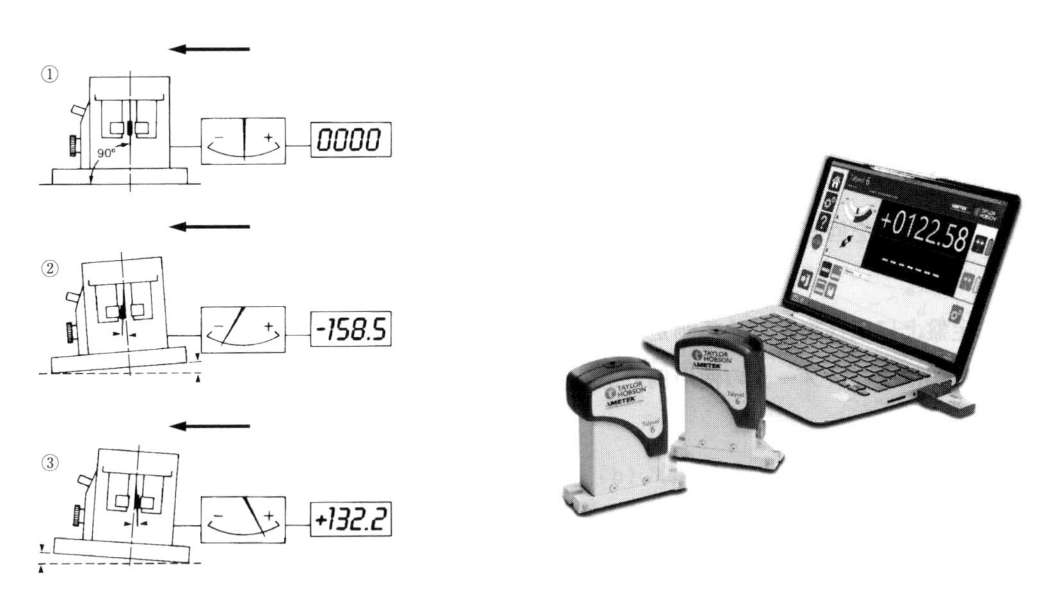

図3−18　電子式精密水準器と測定例

【構　造】

図3－22に外観を示し，構造を図3－23に示す。

【精　度】

オートコリメータの視野によって，最小読取値は，0.01″，0.1″，0.5″，1′などがある。

【使用法】

① 視野内の十字線の反射鏡の位置を目盛線で目視するか，電子式で読み取る。

② 直角度，真直度，平面度，微小角度の測定に用いられる。

使用例を図3－24に示す。

図3-22　オートコリメータ

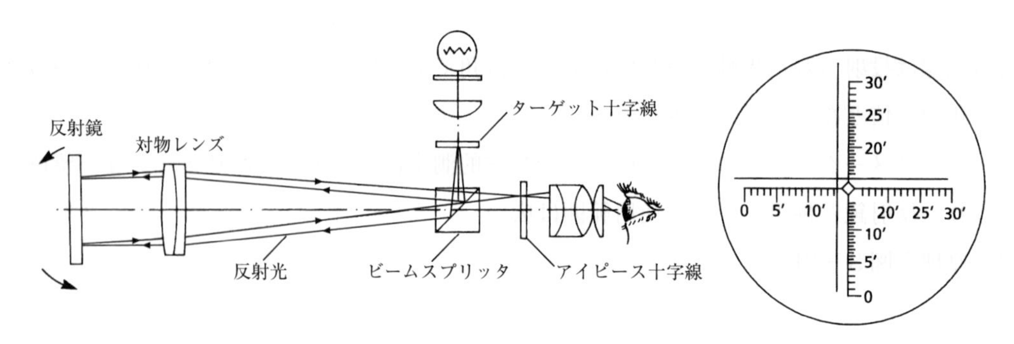

図3-23　オートコリメータの構造図と視野

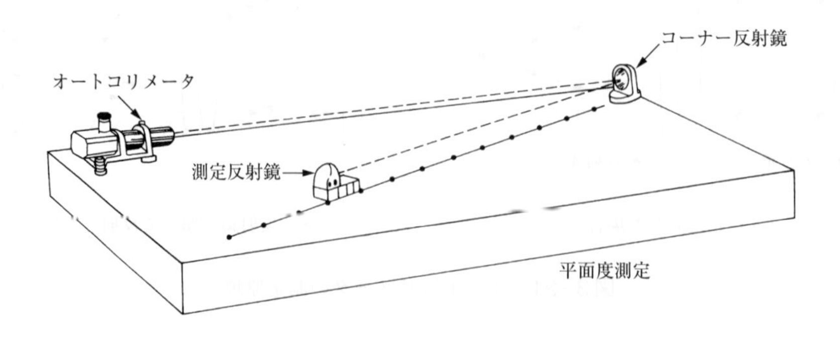

図3-24　オートコリメータの使用例

3.5　サインバー（JIS B 7523：1977）

ブロックゲージを図３－25に示すように併用して，直角三角形の三角関数サイン（sin）によって，長さから角度を間接的に求めるもので，簡単で高精度な角度が得られるのが特徴である。

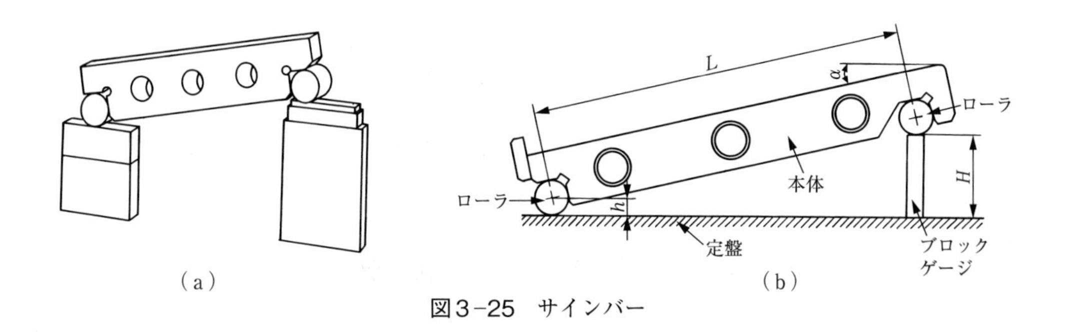

図3−25　サインバー

【構　造】

直定規と両端を支える等径円筒ローラからなり，両ローラは直定規の測定面に平行で，両中心間の距離が100 mm，又は200 mm に正しく取り付けてある。

【精　度】

総合精度としては，サインバーをブロックゲージを用いて30° にセットしたのち，30° の角度ゲージを載せ，その面を測定して100 mm の寸法差から１級で4 μm，２級で8 μm が与えられている。

許容値による影響は，45° 以上になると急激に大きくなる。したがって，サインバーによる測定は，一般に45° 以下に用いる。

【使用法】

サインバーの呼び寸法 L を斜辺とし，ブロックゲージの高さ H から次式によって $\sin\alpha$ を求めることができる。

$$\sin\alpha = \frac{H}{L}$$

例１）

100 mm のサインバーを用いた工作物の傾斜面とサインバーの測定面が一致したとき，ブロックゲージの高さが42 mm であった。角度 α は，

$$\sin\alpha = \frac{H}{L} = \frac{42}{100} = 0.42$$

となる。三角関数表又は電卓を用いて，角度24° 50′ を求めることができる。

例2）

200 mm のサインバーによって傾斜度20°を作り出すには，三角関数表又は電卓を用いて $\sin 20° = 0.342$ を求め，次式からブロックゲージの高さ H を求める。

$$H = L \cdot \sin \alpha = 200 \times 0.342 = 68.4 \text{ mm}$$

3.6　角度基準ゲージとその比較測定

（1）　基準直角定規とブロックゲージによる直角の測定

図3－26は直角定規の精度を測定しているもので，ブロックゲージB及びB′は同じ寸法で，AとA′の差が誤差となる。

（2）　基準直角定規とダイヤルゲージによる直角の比較測定

図3－27のように基準直角定規にダイヤルゲージの目盛をゼロ点合わせしたのち，測定物と比較測定を行う。

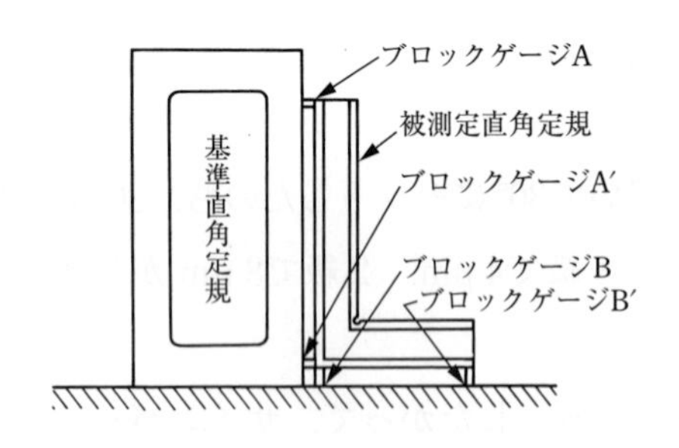

図3-26　基準直角定規による比較測定

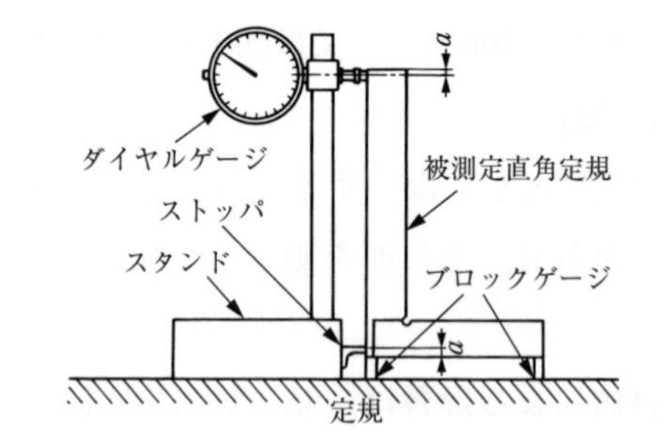

図3-27　ダイヤルゲージによる比較測定

3.7　直角定規検査器による直角度の測定

図3－28は，直角定規検査器を使って外側使用面の直角からの狂いの測定をしているもので，支点A，B及びマイクロメータのスピンドルの3点で支持された台に，2個の等径ローラが取り付けられている。測定物の直角定規の長片に2個のローラを接触させたときのマイクロメータの読みと，直角定規をローラの反対側に置き換え，両ローラが接触したときの読みから，その差の1/2を直角からの狂いとする。

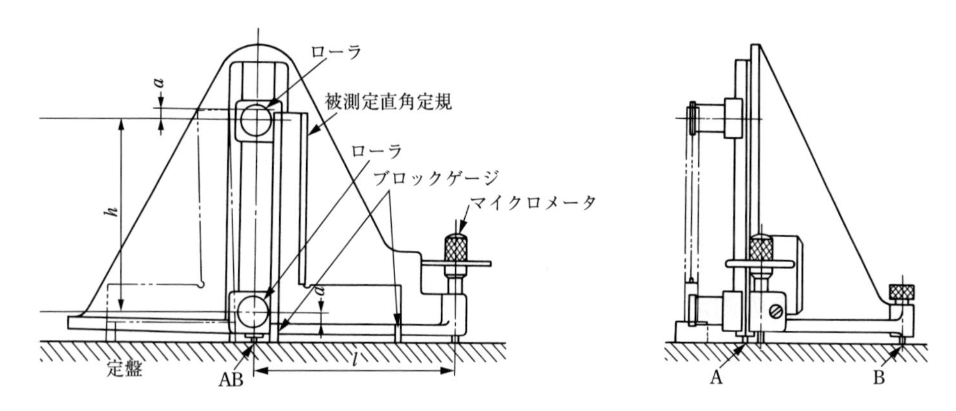

図３−28　直角定規検査器による直角度の測定

3.8　円筒ゲージと三角法による測定

（１）　こう配角の測定

等径 D の円筒ゲージ２個とブロックゲージを用い，図３－29に示すように，高さ h_1，h_2 を測定して，次式からこう配 α を求めることができる。

$$\sin\ \alpha = \frac{h_2 - h_1}{D + L}$$

（２）　V溝の角度の測定

２種類の直径 D 及び d をもつ円筒ゲージを，図３－30のようにＶ溝に置いたときの高さ H 及び h を測定して，次式から角度 α を求めることができる。

$$\sin\frac{\alpha}{2} = \frac{D - d}{2\ (H - h)\ -\ (D - d)}$$

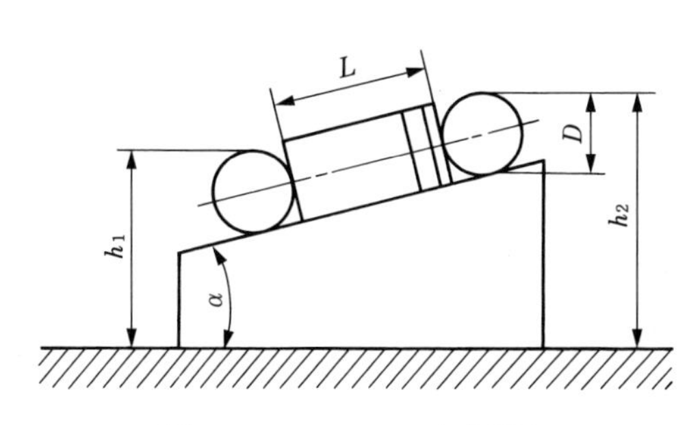

図３−29　ローラの角度測定

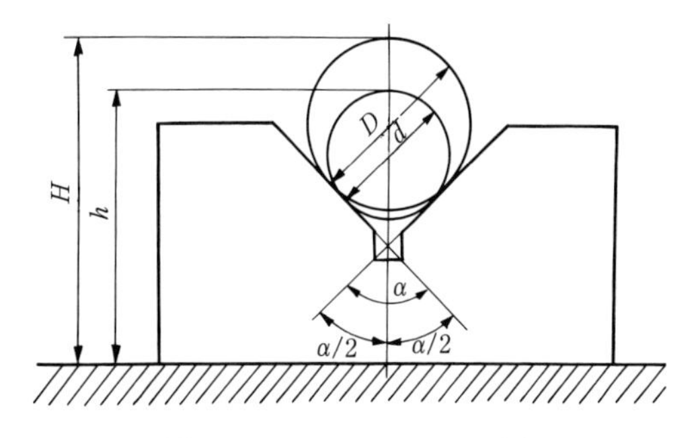

図３−30　ローラによる測定

第４節　テーパ角の測定

テーパは，図３－31のように$\frac{D-d}{L}$又は$\frac{a}{l}$で表し，テーパ角の1/2をこう配角という。

4.1　外側テーパ角の測定

（１）　ローラとブロックゲージによる測定

図３－31のように，両端面の直径 D 及び d が測定できる場合は，長さ L を測定して三角関数から次式でテーパ角を求めることができる。

$$\tan\frac{\alpha}{2}=\frac{D-d}{2L}$$

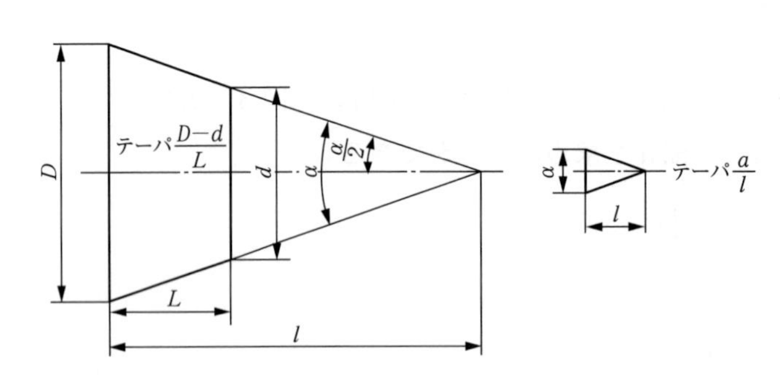

図３－31　テ　ー　パ

しかし，一般には工作物の角は面取りが施されているため，両端の直径の正しい測定値は得られない。したがって，図３－32に示すように，等径の２個のローラとブロックゲージにより，M_1とM_2を測定して次式からテーパ角を求める。

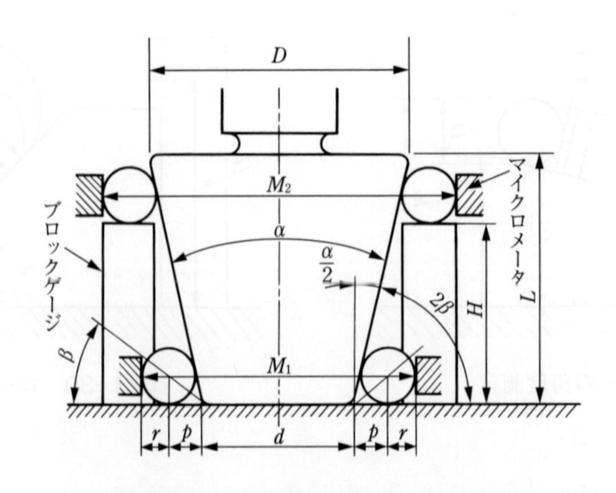

図３－32　ローラによるテーパ角の測定

$$\tan\frac{\alpha}{2}=\frac{M_2-M_1}{2H}$$

また，両端の直径 D 及び d は，次式から求めることができる。

$$d = M_1-2r-2p$$

ただし，　$p = r\cot\beta$

$$D = d+2L\tan\frac{\alpha}{2}$$

（2）　ダイヤルゲージによる測定

a　両センタ穴のある場合

図3－33のようにサインバー上の支持台に工作物を支え，ブロックゲージによって所要のテーパの角度を作り，ダイヤルゲージでテーパ部の両端を測定し，その偏差を求める。

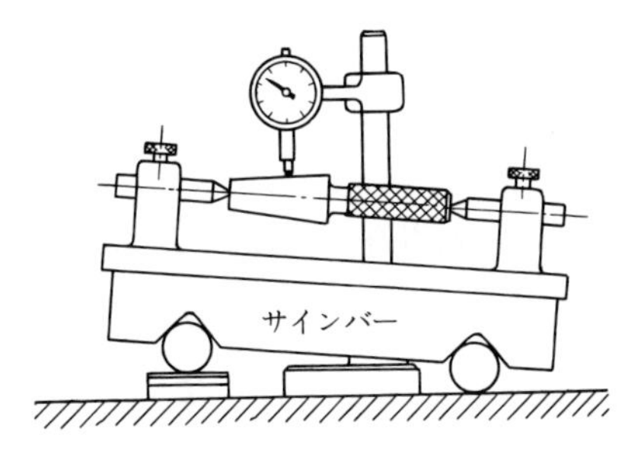

図3−33　支持台によるテーパ角の測定

b　センタ穴のない場合

図3－34のようにテーパ部をてこ式ダイヤルゲージで測定し，水平になるまでN.P.L.式角度ゲージを重ね，その角度をテーパ角とする。

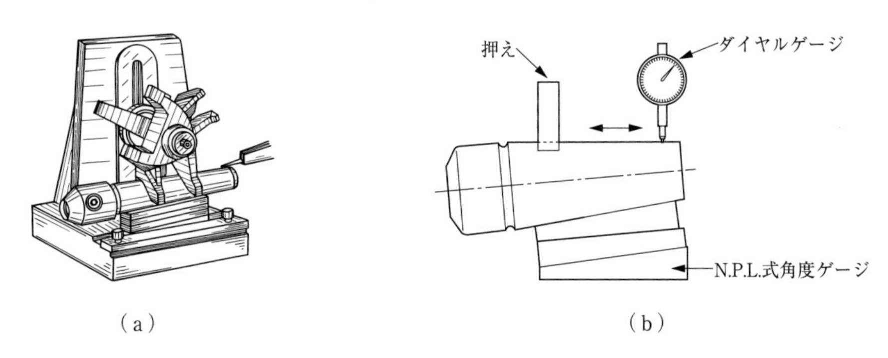

図3−34　センタ穴のない場合

（3） 角度比較検査器

図3－35に示すように，上下２枚の鋼板を基準テーパゲージに合わせて固定したのち，工作物を挿入して，すきみ法（p. 85　第２章第６節参照）によって比較測定を行うと同時に，上部鋼板の右端に刻まれた目盛によって直径の寸法差を知ることができる。

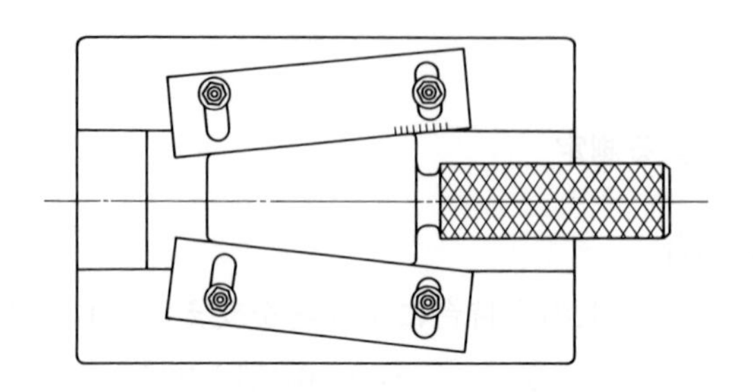

図3－35　角度比較検査器

（4） テーパ・リングゲージ

工作物のテーパ面に新明丹（しんみょうたん）（従来，光明丹が使われていたが，最近は鉛を含まない新明丹が用いられている）を軸方向に一条又は二条薄く塗り，テーパ・リングゲージを軽く押し込んで1/8回転を２回ぐらいもみつけるようにしてすり合わせ，新明丹の当たり具合からテーパの良否を判定する。

一般に図3－36に示すように，内側検査用のテーパ・プラグゲージと一対になっている。工作物の内側テーパの検査は，プラグゲージ側に新明丹を塗る。

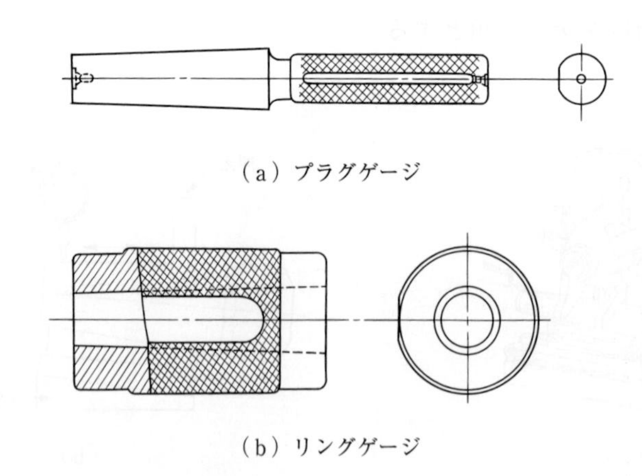

（a）プラグゲージ

（b）リングゲージ

図3－36　テーパ・リングゲージ

4.2　内側テーパ角の測定

（1）　鋼球とブロックゲージによる測定

穴に鋼球を入れ，ブロックゲージを併用して，それぞれの測定値 M_1 と M_2 から，外側テーパと同様に次式からテーパ角度を求めることができる（図３－37）。

$$\tan\frac{\theta}{2}=\frac{M_1-M_2}{2(h_2-h_1)}$$

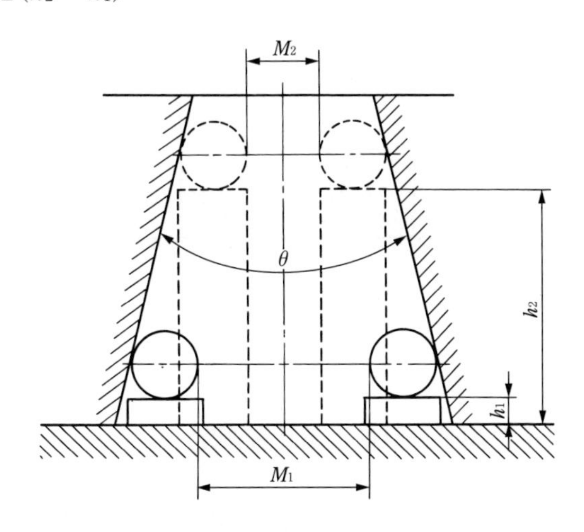

図３−37　鋼球によるテーパ穴の検査

（2）　精密送り台による測定

マイクロメータヘッドをもつ精密送り台又は測長器によって，図３－38のようにブロックゲージの高さ H を移動したときの測定値 M_1 と M_2を求めて，次式からテーパ角度 θ を求めることができる。

$$\tan\frac{\theta}{2}=\frac{M_1-M_2}{2H}$$

図３−38　精密送り台によるテーパ穴の測定

（3）　鋼球による測定

テーパ穴の直径が小さいときは，図３－39のように直径の異なる２個の鋼球を使用して，それぞれの測定値 h_1と h_2を求め，次式からテーパ角度 θ を求めることができる。

$$\sin\frac{\theta}{2}=\frac{d_2-d_1}{2(h_1+h_2)-(d_2-d_1)}$$

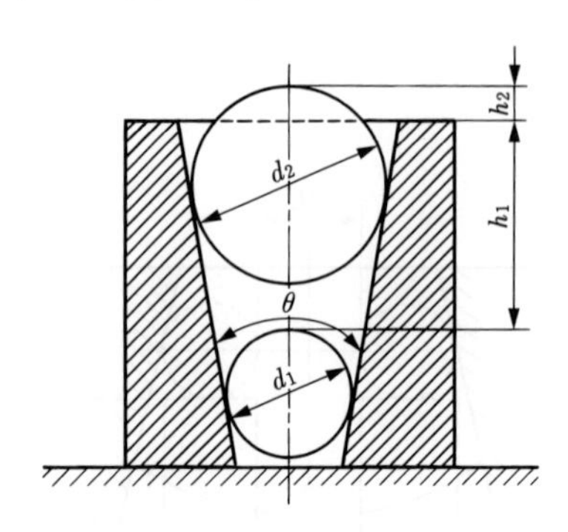

図３−39　直径の異なる２個の鋼球によるテーパ穴の測定

（4）　リングゲージとダイヤルゲージによる比較測定

図３－40に示すように，直径の異なる２個の円板又は棒ゲージを用い，２点間の距離をダイヤルゲージで測定して基準のテーパ・リングゲージと工作物とを比較検査する。

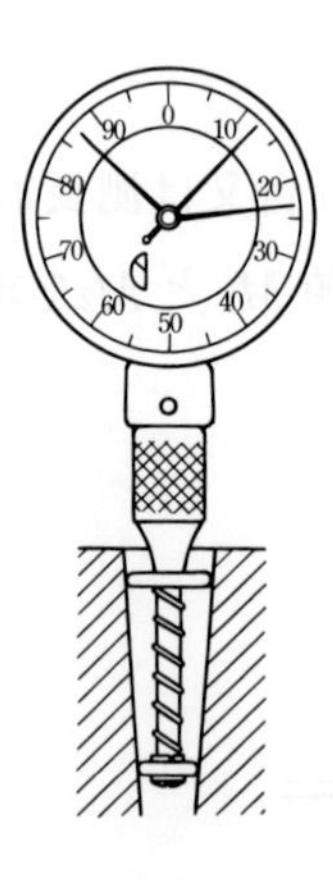

図３−40　ダイヤルゲージによるテーパ穴の比較測定

第３章のまとめ

第３章で学んだ角度の測定に関する次のことについて，各自整理しておこう。

（1）度と度・分・秒表示，及びラジアンの関係（換算）。

（2）直角定規の使用上の注意事項。

（3）精密水準器の構造，精度及び使用上の注意事項。

（4）ポリゴン鏡とオートコリメータの使用方法。

（5）サインバーの使用方法と角度の出し方。

（6）テーパの測定方法。

第３章 演習問題

次の問いに答えなさい。

【１】 次の角度を指示された角度に変換しなさい。

① 2 rad ＝（　　　　　　）°

② 60° ＝（　　　　　　）rad

③ 4／3 rad ＝（　　　　　　）°

④ 57.425° ＝（　　°　　′　　″）

⑤ 22° 45′ 20″ ＝（　　　　　　）°

【２】 N.P.L.式角度ゲージを用いて次の角度を作りたい。どのような組合わせにすればよいか。ただし，ゲージはＡ種12個組を用いるものとする。

35° 16′ 0″

【３】 100 mm のサインバーを用いて傾斜角25° を作りたい。ブロックゲージの高さはいくつにすればよいか。

【４】 等しい径の円筒ゲージ2個とブロックゲージを用い，こう配の角度を測るため各部を測定したところ以下の測定値であった。このときのこう配角を求めなさい（小数点以下第２位まで）。

$h_1 = 48.52$

$h_2 = 62.43$

$L = 30$

$D = 15$

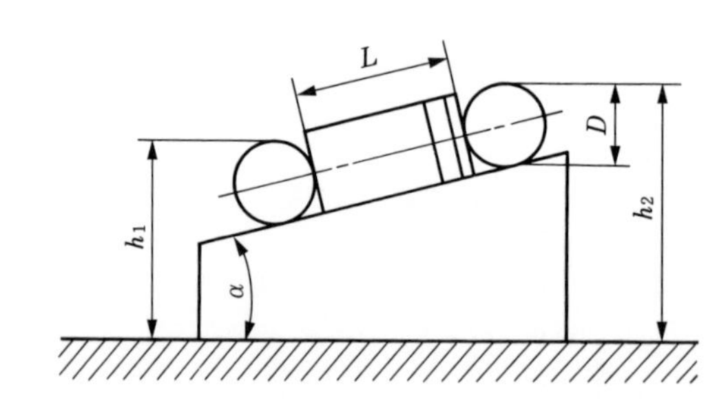

第4章
面の測定

第4章で面の各種測定方法及び評価方法と，測定方法の原理を学ぶに当たり，測定結果を求め製品の合否判定を行うだけでなく，測定原理や測定結果を十分理解し，機械部品のもつ機能に最適な面をいかに加工できるかということも一緒に考えなくてはならない。

第1節では，表面形状の測定について，各種の輪郭曲線のパラメータが何を表しているかを知り，その測定方法を踏まえて学ぶ。

第2節では，真直度の表示形式や，測定方法について学ぶ。

第3節では，平面度の表示形式や，水準器やオートコリメータ，オプチカルフラット等の測定器を使った測定について学ぶ。

第4節では，円がひずみを生じる場合があることを考えて，真円度の測定について学ぶ。

第5節では，同軸度の表示形式や，測定方法について学ぶ。

第6節では，平行度の表示形式や，測定方法について学ぶ。

第1節　表面性状の測定

機械部品の加工面の微細な凹凸に対する要求精度は，マイクロメートル単位からナノメートル単位の範囲に及んでいる。

図4－1は，旋削加工面の断面輪郭の概念図である。輪郭曲線は，一般に不規則で微細な凹凸からなる粗さ，加工機械の振動やたわみで生じるうねり及び加工面全体の形状誤差に分解されて表示される。

図4－2に，輪郭曲線を粗さ（R），うねり（W）及び形状（P）に分解表示した例を示す。

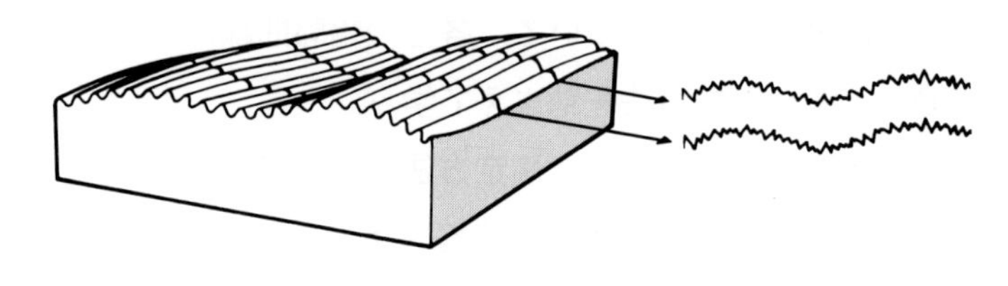

図4－1　断面輪郭概念図

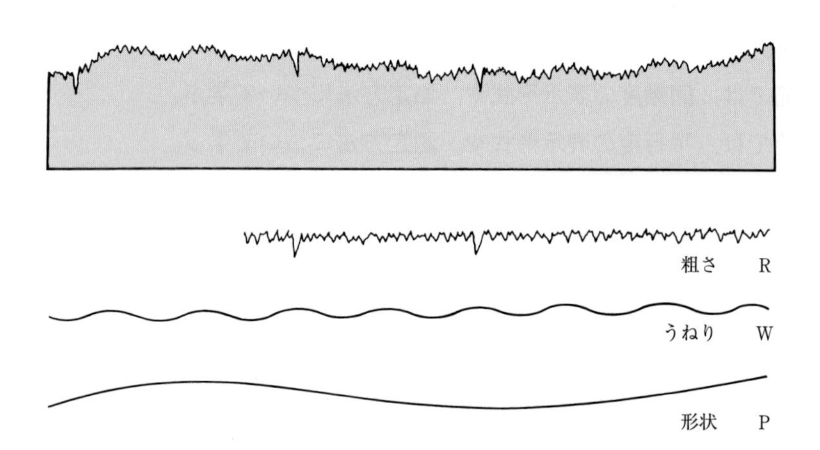

粗　さ：製造過程に発生する不規則性（例：切削工具，と粒）
うねり：粗さより長い波長で，振動，びびり，ワークのゆがみなどの結果として発生する不規則性
形　状：粗さやうねりによる不規則性を除いた表面の一般的な形

図4－2　断面輪郭の分解

1.1　表面性状の表示

（1）　輪郭曲線の測定と横倍率の選択

粗さ表示は，横倍率の選び方によって測定範囲が著しく異なる。

図4－3はその関係を示す。ここで，縦倍率表示は×5 000とする。

①　横倍率が×5 000で，縦横同じ倍率の場合は，狭い範囲の粗さしか分からない。

②　横倍率が×1 000の場合，測定範囲が①の5倍になっている。

③　横倍率が×100の場合，測定範囲が①の50倍に広くなっており，粗さの詳細が表示できる。

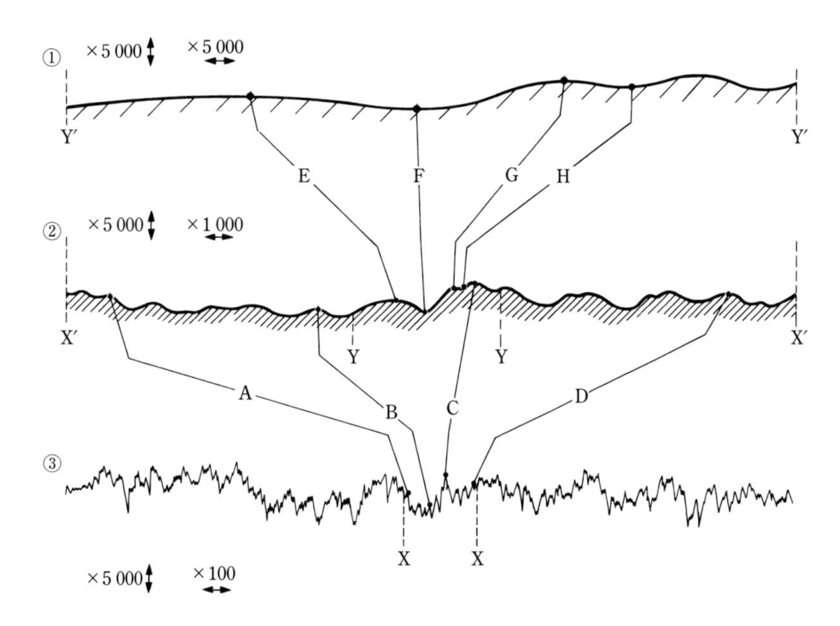

図4−3　横倍率を変えたときの粗さの表現

（2）　輪郭曲線の測定と触針先端形状の選択

触針先端の曲率半径が十分小さく，加工面の輪郭曲線を正しく表示する場合を，横倍率を変えて図4－4に示す。

触針先端の曲率半径が大きくなると，輪郭曲線の細かい凹凸が正しく表示できず，粗さ表示が小さくなる。この関係を図4－5に示す。

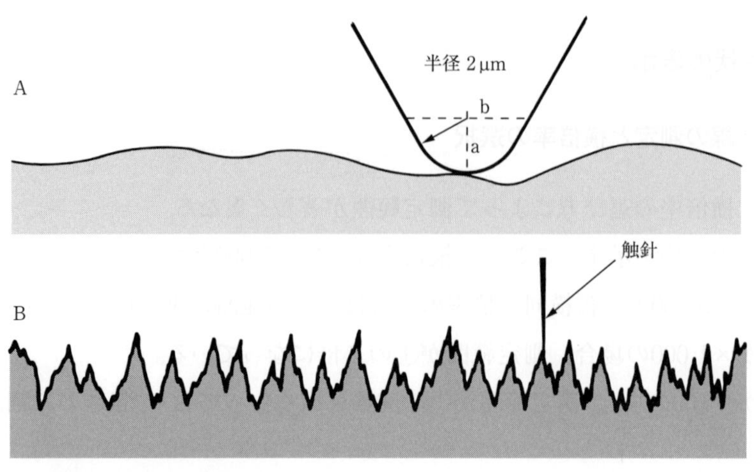

A：触針と表面の相対的寸法
B：縦倍率×5 000，横倍率×100で輪郭曲線を表したときの触針の相対的寸法

図４−４　触針先端の形状と粗さ記録

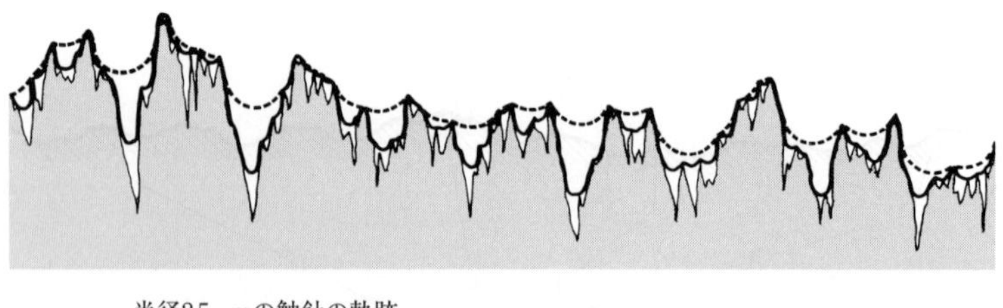

———— 半径2.5 μmの触針の軌跡
-------- 半径12.5 μmの触針の軌跡

図４−５　触針先端の曲率半径による違い

表４−１　カットオフ値と触針先端半径の関係（JIS B 0651：2001）

λc [mm]	λs [μm]	λc/λs	最大r_{tip} [μm]	最大サンプリング間隔 [μm]
0.08	2.5	30	2	0.5
0.25	2.5	100	2	0.5
0.8	2.5	300	2 注(1)	0.5
2.5	8	300	5 注(2)	1.5
8	25	300	10 注(2)	5

λc：粗さ曲線用カットオフ値
r_{tip}：触針先端半径
λc/λs：カットオフ比

注(1)　Ra＞0.5 μm又はRz＞3 μmの表面に対しては，通常，r_{tip}＝5 μmを用いても測定結果に大きな差を生じさせない。

注(2)　カットオフ値λsが2.5 μm及び8 μmの場合，推奨先端半径をもつ触針の機械的フィルタ効果による減衰特性は，定義された通過帯域の外側にある。したがって触針の先端半径又は形状の多少の誤差は，測定値から計算されるパラメータの値にはほとんど影響しない。

特別なカットオフ比が必要な場合には，その比を明示しなければならない。

(3)　輪郭曲線の測定と基準長さ（カットオフ値：λc）の選択及び各種パラメータ

粗さとうねりを区別するパラメータに基準長さ（カットオフ値）がある。例えば，波長が0.8 mm 以上の凹凸をうねりとし，それ以下の凹凸を粗さとする。この波長を基準長さと呼ぶ。この基準長さを使用して，輪郭曲線（断面曲線）から粗さ曲線とうねり曲線に国際的に共通なフィルタを通して分けることができる。

図4－6にあるように，最初に実表面から，ピックアップ（触針式測定子）で測定断面曲線を取り出し，λs 輪郭曲線フィルタにより触針歪やノイズ成分を取り除く。その結果，得られた曲線を「断面曲線」といい，これが，粗さ，うねり，形状の元データとなる。

その断面曲線をλc 輪郭線フィルタを通すことで得られる高周波成分を「粗さ曲線」として求め，残りの低周波線分をλf 輪郭曲線フィルタを通すことで「うねり曲線」として求めることができる。

断面曲線から求めるパラメータをPパラメータ，粗さ曲線から求めるパラメータをRパラメータ，うねり曲線から求めるパラメータをWパラメータという。

なお，基準長さ（λc）は，粗さを評価する目的によって選択する。選択例を表4－2～表

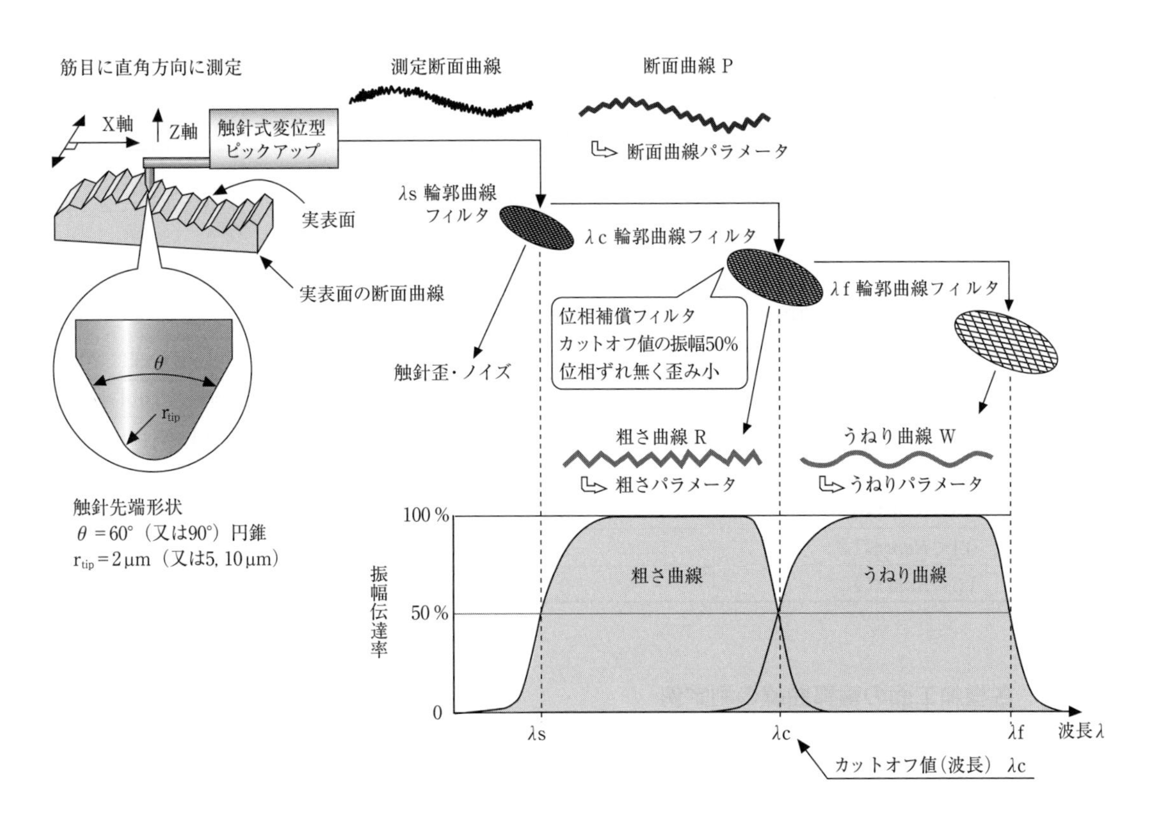

図4－6　測定断面曲線から形状，粗さ，うねりを抽出

４－４（JIS B 0633：2001）に示す。

Ra：粗さ曲線の算術平均粗さ　　*Rz*：粗さ曲線の最大高さ

Rz lmax：*Rz* の合否判定に最大値ルールを適用　　*Rsm*：粗さ曲線の山谷平均間隔

表４－２　非周期的な輪郭曲線の粗さパラメータ *Ra*，*Rq*，*Rsk*，*Rku*，*R*Δ*q* 並びに負荷曲線及び確率密度関数とそれらに関連するパラメータの基準長さ（研削加工面の例）

（JIS B 0633：2001）

Ra［μm］	粗さ曲線の基準長さ *l*r［mm］	粗さ曲線の評価長さ *ln*［mm］
(0.006)＜*Ra*≦0.02	0.08	0.4
0.02＜*Ra*≦0.1	0.25	1.25
0.1＜*Ra*≦2	0.8	4
2＜*Ra*≦10	2.5	12.5
10＜*Ra*≦80	8	40

表４－３　非周期的な輪郭曲線の粗さパラメータ *Rz*，*Rv*，*Rp*，*Rc* 及び *Rt* のための基準長さ（研削加工面の例）

（JIS B 0633：2001）

Rz(1)，*Rz*1max(2)［μm］	粗さ曲線の基準長さ *l*r［mm］	粗さ曲線の評価長さ *ln*［mm］
(0.025)＜*Rz*，*Rz*1max≦0.1	0.08	0.4
0.1＜*Rz*，*Rz*1max≦0.5	0.25	1.25
0.5＜*Rz*，*Rz*1max≦10	0.8	4
10＜*Rz*，*Rz*1max≦50	2.5	12.5
50＜*Rz*，*Rz*1max≦200	8	40

注(1)　*Rz*は，*Rz*，*Rv*，*Rp*，*Rc*及び*Rt*を測定する際に用いる。
　(2)　*Rz*1maxは，*Rz*1max，*Rv*1max，*Rp*1max及び*Rc*1maxを測定する際にだけ用いる。

表４－４　周期的な粗さ曲線の粗さパラメータの測定及び周期的・非周期的な輪郭曲線の *Rsm* 測定のための基準長さ

（JIS B 0633：2001）

Rsm［mm］	粗さ曲線の基準長さ *l*r［mm］	粗さ曲線の評価長さ *ln*［mm］
0.013＜*Rsm*≦0.04	0.08	0.4
0.04＜*Rsm*≦0.13	0.25	1.25
0.13＜*Rsm*≦0.4	0.8	4
0.4＜*Rsm*≦1.3	2.5	12.5
1.3＜*Rsm*≦4	8	40

（４）　各種加工面の輪郭曲線の測定例

代表的加工面の粗さ測定例を図４－７に示す。

（ａ）　形削り面，（ｂ）　エンドミル加工面，（ｃ）　きさげ加工面，（ｄ）　研削面，

（ｅ）　仕上げ研削面，（ｆ）　ダイヤモンド旋削面，（ｇ）　ラップ加工面

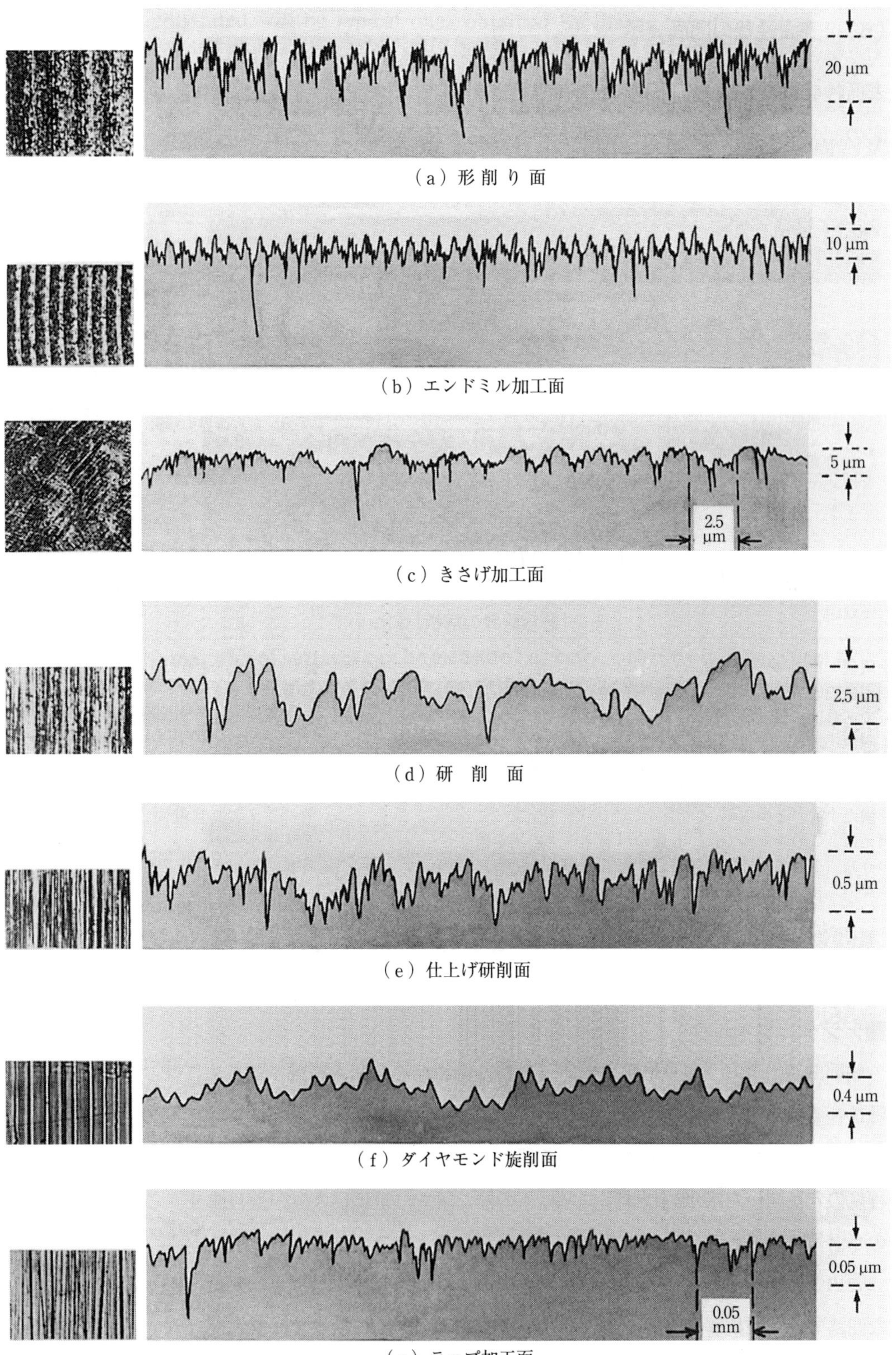

図4-7　各種加工面と輪郭曲線

（５） 表面性状の図面表示

表面性状に関する指示記号の，表面粗さの値，カットオフ値又は基準長さ，加工方法，筋目方向の記号，表面うねりなどを図４－８で示す位置に配置して表す。

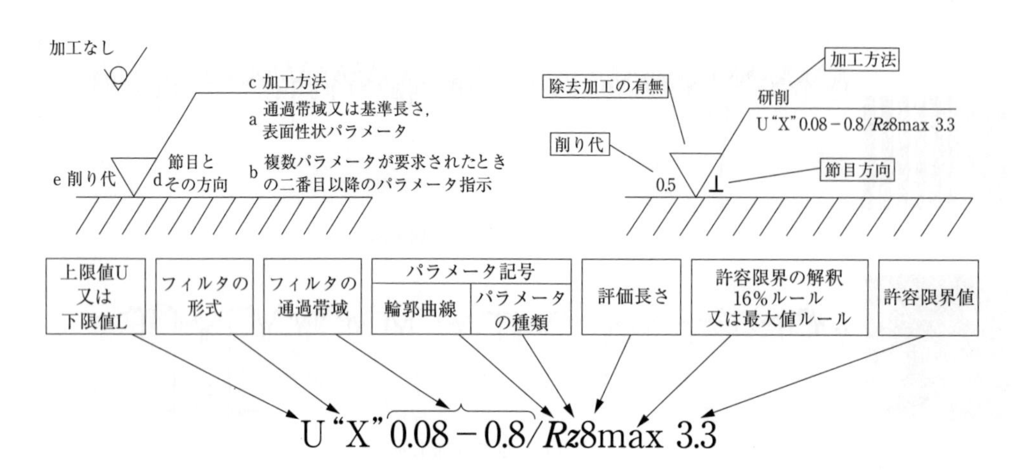

「許容限界の解釈」について※

・上限値・16％ルール（基準）
測定値のうち，指示された要求値を超える数が16％以下であれば，要求値を満たすものとするルールである。

・下限値・16％ルール（Lで表示）
要求値がパラメータの下限値で示されている場合には，要求値より小さくなる数が16％以下であれば，要求値を満たすものとする。
例えば，このルールでは，６個のパラメータの測定値のうち，１個までは要求値を超えたものがあっても，この表面は要求値を満たすものとする（JIS B 0633参照）。

・最大値・maxルール（maxの添字が付いている場合）
対象面全域で求めた測定値のすべてが規格値以下のとき合格。
（指示例）*Rz*max 1.6のとき
意味：最大高さ粗さ
最大値ルール
片側許容限界　上限値1.6

図４－８　表面性状　指示記号とその意味（JIS B 0031：2003）
（※出所：「JIS B 0031：2003　改正のポイント」実教出版，2005）

■デジタルフィルタ

輪郭曲線から，うねりや粗さといった目的の周期の凸凹を獲得するためには，フィルタ処理と呼ばれる信号処理を行います。

例えば，大豆とゴマが混ざっている器があったとき，これを分けるためには，大豆が通らない程度の穴が開いた笊（ざる）があれば，ゴマは下の器に落ち，笊には大豆が残ります。この笊のようなものが信号処理にもあり，これをフィルタと考えてよいでしょう。

このフィルタ処理という信号処理は，アナログ（連続的な物理量）領域で働くもので，古典的な回路では，抵抗器，コンデンサなどで構成され，アナログフィルタと呼ばれています。それに対し，デジタルフィルタは数学の関数やアルゴリズムとして構成することができるため，ほぼすべてのフィルタ効果を再現できるとされています。

例えば，0.25 mm を境界とした低域通過回路（ローパスフィルタ）で，0.25 mm 以下の波長データを完全に遮断し，かつ，0.25 mm 以上の波長データをほぼ完全に通過させる特性のフィルタを構成することは困難ではありません。しかし，アナログフィルタで構成しようとした場合，物理特性上，緩やかな減衰特性をもつため，特定の周期を境に完全に分離することは極めて困難です。

現在の JIS 規格では，輪郭曲線はデジタル信号化され，デジタルフィルタによる信号処理となっています。また，可逆的に旧規格のアナログフィルタ処理もデジタルフィルタにより再現できるようになっています。

1.2　輪郭曲線パラメータの定義（JIS B 0601：2013）

（1）　山及び谷の高さパラメータ

①　輪郭曲線の最大山高さ（maximum profile peak height）

基準長さにおける輪郭曲線の山高さ Zp の最大値（図4－9）。

断面曲線の最大山高さ Pp，粗さ曲線の最大山高さ Rp 及びうねり曲線の最大山高さ Wp がある。

②　輪郭曲線の最大谷深さ（maximum profile valley depth）

基準長さにおける輪郭曲線の谷深さ Zv の最大値（同図）。

断面曲線の最大谷深さ Pv，粗さ曲線の最大谷深さ Rv 及びうねり曲線の最大谷深さ Wv がある。

③　輪郭曲線の最大高さ（maximum height of profile）

基準長さにおける輪郭曲線の山高さ Zp の最大値 と谷深さ Zv の最大値との和（同図）。

断面曲線の最大高さ Pz，最大高さ粗さ Rz 及び最大高さうねり Wz がある。

$$Pz,\ Rz,\ Wz = Zp + Zv$$

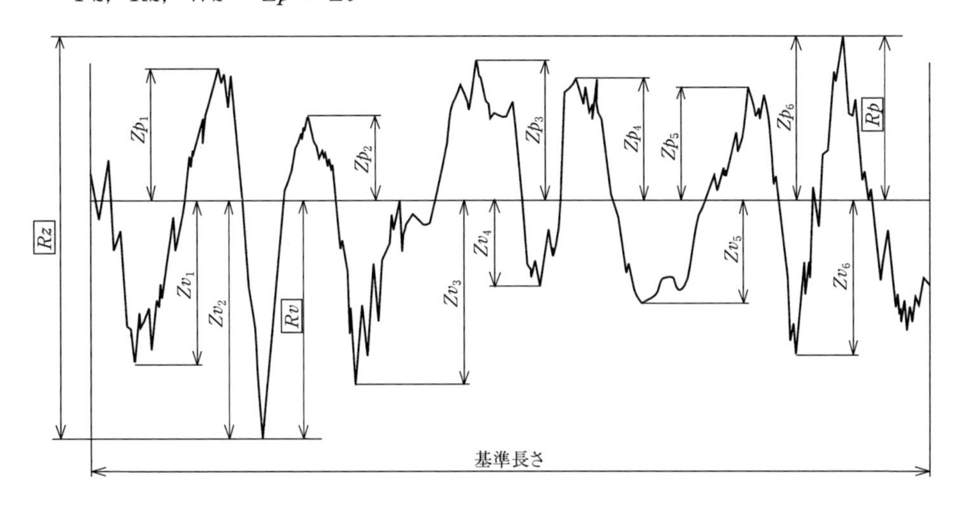

図4－9　輪郭曲線の最大高さ（粗さ曲線の例）（JIS B 0601：2013）

④　輪郭曲線要素の平均高さ（mean height of profile elements）

基準長さにおける輪郭曲線要素の高さ Zt の平均値（図４－10）。

断面曲線要素の平均高さ Pc，粗さ曲線要素の平均高さ Rc 及びうねり曲線要素の平均高さ Wc がある。

$$Pc,\ Rc,\ Wc=\frac{1}{m}\sum_{i=1}^{m} Zt_i$$

備考１：パラメータ Pc, Rc, Wc では，山及び谷と判断する最小高さ及び最小長さの識別が必要である。指示がない限り，標準的な最小高さの識別は，それぞれ Pz, Rz, Wz の10％とし，最小長さの識別は，基準長さの１％とする。この二つの条件は，満たされなければならない。

２：m は，基準長さ中の輪郭曲線要素の数を示す。

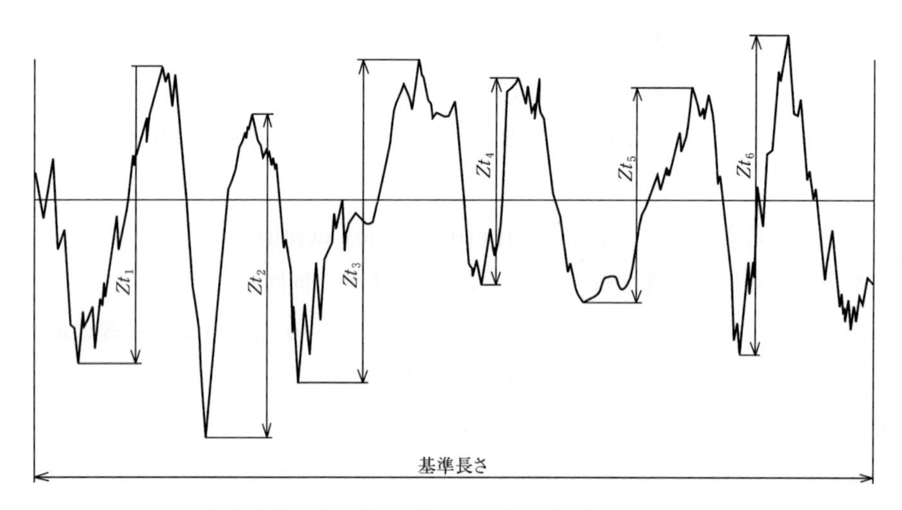

図４−10　輪郭曲線要素の高さ（粗さ曲線の例）（JIS B 0601：2013）

⑤　輪郭曲線の最大断面高さ（total height of profile）

評価長さにおける輪郭曲線の山高さ Zp の最大値と谷深さ Zv の最大値との和。

断面曲線の最大断面高さ Pt，粗さ曲線の最大断面高さ Rt 及びうねり曲線の最大断面高さ Wt がある。

備考１：Pt, Rt, Wt は，基準長さではなく評価長さによって定義されるので，すべての輪郭曲線に対して次の関係が成り立つ。

$$Pt \geqq Pz, \qquad Rt \geqq Rz, \qquad Wt \geqq Wz$$

２：Pz が Pt に等しい場合には，Pt の使用を推奨する。

（①～⑤について）

備考：以上のパラメータは，使用する表面に大きな力（圧）がかけられる場合の表面の評価に多く使用される。

(2)　高さ方向のパラメータ

①　輪郭曲線の算術平均高さ (arithmetical mean deviation of the assessed profile)

基準長さにおける $Z(x)$ の絶対値の平均（図4－11)。

断面曲線の算術平均高さ Pa，算術平均粗さ Ra 及び算術平均うねり Wa がある。

$$Pa, Ra, Wa = \frac{1}{l}\int_0^l |Z(x)|\,\mathrm{d}x$$

輪郭曲線を平均線で区切り，その囲まれた面積の総和を基準長さで割ったもので，輪郭曲線の高さの平均

ここに，l は lp，lr 又は lw である。

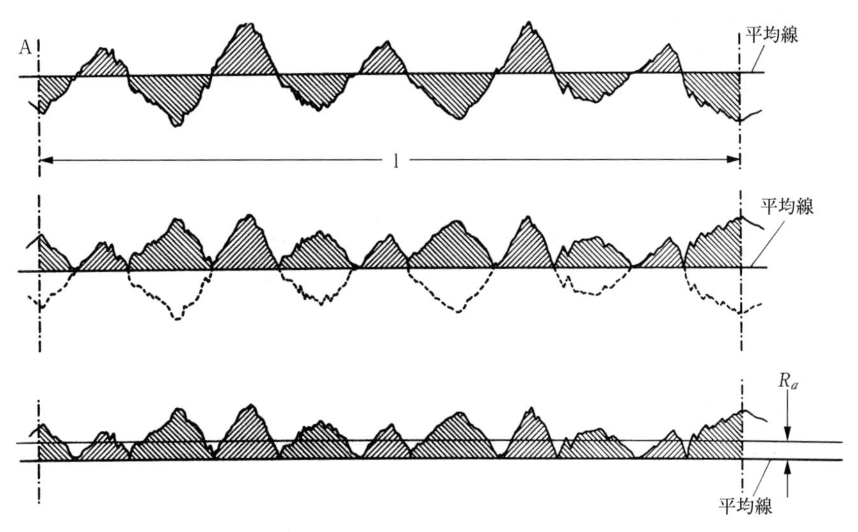

図4－11　輪郭曲線の算術平均高さ（Ra）の求め方

②　輪郭曲線の二乗平均平方根高さ（root mean square deviation of the assessed profile)

基準長さにおける $Z(x)$ の二乗平均平方根。

断面曲線の二乗平均平方根高さ Pq，二乗平均平方根粗さ Rq 及び二乗平均平方根うねり Wq がある。

$$Pq, Rq, Wq = \sqrt{\frac{1}{l}\int_0^l Z^2(x)\,\mathrm{d}x}$$

平均線から山及び谷の散らばりを表す標準偏差

ここに，l は lp，lr 又は lw である。

上記二つのパラメータは，表面を平均的に評価することが可能で，製造工程などの管理に便利なパラメータである。

③　輪郭曲線のスキューネス（skewness of the assessed profile）

それぞれ，Pq, Rq 又は Wq の三乗によって無次元化した基準長さにおける $Z(x)$ の三乗平均（図4－12）。

断面曲線のスキューネス Psk，粗さ曲線のスキューネス Rsk 及びうねり曲線のスキューネス Wsk がある。

$$Rsk=\frac{1}{Rq^3}\left[\frac{1}{lr}\int_0^{lr}Z^3(x)\,\mathrm{d}x\right]$$

平均線付近に輪郭曲線が存在する確率が山，谷に均等に正規分布するのか，又は偏って分布するのかを確認するための指標

備考1：上記の式は Rsk の定義である。Psk 及び Wsk も同様に定義される。

2：Psk, Rsk 及び Wsk は，輪郭曲線の確率密度関数の非対象性の度合を示す数値（統計用語では，歪(わい)度）である。

3：これらのパラメータは，突出した山又は谷の影響を強く受ける。
Rsk が0に近い値の場合は，表面は平均線に対し輪郭曲線が対称であることを示している。
Rsk が負の値の場合は，図4－12上に示すように潤滑を伴うしゅう動面に適している。
Rsk が正の値の場合は，図4－12下に示すような形状になり，ラッピング加工の過程などに適している。

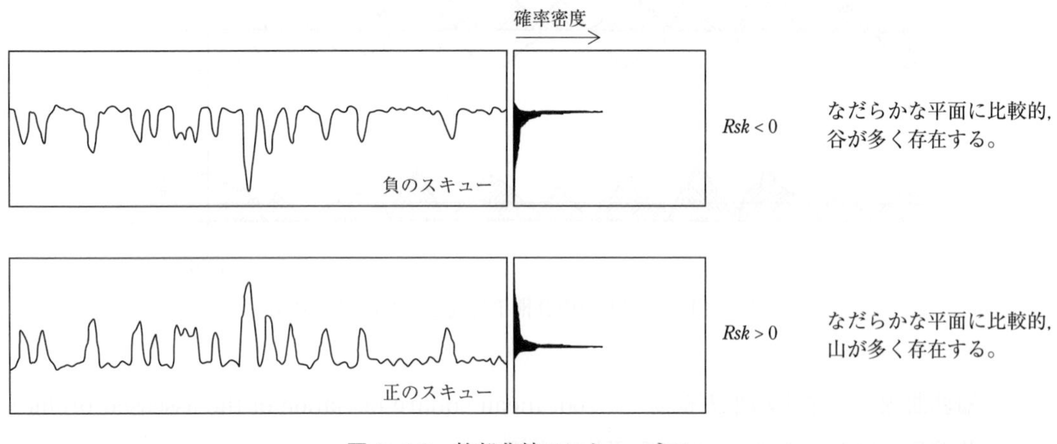

図4－12　輪郭曲線のスキューネス

④　輪郭曲線のクルトシス（kurtosis of the assessed profile）

それぞれ Pq, Rq, Wq の四乗によって無次元化した基準長さにおける $Z(x)$ の四乗平均（図4－13）。

断面曲線のクルトシス Pku，粗さ曲線のクルトシス Rku 及びうねり曲線のクルトシス Wku がある。

$$Rku=\frac{1}{Rq^4}\left[\frac{1}{lr}\int_0^{lr}Z^4(x)\,\mathrm{d}x\right]$$

平均線付近に輪郭曲線が存在する確率が高いのか，又は山の頂点及び谷の底に輪郭曲線が存在する確率が高いのかを確認するための指標

備考1：上記の式は *Rku* の定義である。*Pku* 及び *Wku* も同様に定義される。

2：*Pku*, *Rku* 及び *Wku* は，輪郭曲線の確率密度関数のとがり（鋭さ）の度合を示す数値（統計用語では，尖(せん)度）である。

3：これらのパラメータは，突出した山の頂点の形状又は谷の底の形状の影響を強く受ける。

$Rku < 3$（なだらかな山）

$Rku = 3$（均衡のとれた混合山）

$Rku > 3$（とがっている山）

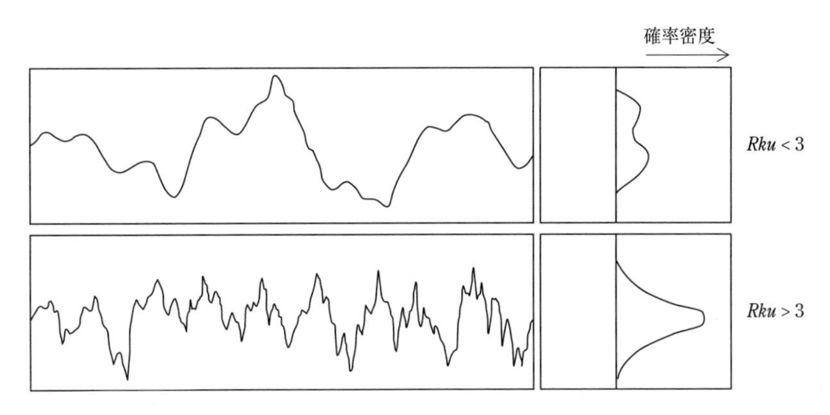

図4−13　輪郭曲線のクルトシス

(3)　横方向のパラメータ

① 輪郭曲線要素の平均長さ（mean width of the profile elements）

基準長さにおける輪郭曲線要素の長さ *Xs* の平均（図4 −14)。

断面曲線要素の平均長さ *PSm*，粗さ曲線要素の平均長さ *RSm* 及びうねり曲線要素の平均長さ *WSm* がある。

$$PSm,\ RSm,\ WSm = \frac{1}{m}\sum_{i=1}^{m} Xs_i$$

m は，基準長さ内における輪郭曲線の1つの山と1つの谷を1周期とした周期の個数

備考1：パラメータ *PSm*, *RSm* 及び *WSm* では，山及び谷と判断する最小高さ及び最小長さの識別が必要である。識別可能な最小高さの標準値は，*Pz*, *Rz*, 又は *Wz* の10 %とする。識別可能な最小長さの標準値は，基準長さの1 %とする。この二つの条件を両方満足するように，山及び谷を決定した上で，輪郭曲線要素の平均長さを求める。

2：*m* は，基準長さ中の輪郭曲線要素の数を示す。

② 輪郭曲線要素に基づくピークカウント数（peak count number）

輪郭曲線の長さ *L* に含まれる輪郭曲線要素の平均長さの数。

断面曲線要素に基づくピークカウント数 *PPc*，粗さ曲線要素に基づくピークカウント数 *RPc* 及びうねり曲線要素に基づくピークカウント数 *WPc* がある。

$$RPc = \frac{L}{RSm}$$

備考１：上記の式は，RPc の定義である。PPc 及び WPc も同様に定義される。
　　２：特別に指示がない限り，長さ L は10 mm とする。

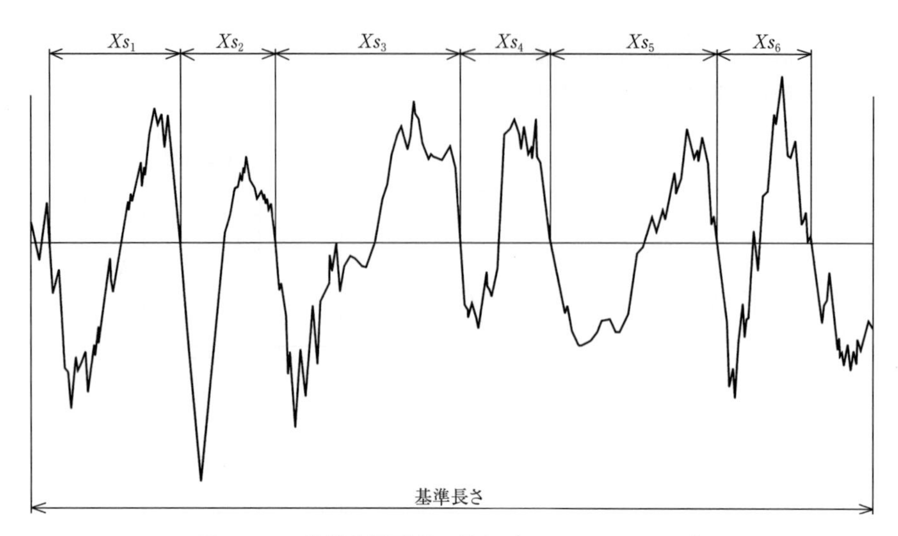

図４−14　輪郭曲線要素の長さ（JIS B 0601：2013）

（４）　複合パラメータ

①　輪郭曲線の二乗平均平方根傾斜（root mean square slope of the assessed profile）

基準長さ lr における局部傾斜 $\frac{\mathrm{d}Z(x)}{\mathrm{d}x}$ の二乗平均平方根（図４−15）。

断面曲線の二乗平均平方根傾斜 $P\Delta q$，粗さ曲線の二乗平均平方根傾斜 $R\Delta q$ 及びうねり曲線の二乗平均平方根傾斜 $W\Delta q$ がある。

$$P\Delta q, R\Delta q, W\Delta q = \sqrt{\frac{1}{lr}\int_0^{lr}\left[\frac{\mathrm{d}Z(x)}{\mathrm{d}x}\right]^2 \mathrm{d}x}$$

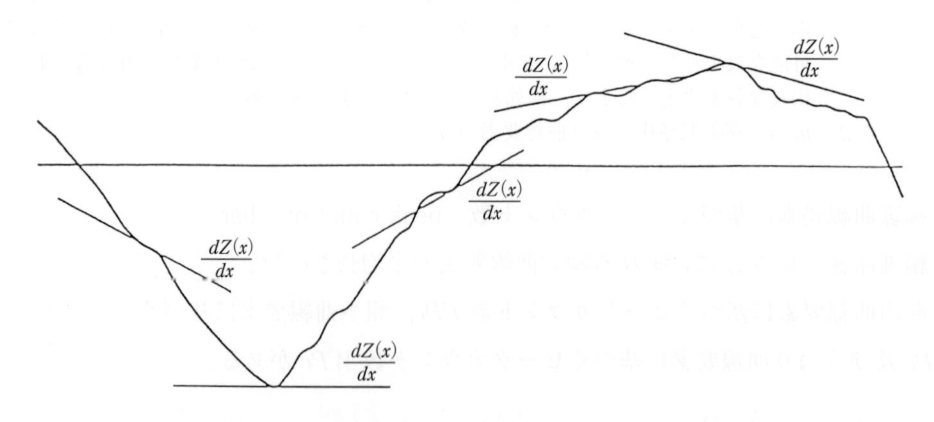

図４−15　局部傾斜（JIS B 0601：2013）

このパラメータは，次の評価を行うのに有効である。

・摩擦力：高い傾斜間の面では摩擦力が大きくなる。

・反射率：高い傾斜面では反射率が低くなる。

・弾性率：高い傾斜面では荷重により表面のひずみが大きくなりやすい。

・摩耗率：高い傾斜面では摩耗が早くなる。

（5）　輪郭曲線の負荷曲線及び確率密度関数並びにそれらに関連するパラメータ

備考：負荷曲線及び確率密度関数とそれに関連するパラメータは，安定した結果を得るために，基準長さではなく評価長さによって定義する。

①　輪郭曲線の負荷長さ率（material ratio of the profile）

評価長さに対する切断レベル c における輪郭曲線要素の負荷長さ $Ml(c)$ の比。

断面曲線の負荷長さ率 $Pmr(c)$，粗さ曲線の負荷長さ率 $Rmr(c)$ 及びうねり曲線の負荷長さ率 $Wmr(c)$ がある。

$$Pmr(c),\ Rmr(c),\ Wmr(c) = \frac{Ml(c)}{ln}$$

ここで高さ c における輪郭曲線の負荷長さ(material length of profile at the level c)$Ml(c)$ は，X 軸（平均線）に平行な高さ（以下，切断レベルという）c の直線によって切断された輪郭曲線要素の実体側の長さの和（図4－16)。

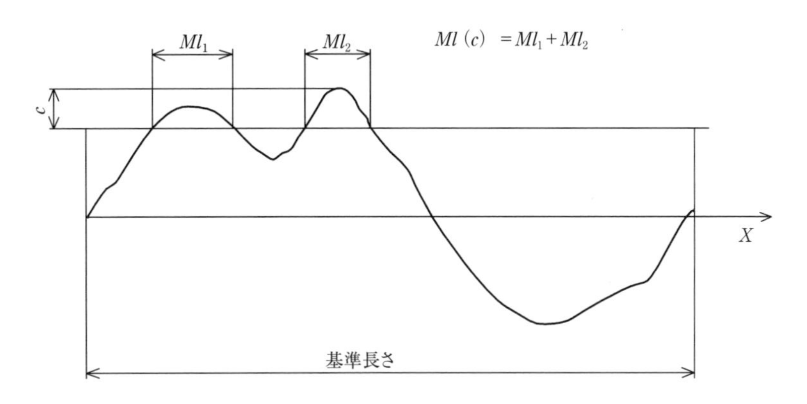

図4-16　輪郭曲線の実体側の長さ（JIS B 0601：2013）

②　輪郭曲線の負荷曲線（アボットの負荷曲線）[material ratio curve of the profile（Abott Firestone curve)]

切断レベル c の関数として表された輪郭曲線の負荷長さ率の曲線（図4－17)。

断面曲線の負荷曲線，粗さ曲線の負荷曲線及びうねり曲線の負荷曲線がある。

備考：この曲線は，評価長さにおける高さ $Z(x)$ の確率と解釈することができる。

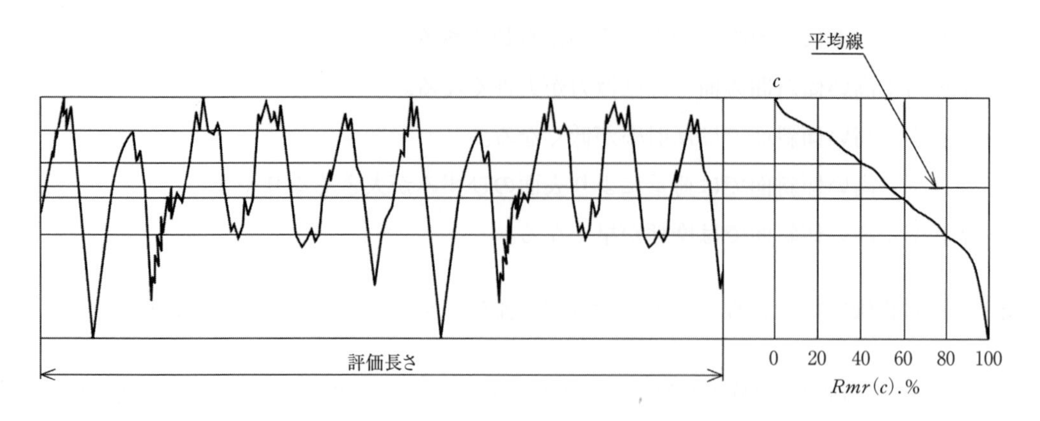

図4−17　輪郭曲線の負荷曲線（粗さ曲線の例）（JIS B 0601：2013）

③　輪郭曲線の切断レベル差（profile section height difference）

与えられた二つの負荷長さ率に一致する高さ方向の切断レベルの差（図4−18）。

断面曲線の切断レベル差 $P\delta c$，粗さ曲線の切断レベル差 $R\delta c$ 及びうねり曲線の切断レベル差 $W\delta c$ がある。

$$R\delta c = c(Rmr1) - c(Rmr2)\ ;\ Rmr1 < Rmr2$$

備考1：上記の式は，$R\delta c$ の定義である。$P\delta c$ 及び $W\delta c$ も同様に定義される。

2：高さの方向を正とすれば，切断レベル c の基準（原点）を任意に設定しても，図4−17及び図4−18の関係が得られる。ただし，Rmr（c）＝100％での c は0とは限らないので，原点の位置を Rmr（c）のパーセント表示などで明記することが望ましい。

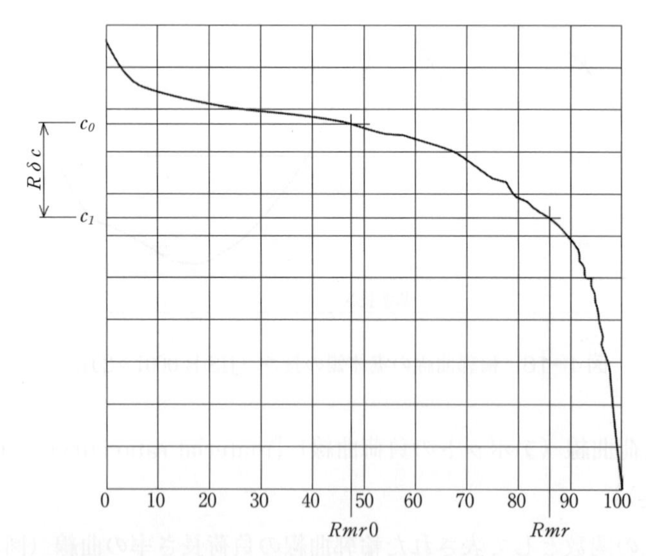

図4−18　輪郭曲線における異なった切断レベル（粗さ曲線の例）（JIS B 0601：2013）

④　相対負荷長さ率（relative material ratio）

基準とする切断レベル c_0 と輪郭曲線の切断レベル差 $R\delta c$ とによって決まる負荷長さ率。

断面曲線の相対負荷長さ率 Pmr，粗さ曲線の相対負荷長さ率 Rmr 及びうねり曲線の相対負荷長さ率 Wmr がある。

$$Pmr, Rmr, Wmr = Pmr\ (c_1), Rmr\ (c_1), Wmr\ (c_1)$$

ここに，

$$c_1 = c_0 - R\delta c\ (\text{又は}\ P\delta c,\ \text{又は}\ W\delta c)$$

$$c_0 = c\ (Rmr\,0)\ [\text{又は}\ c\ (Pmr\,0),\ \text{若しくは}\ c\ (Wmr\,0)]$$

これらのパラメータは，潤滑を必要とするしゅう動面の制御に使用される。

⑤　輪郭曲線の確率密度関数（profile height amplitude curve）

評価長さにわたって得られる高さ $Z(x)$ の確率密度関数（図4－19）。

断面曲線の確率密度関数，粗さ曲線の確率密度関数及びうねり曲線の確率密度関数がある。

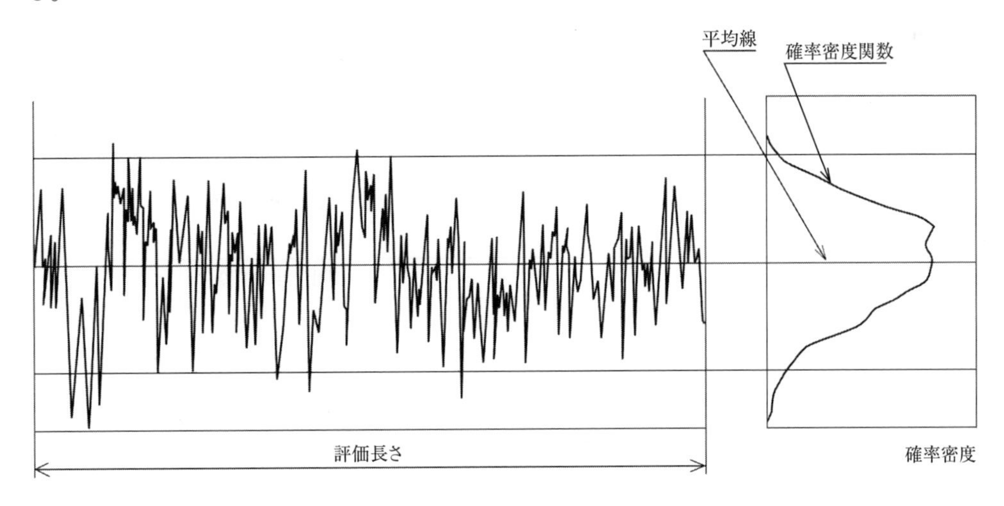

図4－19　輪郭曲線の確率密度関数（JIS B 0601：2013）

（6）　新旧の JIS 規格

表面性状を表す JIS 規格の各パラメータは ISO 規格を基に，表4－5に示すように改定されてきた。したがって，既に発行済みの文書情報や図面を用いた測定評価の際に，十分注意することが必要である。

また，表4－6も照らし合わせ，旧規格との混同を避けなければならない。

現在の ISO の規格では，表面性状を三次元的な空間座標として $X-Y-Z$ の三次元座標系を念頭に，面の高さ方向を Z と定義している。この変更に伴って，旧規格であった最大高さ粗さ R_y が最大高さ粗さ Rz となり，十点平均粗さ R_z は ISO の規格から削除されるということになった。

しかし，十点平均粗さという測定パラメータは，我が国においては歴史があり広く普及していたため，JISの附属書に Rz_{JIS} として継承し，過去の設計資料の測定規格の互換性を保つこととなった。

したがって，既に発行済みの文書情報や図面を用いた測定評価の際には，R_z の記述に，十分に注意することが必要である。

表４−５　表面性状を表すJIS規格の改定
（出所：（株）東京精密「表面粗さ・輪郭形状測定器カタログ」）

比較仕様＼規格番号		JIS B 0601 : '52	JIS B 0601 : '70	JIS B 0601 : '82 JIS B 0031 : '82	JIS B 0601 : '94 JIS B 0031 : '94	JIS B 0601 : '01 ISO 4287 : '97/ISO 1302 : '02
粗さ曲線	粗さ曲線	−	2RC･短波長 カットオフλc	2RC･短波長 カットオフλc	位相補償･短波長λc	位相補償･帯域 λs−λc
	評価する範囲	−	1測定長さ≧3λc	1測定長さ≧3λc	基準長さλc毎，*ln*で平均	基準長さλc毎，個々に
	最大高さ	−	−	−	最大高さ*Ry*	最大高さ*Rz*
	十点平均粗さ	−	−	−	*Rz*	Rz_{JIS}
	中心線平均粗さ	−	*Ra*（a表示）	*Ra*	*Ra*75	*Ra*75
	算術平均粗さ	−	−	−	算術平均粗さ*Ra*	算術平均粗さ*Ra*
	山谷平均間隔	−	−	−	凹凸の平均間隔Sm	粗さ曲線要素の 平均長さ*RSm*
	局部山頂間隔	−	−	−	局部山頂平均間隔S	−
	負荷長さ率	−	−	−	負荷長さ率 tp（基準長さ毎）	負荷長さ率 *Rmr*（評価長さ全体で）
	他の高さパラメータ	−	−	−	−	*Rp*, *Rv*, *Rt*, *Re*, *Rq*
	高さ特徴パラメータ	−	−	−	−	*Rsk*, *Rku*
	複合パラメータ他	−	−	−	−	*RΔq*, *Rδc*, *Rmr*
合否判定法	平均	数点の測定値の 平均値で比較判定	数点の測定値の 平均値で比較判定	数点の測定値の 平均値で比較判定	全基準長さ毎の 平均値で比較判定	−
	16％	−	−	−	−	16％ルール 範囲外数が16％以下
	最大	−	−	−	−	maxルール すべての測定値が範囲内

表４−６　JIS B 0601：2013とJIS B 0601：1994及びJIS B 0660：1998とのパラメータ記号の相違

（ａ）基本用語　(JIS B 0601 : 2013)

JIS B 0601 : 2013 の基本用語	JIS B 0601 : 1994 及び JIS B 0601 : 1998 の記号	JIS B 0601 : 2013 の記号
基準長さ	l	lp, lr, lw [a)]
評価長さ	l_n	ln
縦座標値	y	$Z(x)$
局部傾斜	−	$\frac{dZ(x)}{dx}$
輪郭曲線の山高さ	y_p	Zp
輪郭曲線の谷深さ	y_v	Zv
輪郭曲線要素の高さ	−	Z_t
輪郭曲線要素の長さ	−	Xs
レベルcにおける輪郭曲線の負荷長さ	η_p	$Ml(c)$

注 a)　異なった三つの輪郭曲線の基準長さは，次の名称とする。
lp（断面曲線），lr（粗さ曲線），lw（うねり曲線）

（ｂ）表面性状パラメータ（粗さパラメータの例）　(JIS B 0601 : 2013)

JIS B 0601 : 2013 のパラメータ	JIS B 0601 : 1994 及び JIS B 0660 : 1998 の記号	JIS B 0601 : 2013 の記号	輪郭曲線の長さ	
			評価長さ ln	基準長さ [a)]
粗さ曲線の最大山高さ	R_p	Pp [b)]	−	○
粗さ曲線の最大谷深さ	R_m	Rv [b)]	−	○
最大高さ粗さ	R_y	Rz [b)]	−	○
粗さ曲線要素の平均高さ	R_c	Rc [b)]	−	○
粗さ曲線の最大断面高さ	−	Rt [b)]	○	−
算術平均高さ	R_a	Ra [b)]	−	○
二乗平均平方根粗さ	R_q	Rq [b)]	−	○
粗さ曲線のスキューネス	S_k	Rsk [b)]	−	○
粗さ曲線のクルトシス	−	Rku [b)]	−	○
粗さ曲線要素の平均長さ	S_m	RSm [b)]	−	○
粗さ曲線要素に基づくピークカウント数	−	RPc [b)]	− [d)]	− [d)]
粗さ曲線の二乗平均平方根傾斜	Δ_q	$R\Delta q$ [b)]	−	○
粗さ曲線の負荷長さ率	t_p	$Rmr(c)$ [b)]	○	−
粗さ曲線の切断レベル差	−	$R\delta c$ [b)]	○	−
粗さ曲線の相対負荷長さ率	−	Rmr [b)]	○	−
十点平均粗さ（ISO 4287：1997から削除）	R_z	R_{zJIS} [c)]	−	○

注 a)　粗さ，うねり及び断面曲線パラメータに対する基準長さは，それぞれ lr，lw 及び lp である。lp は，ln に等しい。
b)　パラメータは，断面曲線，うねり曲線及び粗さ曲線の３種類の輪郭曲線に対して定義される。この表には，粗さパラメータだけを示してある。一例として，３種類のパラメータは，Pa（断面曲線パラメータ），Wa（うねりパラメータ）及び Ra（粗さパラメータ）のように表示する。
c)　十点平均粗さは，JIS だけの粗さパラメータであり，断面曲線及びうねり曲線には適用しない。
d)　長さは L であり，特別に指示がない限り L は10 mm とする。

1.3　表面うねり

表面うねりとは，粗さに比較すれば大きい間隔をもって繰り返される起伏であり，面全体から見ると小さい間隔となる。したがって，測定範囲を大きくとり，表面粗さに相当する小さい波長を取り除いて現れた起伏が表面うねりとなる。測定の対象となる範囲は，要求される機械部分の長さと仕上げ面によって異なる。

1.4　表面性状の測定方法

（1）　触針法による測定

図4－20に示すように，被測定面の上に針を軽く接触させながら移動し，表面の凸凹に応じて上下する針の微動を電気的又は光てこを応用して拡大し，指示部に表面粗さを表示又は記録する。また，表面粗さと輪郭形状などを一括に測定することが可能なCNC付きの表面性状測定機も製品化されている（図4－21）。

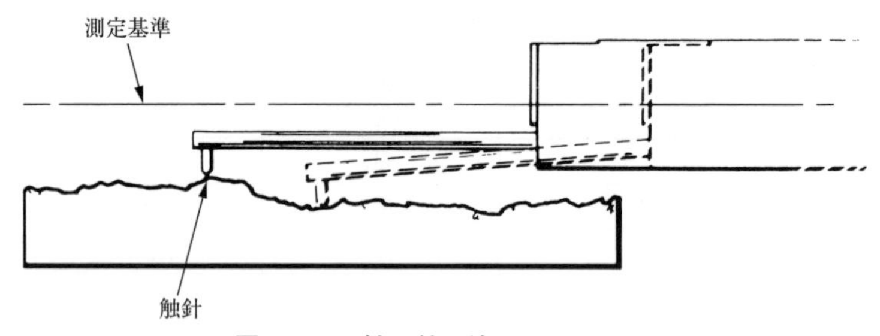

図4－20　触　針　法

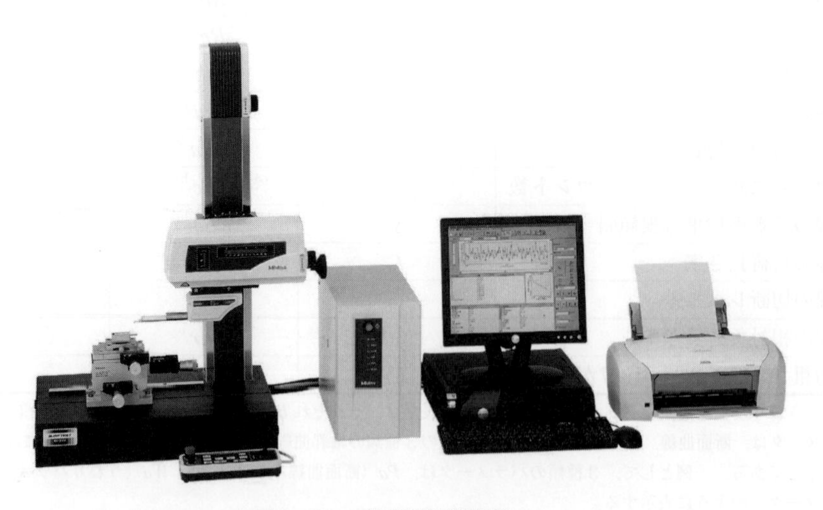

図4－21　表面性状測定機
（出所：（株）ミツトヨ「精密測定機器・総合カタログ No.13」）

（２）　非接触表面性状測定機

光波干渉式，光切断式，電気容量式など，非接触表面性状測定の方式は様々である。

図４－22（ａ）にある計測データは，レーザ変位計を用いたもので，微小なスポット径の高精度レーザとオートフォーカス機構で，表面の微細な凹凸を検出・追尾する。その追尾の変位量を読み取り，微細表面性状（形状，粗さ）を，非接触で計測することが可能である。また，計測ソフト及び解析ソフトを用いて計測，解析を行い，三次元データ化も可能である。

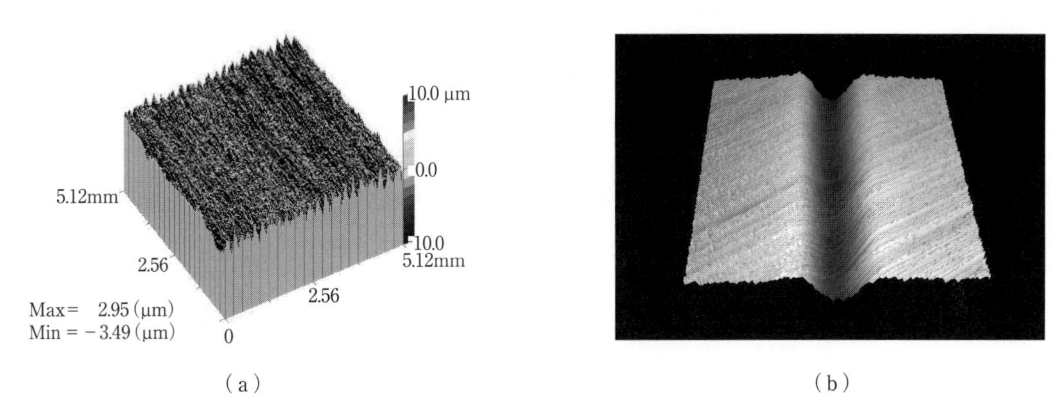

（ａ）　（ｂ）

図４−22　非接触表面性状測定機による測定例
（出所：（ａ）日鉄テクノロジー㈱，（ｂ）アメテック㈱ ZYGO 事業部）

次に被測定面の凸凹から反射される光と，標準反射面からの反射光との位相の差によって生じる干渉じまを顕微鏡で拡大して観察する測定法である。

図４－23にその構造図を示す。顕微鏡対物レンズの先にビームスプリッタをもち，物体と小さな参照面（リファレンス平面）上に焦点が結ばれるミラウ干渉計を応用した表面性状測定機である。白色光源を用い，CCD センサを受光素子としているため，被測定面を機械的に走査する必要はない。

参照面をピエゾ素子により間欠的に上下方向に移動して位相を走査し，そのつど干渉じまを取り込み，デジタル演算を行い，高精度微細形状を得る。図４－22（ｂ）は，光波干渉法による計測データである。

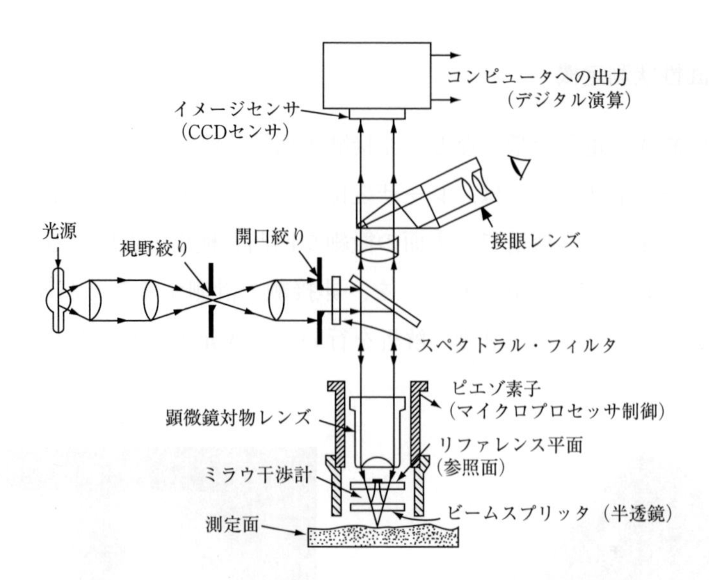

図４−23　ミラウ干渉計を応用した表面粗さ測定機の光学系

第２節　真直度の測定

真直度とは，機械の表面もしくは中心軸などの直線部分の幾何学的直線からの狂いの大きさをいう。

2.1　真直度の表示

機械の直線であるべき対象によって，真直度の表示方式が異なる。

（1）　一定方向の真直度

定められた方向を含む幾何学的平面で，機械の表面を垂直に切断して断面輪郭を得る。断面輪郭には粗さも含まれるが，真直度に比べて一般に極めて小さく，粗さを無視した断面輪郭を真直度輪郭と呼ぶ。この関係を図４－24（ａ）に，図面指示例を同図（ｂ）に示す。

真直度輪郭を平行な２直線で挟み，その最小値を真直度と定義する（同図（ｃ））。

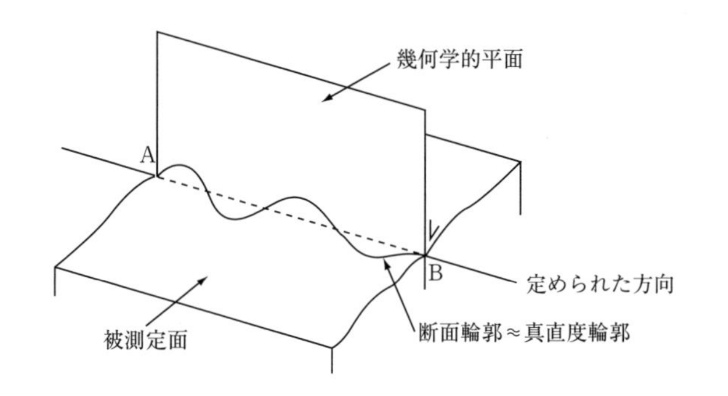

（ａ）Ａ，Ｂ間の真直度

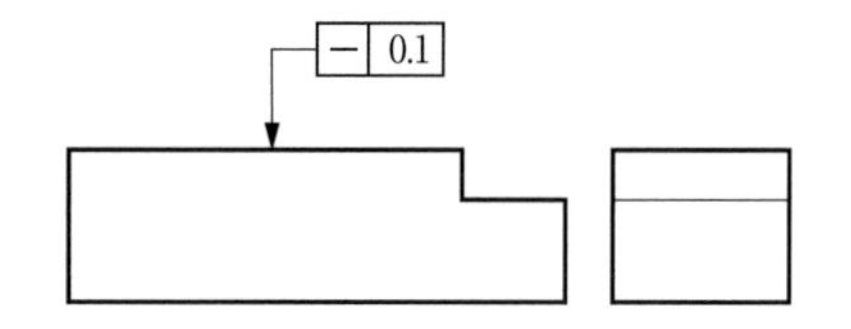

（ｂ）真直度の図面指示例（JIS B 0021：1998）

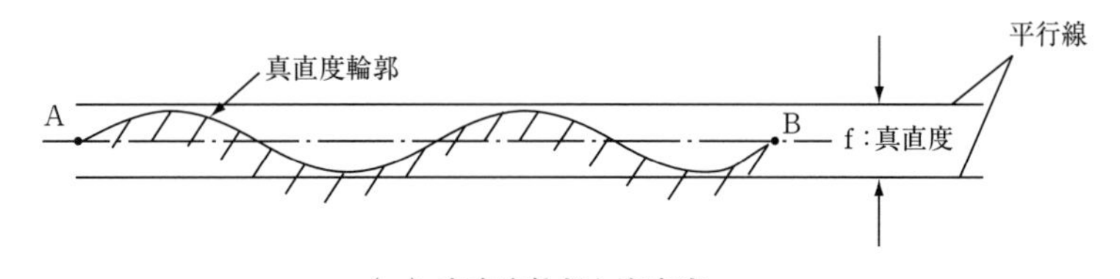

（ｃ）真直度輪郭と真直度

図４−24　真直度（一定方向）

（2）　互いに直角な２方向における真直度

四角断面の棒状部品の真直度を表示する場合に用いる。

断面の平均厚さの中心を断面平均中心と呼ぶと，棒状部品の長手方向に結んだ断面平均中心の軌跡の真直度を，上述（1）と同様の方法で算出する。断面中心の軌跡は，互いに直角な2方向で表示される。この関係を図4－25（a），（b）に，図面指示例を同図（c）に示す。

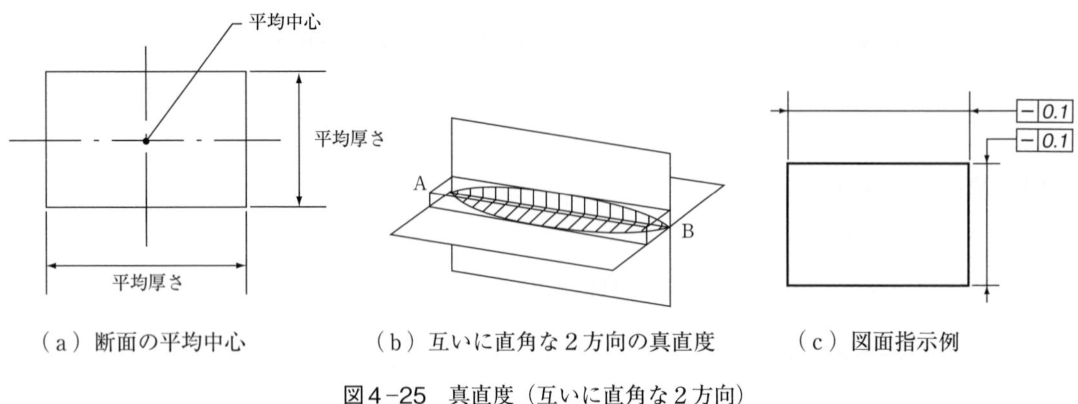

（a）断面の平均中心　（b）互いに直角な2方向の真直度　（c）図面指示例

図4－25　真直度（互いに直角な2方向）

（3）　一般の真直度

断面が円形あるいはその他の形状をもつ，軸又は穴の軸心の軌跡の真直度の表示を考える。例えば，円形断面の場合，断面の平均中心を長手方向に結んだ軌跡の真直度を考える。一般的には，断面の中心を設計上定義し，断面形状の測定値から算出する。

多数の断面形状の測定値から算出した平均中心の長手方向の軌跡の真直度の表示は，極座標による表示が適切である。したがって，図4－26（a）に示す表示方式をとる。また，同図（b）はその図面指示例である。

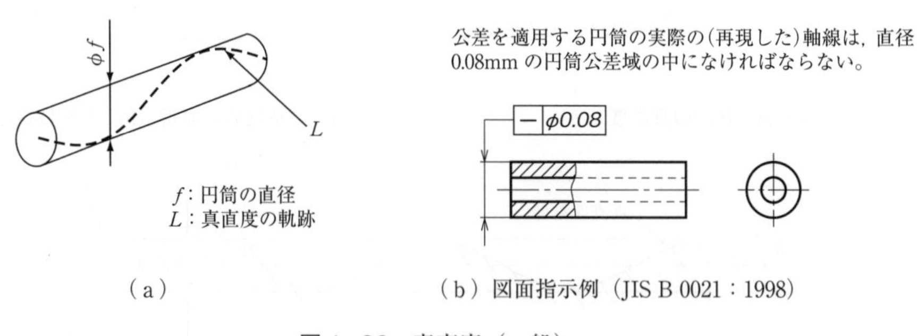

（a）　（b）図面指示例（JIS B 0021：1998）

図4－26　真直度（一般）

2.2　真直度の測定方法

真直度を測定するには，限りなく幾何学的直線に近い運動，重力の方向，光の直進性など物理的原理，あるいは真直度の秀でた基準面などを適用する。

このような測定原理に従って，以下の測定方法について説明する。

（1）　重力の方向を基準にして真直度を測定する方法

振り子を内蔵し，水準器の基準面の重力の方向に対する傾き角を差動トランスで検出する精密電子水準器について，真直度の測定方法を示す。

精密電子水準器の測定原理を図４－27に示す（p. 137　図３－18参照）。

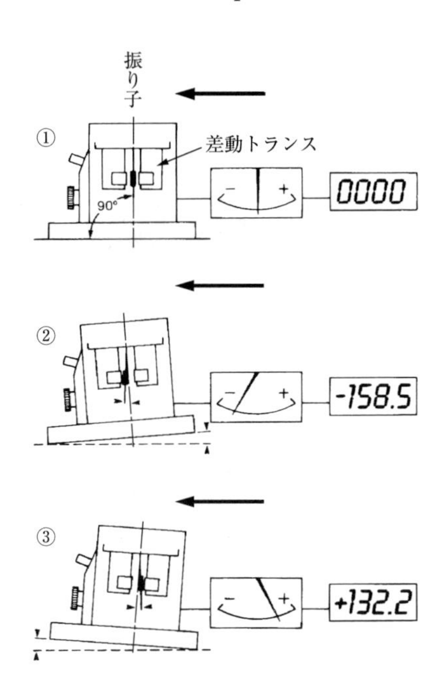

図４−27　精密電子水準器の測定原理

ここで，水準器の基準面の長さ l は100 mm で，傾き角は秒単位で示される。

図４－28は，長さ1 000 mm の真直度を測定する場合の手順を示す。同図（ａ）は，直定規に沿って，100 mm 間隔で傾き角 θ を測定し，ＡＢ間の水準器の基準線Ｘ－Ｘからの狂いを図に示すように δ_1，δ_2…の順に求める。

これをグラフに示すと同図（ｂ）となる。測定区間の両端を結ぶ線を改めて基準として真直度を示すと，同図（ｃ）となる。

例）光の直進性を基準とする測定法

オートコリメータによる測定方法で，その測定原理は，第３章第３節「3.4　オートコリメータ」（p. 139）を参照。

図４－29は，オートコリメータを使用した真直度測定の例である。前述の精密電子水準器が重力方向に対する角度を測定するのに対し，オートコリメータは，反射した光の角度を測定し，

真直度を解析するものだが，精密電子水準器を使用した場合と同様の結果が得られる。

図４－30に示すように，光軸を90°曲げるプリズムを用いると，垂直面の真直度の測定ができる。

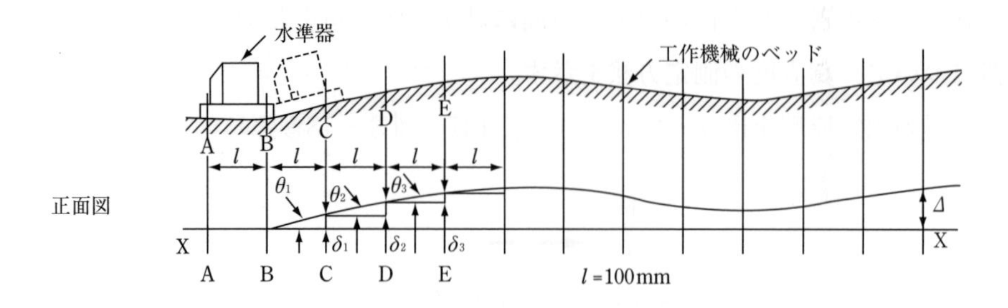

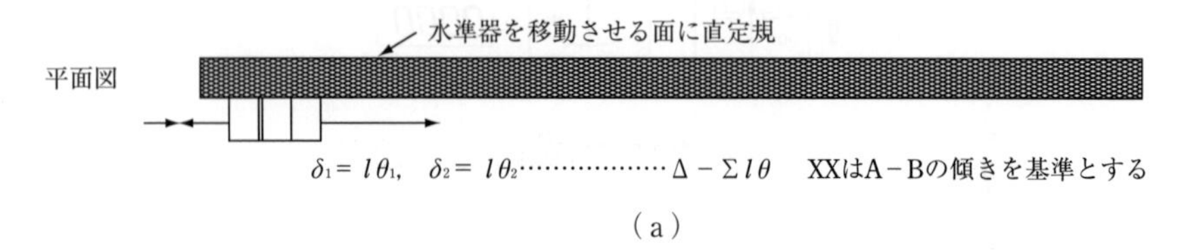

（a）

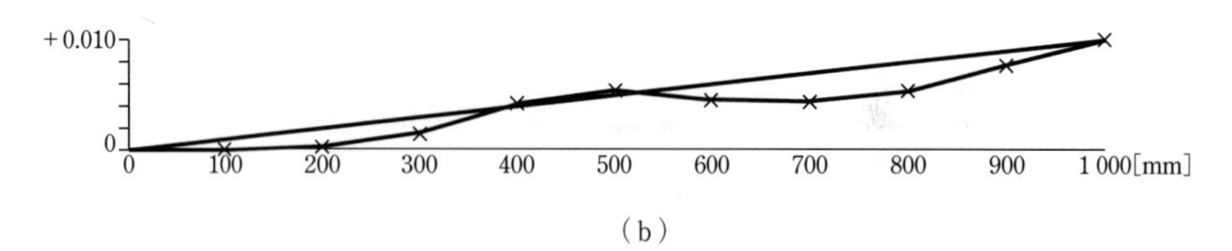

（b）

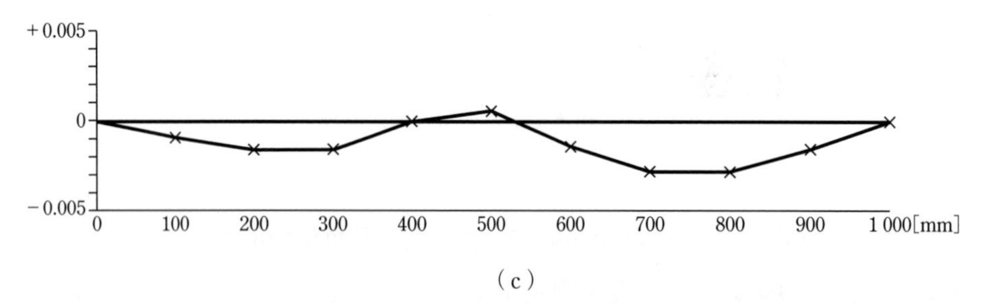

（c）

図4-28　精密電子水準器による真直度測定方法

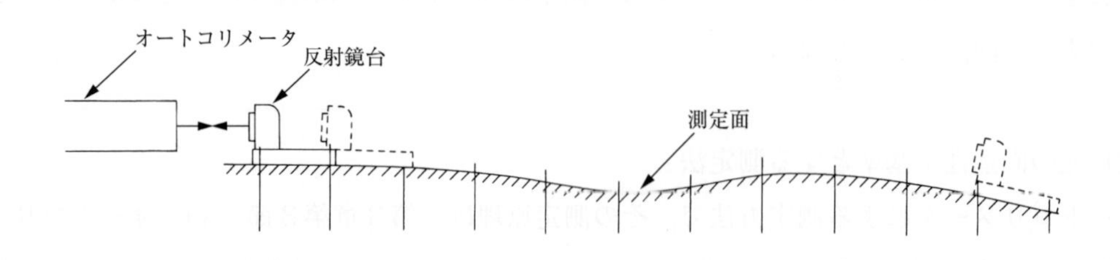

図4-29　オートコリメータの使用例

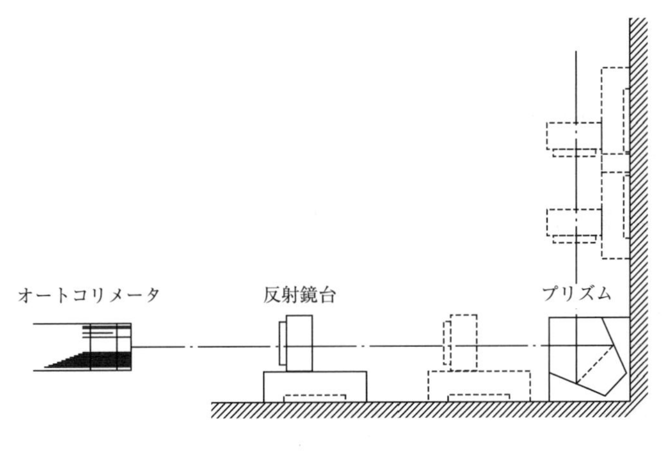

図4-30　垂直面の真直度の測定

a　真直度の秀でた基準面と比較する方法

3枚すり合わせの原理に従って，幾何学的平面からの狂いが小さいといわれる定盤を用いて，ナイフ・エッジの真直度を測定する例を，図4－31（a）に示す。

両者のすきまを，目視又はすきまゲージで測定する。

（2）　一般の真直度の測定法

a　平均中心軌跡の真直度の測定――円形断面の場合

断面の平均中心を断面形状測定値から算出し，長手方向の中心の軌跡から真直度を算出する。断面形状測定端子の長手方向の運動の真直度が基準となる。

b　両センタを基準とする測定法

長手方向の母線形状が，平均中心軌跡と同一と考え，両センタのまわりに1回転させたときの回転振れの1/2が，真直度と近似する（図4－31（b））。

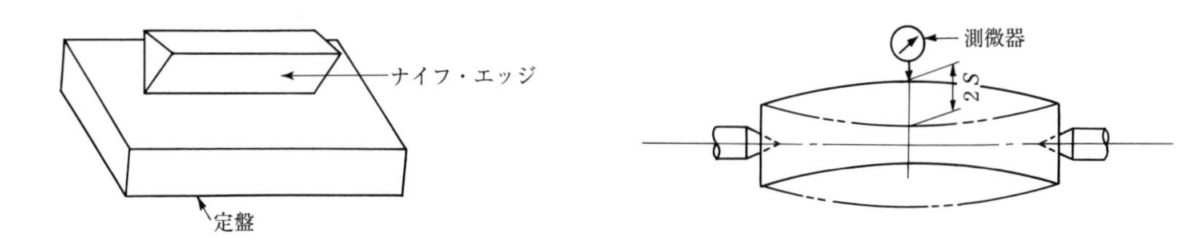

（a）ナイフ・エッジの鉛直面内の真直度の測定　（b）回転軸の軸心の真直度の測定

図4-31　測定方法の例示

第3節　平面度の測定

平面度とは，機械の平面部分の幾何学的平面からの狂いの大きさをいう。

3.1　平面度の表示

平面度は，図4－32にあるように平面部分を互いに平行な幾何学的平面で挟んだとき，それら両平面の間隔が最小となる場合の両平面の間隔（t）で表す。

公差域は，距離 t だけ離れた平行2平面によって規制される。

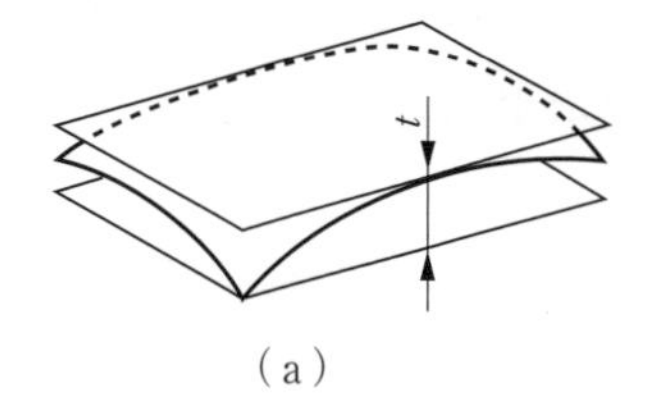

（a）

実際の（再現した）表面は，0.08だけ離れた平行2平面の間にならなければならない。

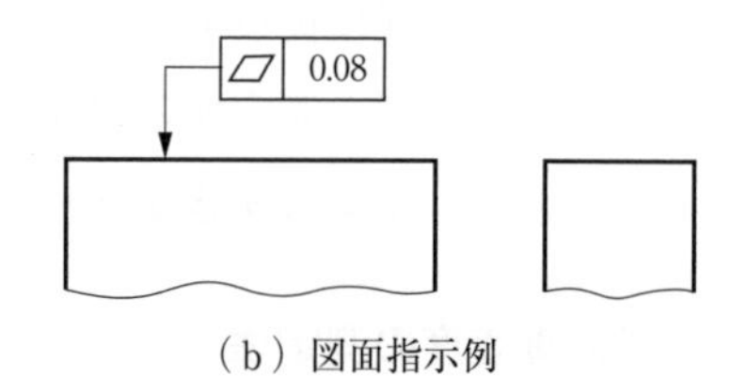

（b）図面指示例

図4－32　平面度の定義と図面指示例（JIS B 0021：1998）

3.2　平面度の測定方法

平面部分の幾何学的平面からの狂いは，平面を格子状又は対角線上の方向に分割し，それぞれの方向の真直度を測定し，平面からの狂いを三次元的に求める。このようにして求めた測定例が，図4－33である。

平面度測定器は，基本的に真直度測定器と共通で，平面度グラフの三次元表示の計算ソフトが追加される場合が多い。例外として，オプチカルフラットを用いて，光の干渉じまから直接平面度グラフを得る方法がある。測定原理は，重力の方向，光の直進性及び十分な真直度あるいは平面度を有する基準との比較測定である。

（1）　水準器による測定方法

精密電子水準器の作動原理は，第3章第3節　3.2「（2）電子式精密水準器」（p. 136）を参照のこと。

有効面積900 mm ×900 mm の定盤の測定例を，図4－33（a）に示す。

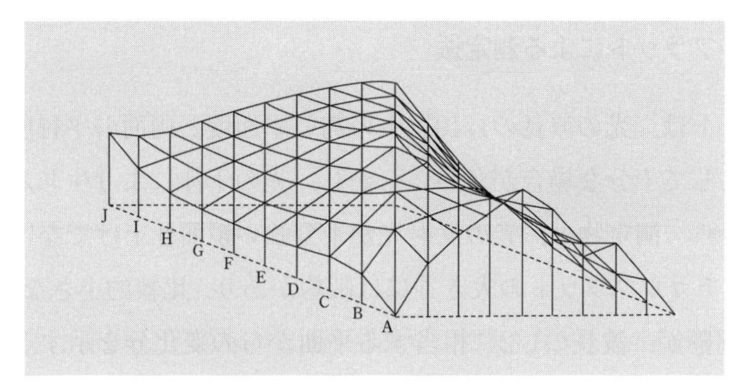

（a）井げた法による平面度グラフ

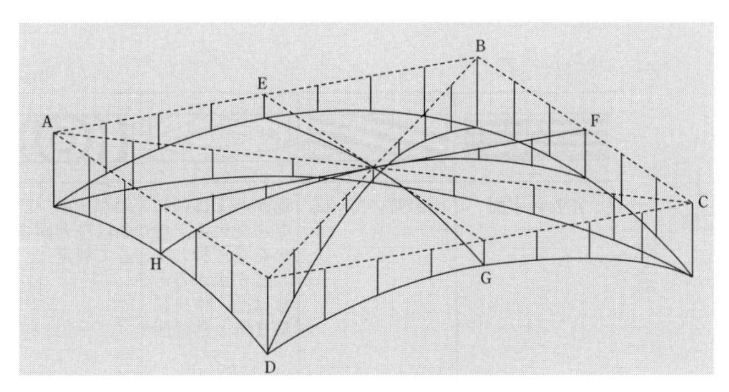

（b）対角線法による平面度グラフ

図４−33　平面度測定表示例

（2）　オートコリメータによる測定例

図４−34に示すように，オートコリメータをＣ点に固定し，Ａ点の反射鏡を調節して光軸を反射移動台に向け，反射移動台を直定規に沿ってAB間に移動させると，AB間の真直度を測ることができる。AD間の真直度も同様にして測定する。AC間は，反射移動台をAC間に沿って移動して測定する。

このようにして，前出の図４−33（ｂ）のような平面度グラフが得られる。

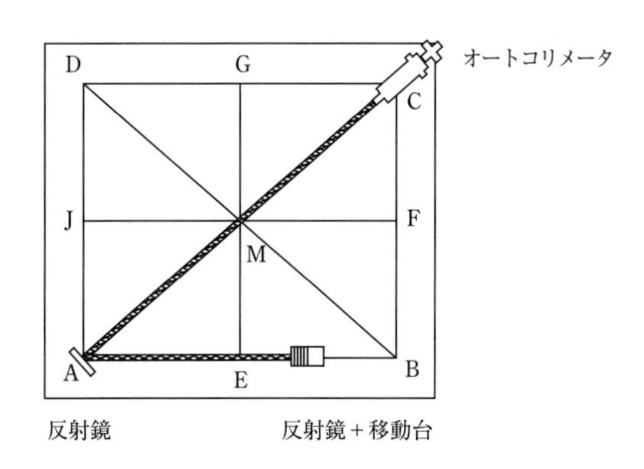

図４−34　オートコリメータによる平面度の測定

（3） オプチカルフラットによる測定法

オプチカルフラットは，光の波長の1/10以上の高い平面度と両面の平行度をもっており，平面度測定の基準面として十分な場合が多い。しかし，光の干渉により生じるしま模様によって平面度を得る原理から，測定物は，光の反射光が十分強い鏡面仕上げでなければならない。

また，市販のオプチカルフラットの大きさには制約があり，比較的小さな平面が対象となる。明暗の干渉じまの間隔が，波長の1/2に相当する平面からの変化分を示す。図4－35は，濃淡のしま模様と平面度グラフの測定例を示す。

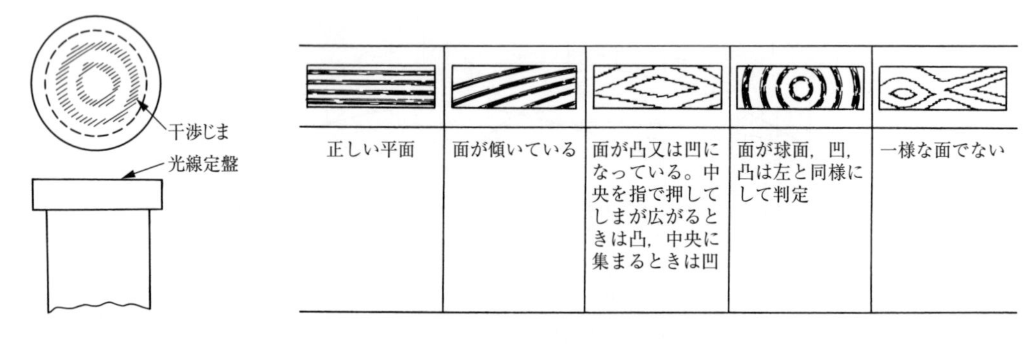

（a）平面度の測定　　（b）面の状態と濃淡の状態

図4－35　オプチカルフラットによる平面度の測定

（4） 定盤を基準とする測定法

定盤には，鋳鉄製と石製の２種類がある。その大きさにより，表4－7に示すように平面度の公差がJIS B 7513：1992で示されている。

図4－36に示すように，測定物を３点で支持し，定盤を比較測定の基準面として平面度を測定する。

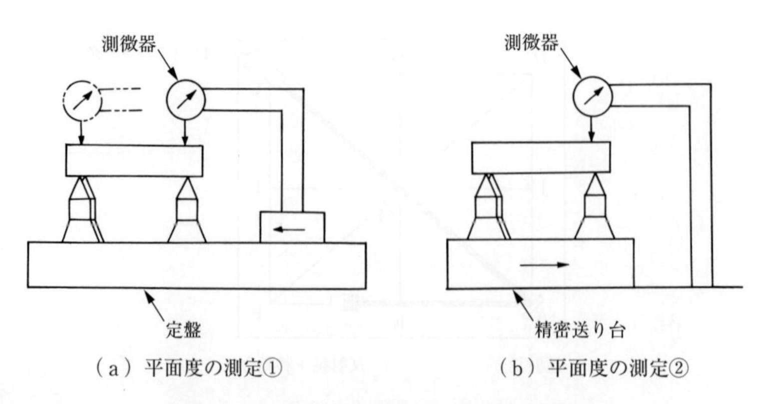

（a）平面度の測定①　　（b）平面度の測定②

図4－36　定盤を基準とする平面度の測定

表4－7　精密定盤の平面度の公差値（JIS B 7513：1992）

使用面の呼び寸法 [mm]	全面の平面度の公差値(1) [μm]			周辺部分の除外幅 [mm]	対角線の長さ [mm]（参考）
	0級	1級	2級		
160×　100	3	6	12	2	188
250×　160	3.5	7	14	3	296
400×　250	4	8	16	5	471
630×　400	5	10	20	8	745
1 000×　630	6	12	24	13	1 180
1 600×1 000	8	16	33	20	1 880
2 000×1 000	9.5	19	38	20	2 236
2 500×1 600	11.5	23	46	20	2 960
250×　250	3.5	7	15	5	354
400×　400	4.5	9	17	8	566
630×　630	5	10	21	13	891
1 000×1 000	7	14	28	20	1 414

注(1)　温度20℃，湿度58％におけるものとする。

（5）直　定　規

図4－37に直定規の種類を示す。いずれも真直度の秀でた基準面を有する。

平面の定められた方向の真直度を直定規のすきまとして観察するか，又はあたりの分布として判断する。定性的な測定法であり，定量化は難しい（図4－38）。

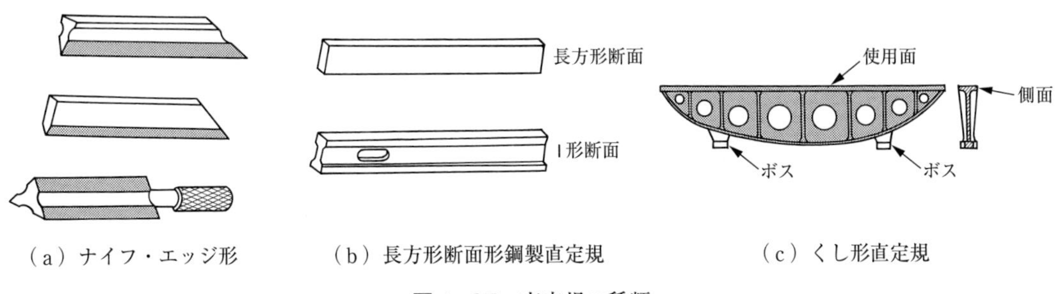

（a）ナイフ・エッジ形　（b）長方形断面形鋼製直定規　（c）くし形直定規

図4－37　直定規の種類

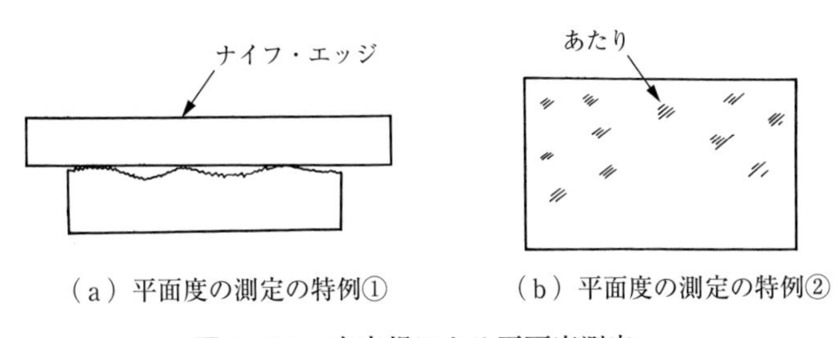

（a）平面度の測定の特例①　（b）平面度の測定の特例②

図4－38　直定規による平面度測定

■精密定盤の平面度測定

私たちは，基準平面上で様々な測定や検査，校正などの作業を行います。そのため定盤には，基準平面の正しさが求められることになります。

定盤は原則３点で支持され，変形を極力避けるために２点指示側の足の位置はベッセル点です。

JIS（JIS B 7513：1992「精密定盤」）では，精密定盤の種類を鋳鉄製及び石製の２種類と定めています。花こう岩製の検査用定盤は，鋳鉄製の定盤より硬度が高く，経年変化がほとんどなく，長期間にわたり平面度を保つことができます。また，温度変化にも鋳鉄製に比べると狂いが少なく，化学的にも安定しており耐食性もあります。

精密定盤の平面度測定のための測定線の決め方は，対角線法と井げた法の２通り規定しています。

測定条件としては，幅寸法の２％を除外して行うことになっており，測定点間隔は，表４－８にあるように「使用面の長さ又は幅」（250 mm から２500 mm）で３点から 11 点と定められています。また，周囲の温度，湿度に順応してから行うこととしています。

精密定盤の平面度測定方法としては，水準器による方法とオートコリメータによる方法，基準面と比較する方法の３種類が規定されています。

オートコリメータはコリメータから出た平行光線束を試料に当て，その反射光を再びコリメータに入れて焦点付近の像の様子から試料の傾き，曲率などを測定するものです。

また，ストレートエッジによる平面度の検査においては，隙間が 10 µm 以上では白色の透過光が観測され，3 µm 程度の隙間では色づいて見える場合があります。

表４−８　測定点の間隔及び測定点数（JIS B 7513：1992）

使用面の長さ又は幅［mm］	測定点の間隔［mm］	測定点数
250	110	3
400	90	5
630	140	5
1 000	155	7
1 600	190	9
2 000	190	11
2 500	240	11

備考　使用面の長さ又は幅が250 mm未満の測定点の間隔は任意とする。

第 4 節　真円度の測定

真円度とは，円形形体（機械の円形部品）の幾何学的に正しい円からの狂いの大きさをいう。

軸の見かけ上の直径が，穴の内径よりも小さいのに軸が穴に入らないことがある。この原因として，軸の直径が一定であるのに断面形状が円でない場合がある。その例を図 4 －39に示す。

正三角形の角に等しい直径の小円を描き，円弧で結んだもので，直径が一定であるので等径歪円と呼ぶ。図 4 －40は，見かけの直径が25 mm の等径歪円で，外接円の直径が28.9 mm の例である。このように，見かけの直径が穴の内径よりも小さくても，軸は穴に入らない場合が生じる。

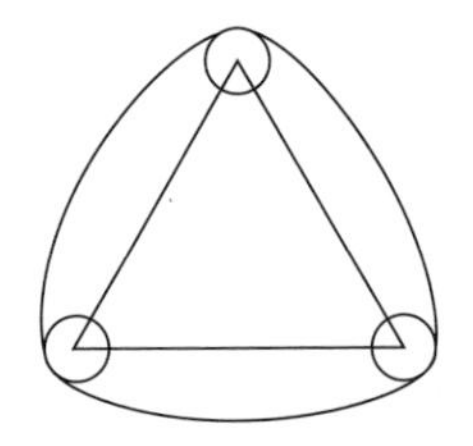

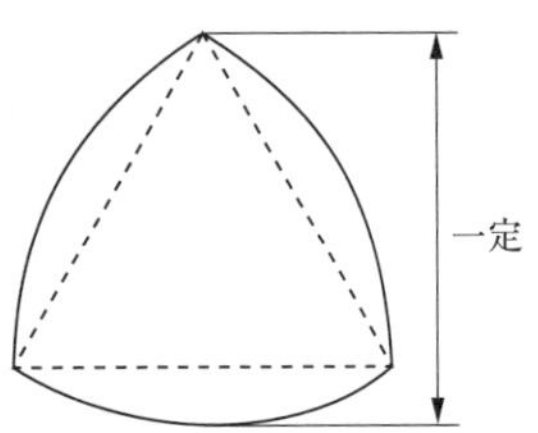

転がした時に高さが変わらない図形のことを，定幅図形という。
定幅図形は差渡しの幅が常に一定となる平面図形のことで，この図形は，ルーローの三角形と呼ばれる。
等径歪円は，定幅図形の一つである。

図4－39　等径歪円とルーローの三角形

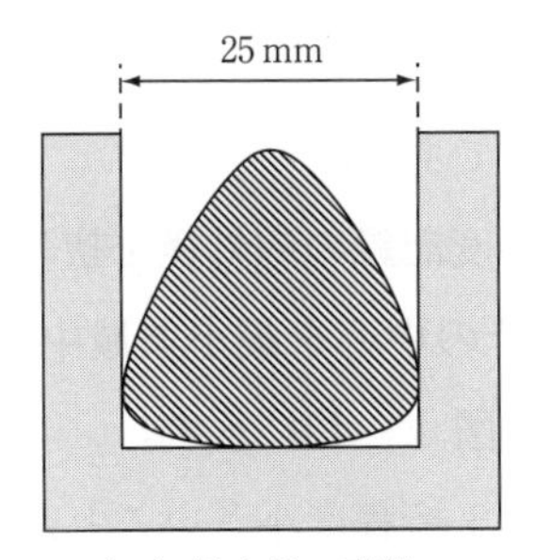

（a）見かけの直径

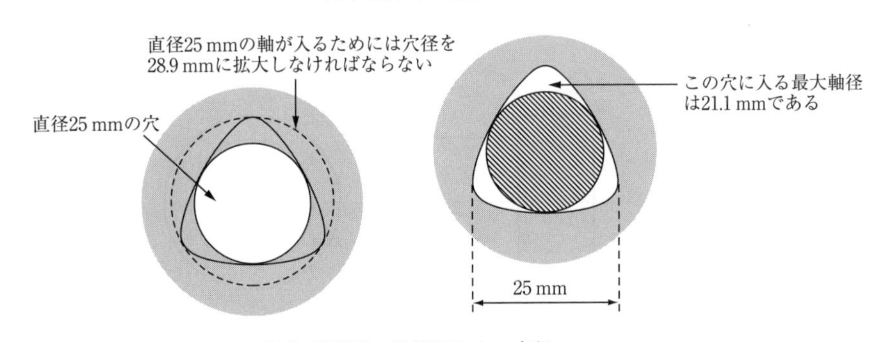

（b）軸断面の外接円と穴の内径

図4－40　等径歪円の寸法精度への影響

等径歪円のように，幾何学的円と軸，又は穴の形状とのずれを真円度と定義する。軸と穴のはめ合い精度が高くなるほど真円度は厳しくなり，寸法公差より１桁程度小さな値が要求される。このような真円度が生じる原因の一例として，三つ爪でチャックして，内径を旋削する場合が考えられる。三つ爪で保持することによって工作物が変形し，加工後にチャックからはずすと，内径に３山の真円度として残るのである（図４－41）。

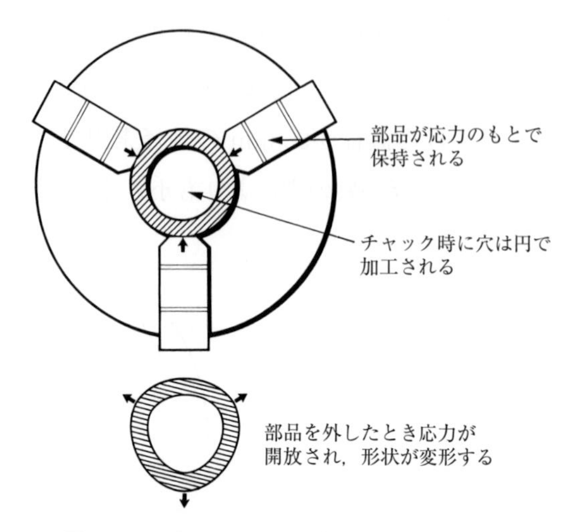

図４−41　加工によって生じる歪円の例

4.1　真円度の表示

図４－42は，真円度の図面指示例である。

具体的には，二つの同心円で真円度記録の内外径を挟み，二つの円の半径差が最小になるように同心円中心を選択したとき，その中心を最小領域中心（MZC）と呼び，二つの円の半径差を真円度と表示する。この関係を図４－43に示す。

一般に，形状誤差に比べ，粗さは１桁程度小さいことが多く，真円度には粗さはほとんど含まれない。しかし，真円度評価の目的によって，対象とするうねり山数の範囲が変わるため，

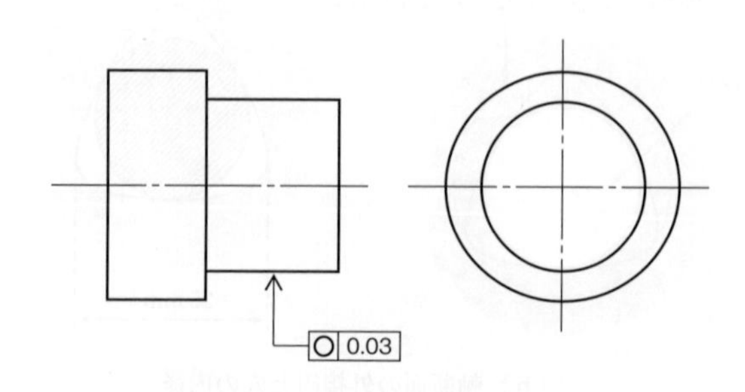

図４−42　真円度の図面指示例

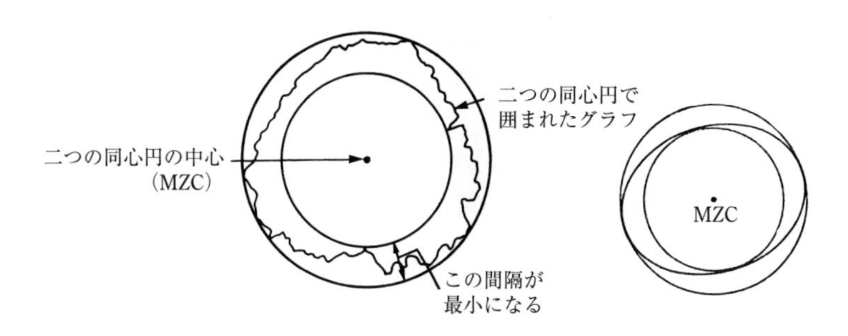

図4-43　真円度（MZC）

測定山数の範囲を設定するためのフィルタを設ける。代表的な測定山数の範囲は，次のようになる。

15山／回転，50山／回転，150山／回転，500山／回転

4.2　真円度の測定方法

真円度の測定原理は，測定子が幾何学的円に限りなく近い回転運動をするか，又は円形部品が，回転振れの限りなく小さな回転運動をすることを前提として成立する。その関係を図4－44に示す。このような測定を行う測定機を真円度測定機と呼び，真円度測定機の測定精度を支配する機構は，回転軸の運動精度である。この原理に基づく真円度測定機を図4－45に示す。測定子は，測定面の直径に応じて半径方向に移動可能である。

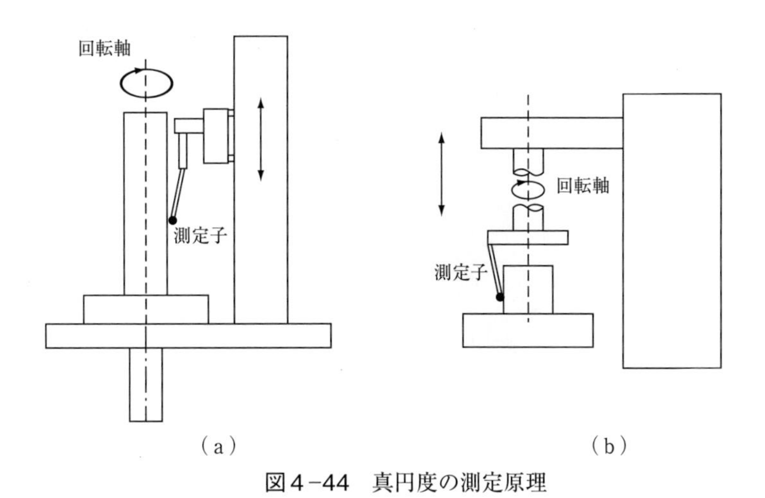

図4-44　真円度の測定原理

図4−45　真円度測定機
（出所：（株）ミツトヨ「精密測定機器・総合カタログ No.13」）

図4－43で定義した最小領域中心を容易に求めるために，図4－46に示すテンプレートを用いる。図4－47にその手順を示すが，最近では，この作業はコンピュータによる解析で行われることが多い。コンピュータによる解析の場合，最小領域円中心（MZC）のほかに，最小二乗円中心（LSC），最小外接円中心（MCC），最大内接円中心（MIC）で真円度を求める方法がある。それぞれの求め方を図4－48に示す。

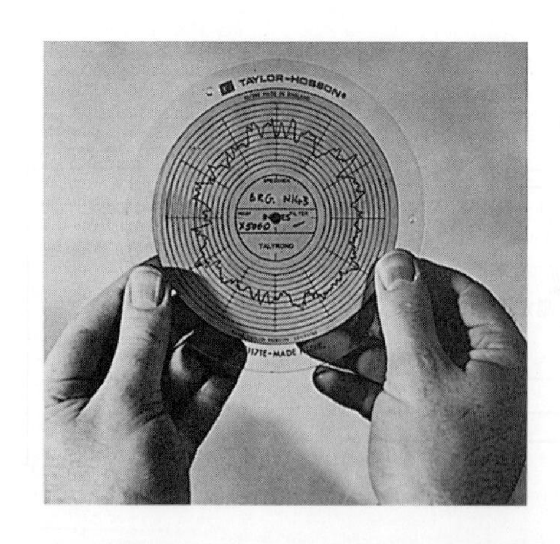

図4−46　同心円群を示すテンプレートを用いた真円度の読み方

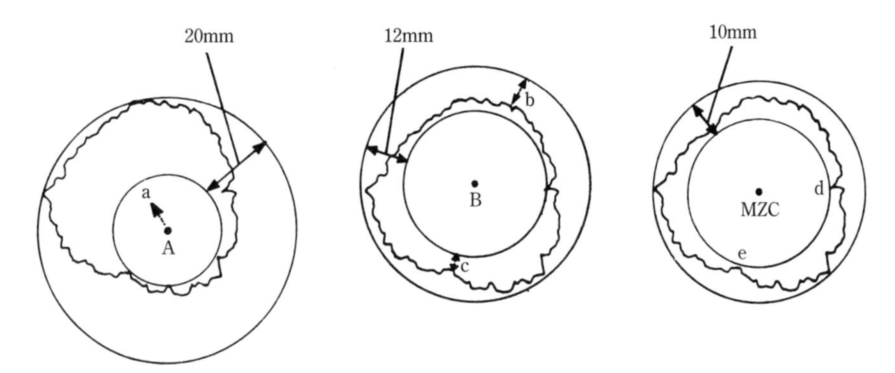

最初にＡを中心にしてテンプレートを当てる。この中心からａの方向に中心を動かし，Ｂの中心にしたほうが，同心円の幅が狭くなることは明らかである。ここで，ｂとｃの間隔を考え，円を減少させ，内側の円がｄとｅで接触するようにするとＭＺＣの中心を求めることができる。

図４−47　最小領域中心の求め方

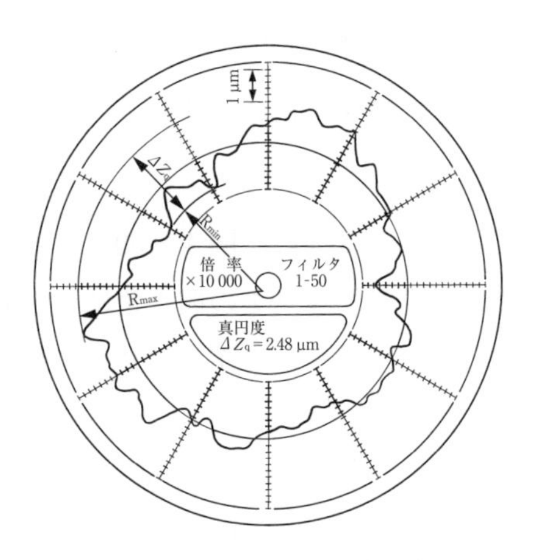

（ａ）最小二乗円中心による真円度　ΔZ_q

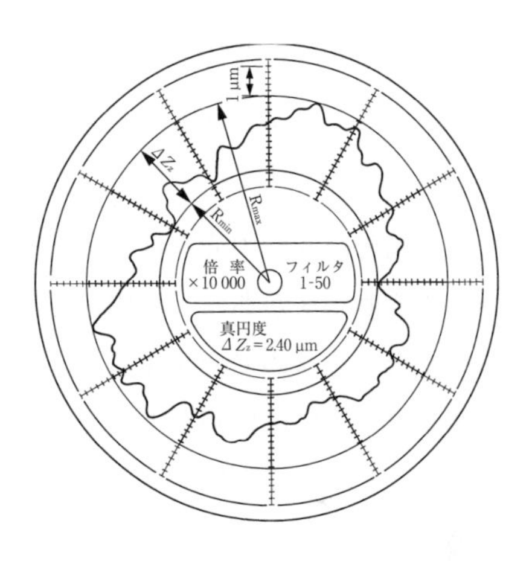

（ｂ）最小領域円中心による真円度　ΔZ_z

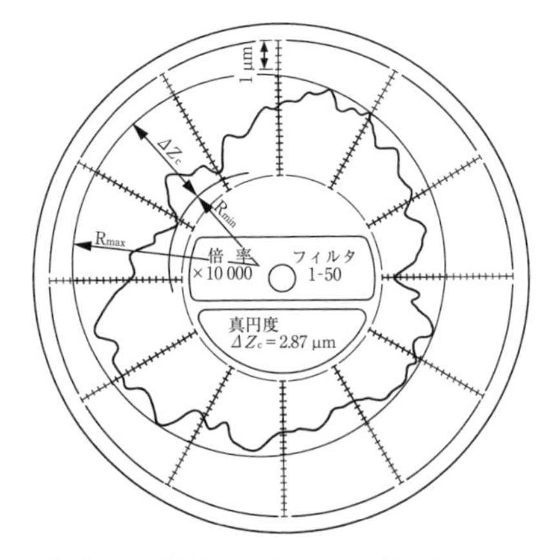

（ｃ）最小外接円中心による真円度　ΔZ_c

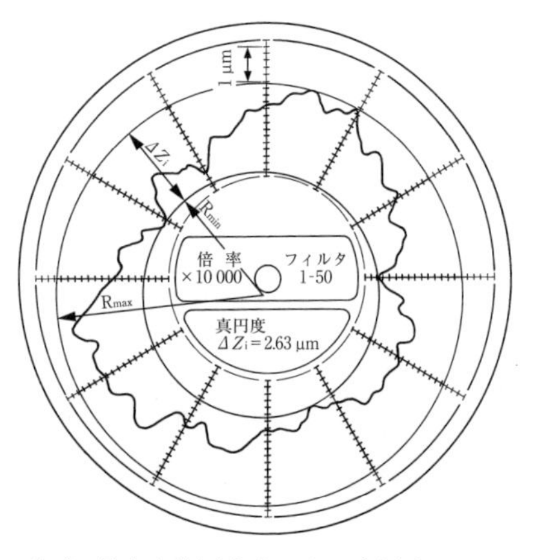

（ｄ）最大内接円中心による真円度　ΔZ_i

図４−48　真円度測定機による真円度評価方法（JIS B 7451：1997）

最小領域中心の周りの円形部品の半径の変化分が真円度であるから，このような真円度測定法を半径法という。同じ半径法でも，円形部品の回転中心を部品のもつ両センタとしたり，又は高精度な両センタを有する基準円筒体（微小なテーパをもつ）を用いたりする場合がある。このような場合を図４－49に示す。このような場合，高精度の真円度測定は期待できないが，比較的簡単なので，現場で測定するのに適している。

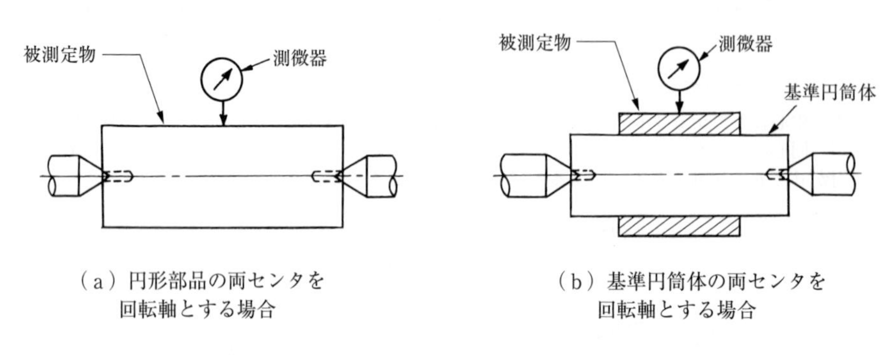

（a）円形部品の両センタを回転軸とする場合　（b）基準円筒体の両センタを回転軸とする場合

図４－49　両センタ間を回転軸とする真円度の測定

上述のような精密な回転中心を前提とする真円度測定法とは別に，図４－50に示すＶブロックを用いた真円度測定法がある。真円度のうねり山数及びＶブロックの開き角によって，真円度の測定倍率がゼロを含めて変化するのが特徴で，うねり山数をあらかじめ知っておく必要がある。現場で測定するには便利な方法である。

測定点を含め，工作物の接触点が３点であることから，この測定方法を３点法（コーダル法）と呼ぶ。このほか，うねり山数が偶数の場合には，直径の変化分が真円度の２倍となる。この方法を直径法と呼ぶ。

３点法及び直径法の応用例を図４－51に示す。

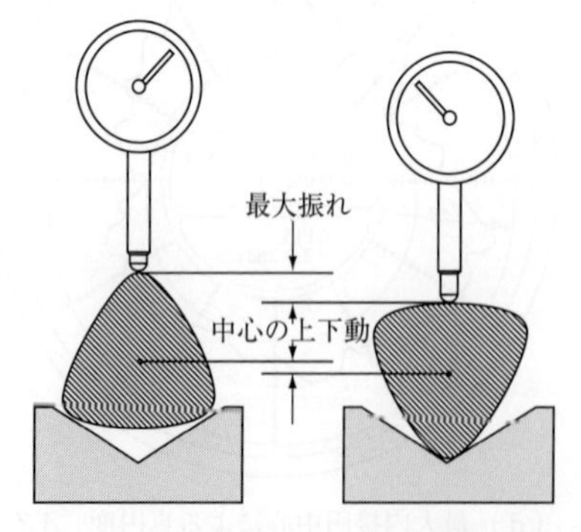

（a）３山（奇数）の真円度のＶブロックによる測定

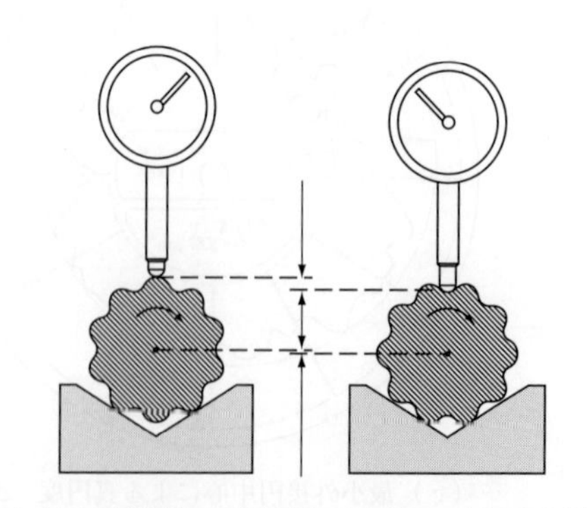

（b）10山（偶数）の真円度のＶブロックによる測定

図４－50　Ｖブロックによる真円度の測定（３点法）

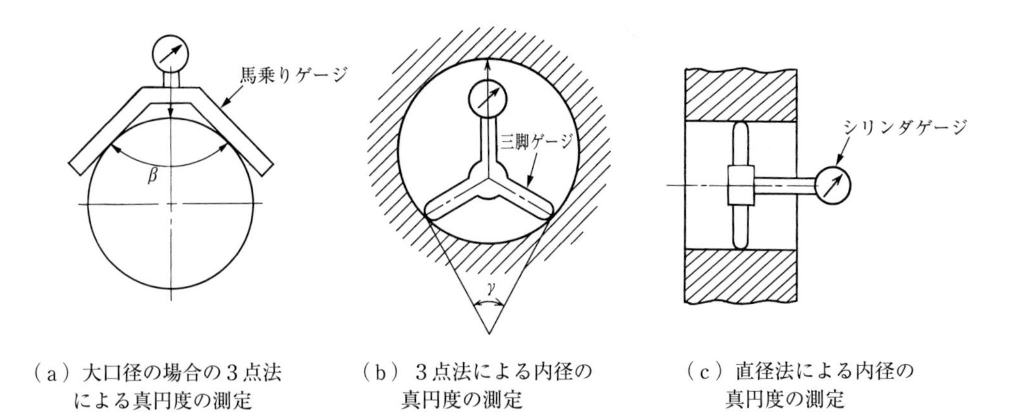

（ａ）大口径の場合の３点法による真円度の測定　（ｂ）３点法による内径の真円度の測定　（ｃ）直径法による内径の真円度の測定

図４−51　３点法，直径法による真円度の測定例

第5節　同軸度の測定

同軸度とは，その軸線が基準軸線と同一直線上にあるべき機械部分において，その軸線の基準軸線からの狂いの大きさをいう。また，JISでは参考として，平面図形における二つの円に対する両中心位置の狂いを同軸度と呼んでいる。図4－52はその図面指示例である。

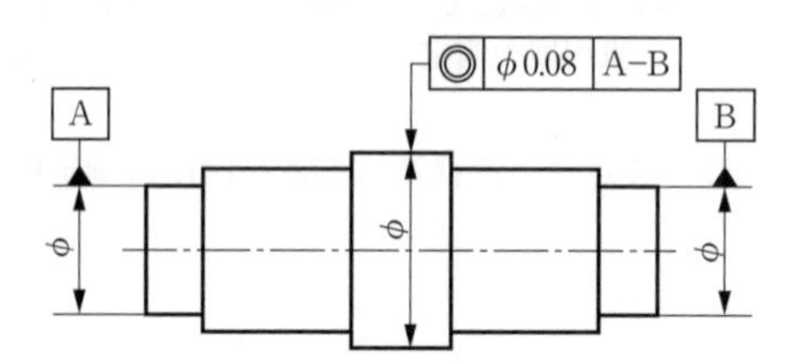

内側の円筒の実際の（再現した）軸線は，共通データム軸直線A－Bに同軸の直径0.08の円筒公差域の中にならなければならない。

図4－52　同軸度の図面指示例（JIS B 0021：1998）

5.1　同軸度の表示

図4－53に示すように，同軸の円筒部分A，Bからなる部品について，Aの軸線に対するB

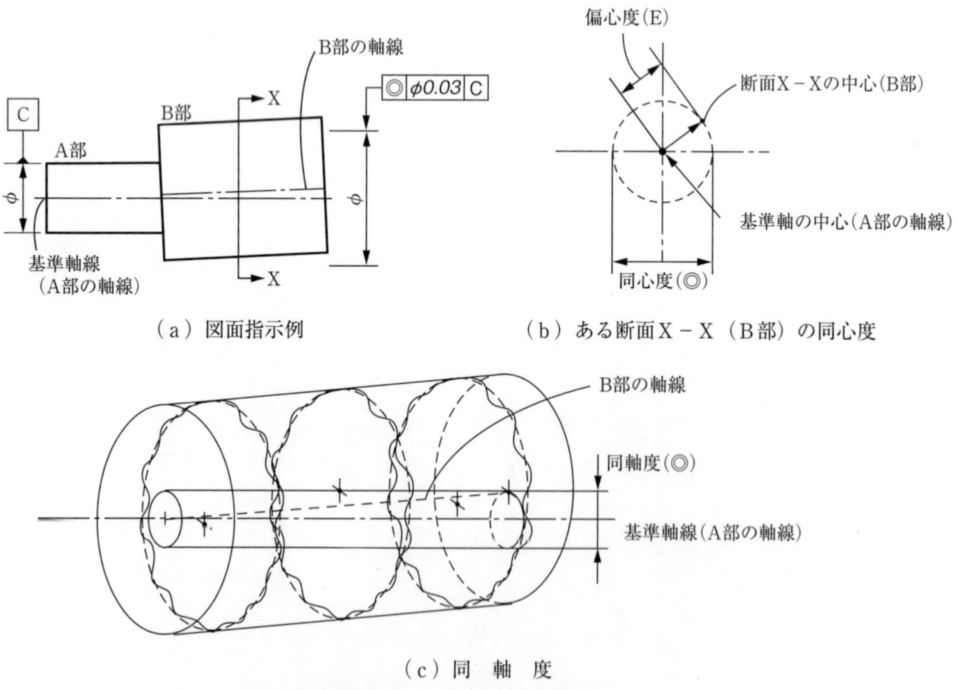

（a）図面指示例

（b）ある断面X－X（B部）の同心度

（c）同　軸　度

図4－53　同心度（◎）と同軸度（◎）

の円筒の１カ所の断面中心のずれを偏心と呼び，Ｂの円筒を複数断面測定し，各測定断面中心より作られた軸線を最小直径の円筒で包んだとき，その直径を同軸度と定義する。

5.2　同軸度の測定方法

同軸度の測定方法を図４－54及び表４－９に示す。

一般的に，加工する部品の複雑化に伴い，同軸度を測定する方法として真円度測定機による方法が多くなっている。真円度測定機では，複雑な軸の設定を高精度で行うことができ，軸と軸との関係を高精度で解析できる。図４－55にその解析例を示す。

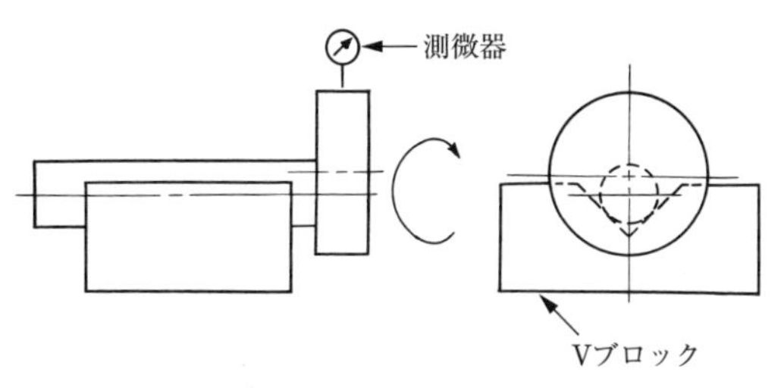

（ａ）軸の円筒面から定めた軸線を基準とする同心度の測定①

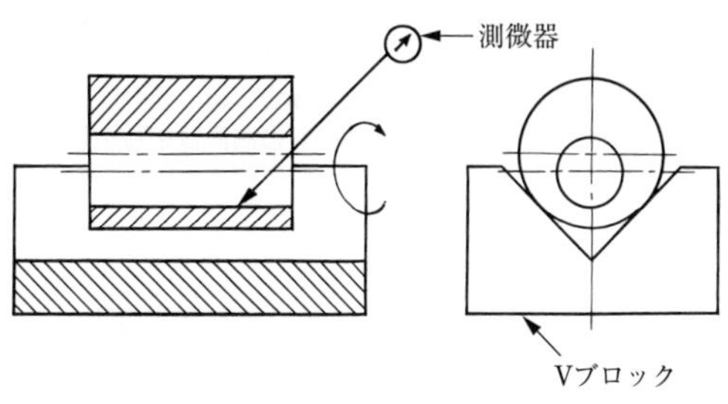

（ｂ）軸の円筒面から定めた軸線を基準とする同心度の測定②

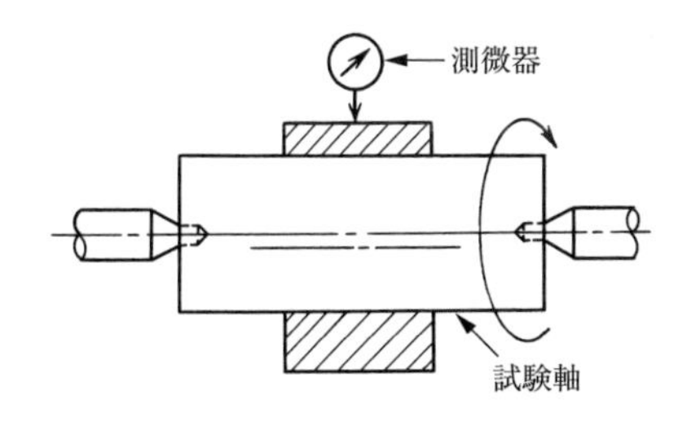

（ｃ）穴の円筒面から定めた軸線を基準とする①

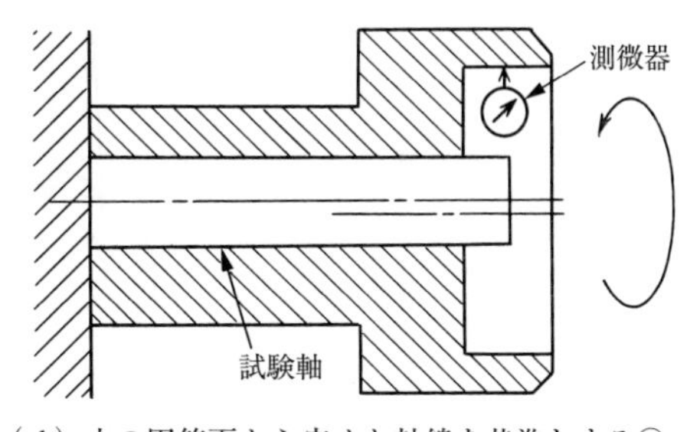

（ｄ）穴の円筒面から定めた軸線を基準とする②

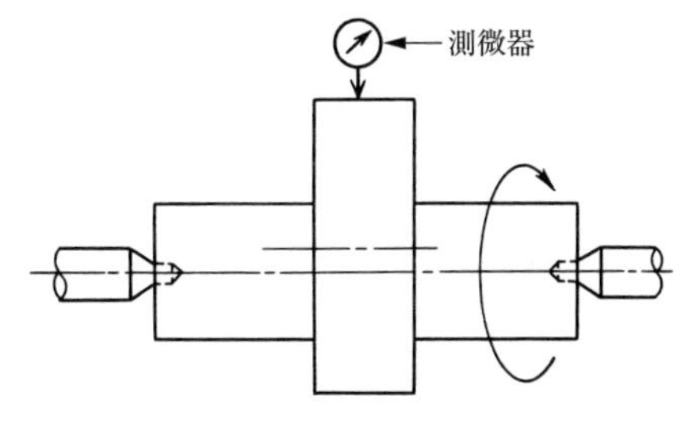

（ｅ）両センタを結ぶ直線を基準軸線とする

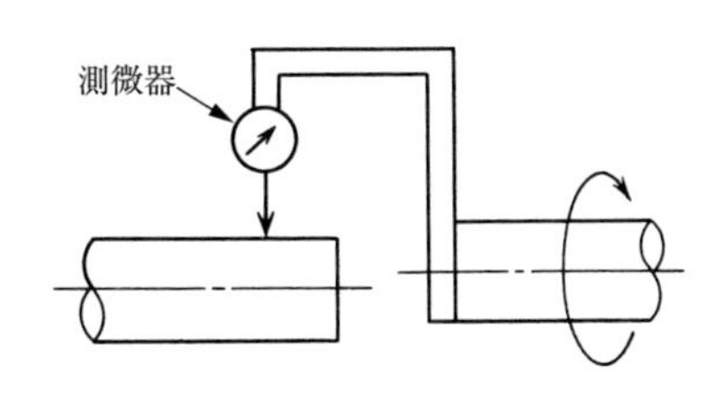

（ｆ）回転軸の軸線を基準とする

図４－54　同軸度の測定方法

表4−9　測定方法の例示

事　　項	測　定　方　法	説明図	測定具
軸の円筒面から定めた軸線を基準とする	基準とする軸をVブロック又はV溝の上に載せて回転し，測微器(1)の読みより求める	図4－54（a） 図4－54（b）	Vブロック又はV溝，測微器
穴の円筒面から定めた軸線を基準とする	基準とする穴を試験軸にはめて回転し，測微器の読みより求める	図4－54（c） 図4－54（d）	試験軸 測微器
両センタを結ぶ直線を基準軸線とする	中心受け台のセンタで支えて回転し，測微器の読みより求める	図4－54（e）	中心受け台 測微器
回転軸の軸線を基準とする	基準とする軸に測微器を取り付けて回転し，測微器の読みより求める	図4－54（f）	測微器

注(1)　ダイヤルゲージ，指針測微器，電気マイクロメータなどをいう。
備考　断面の位置が指定されている場合には，その位置に測微器を当てて測定し，断面の位置が指定されていない場合には，円筒面に沿って基準軸線に平行に測微器を動かして，円筒全面について各断面ごとに測定する。

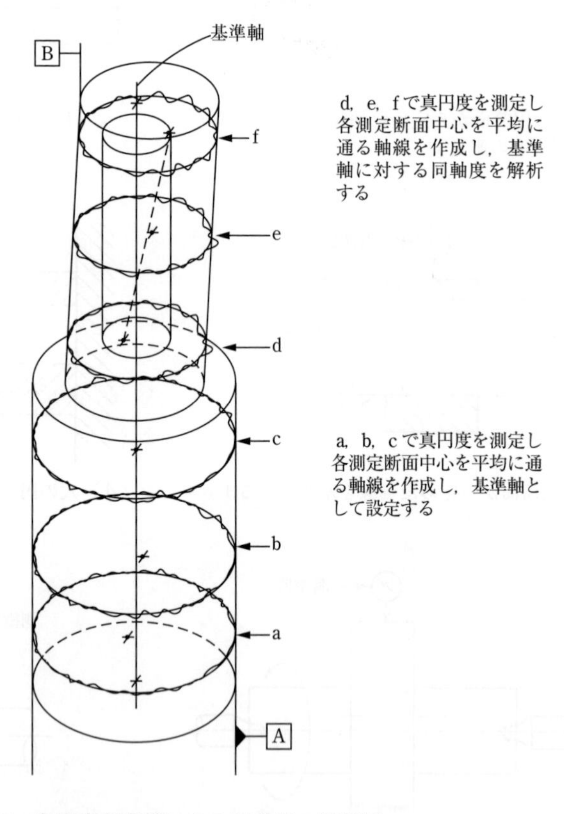

図4−55　真円度測定機による同軸度の解析例

第６節　平行度の測定

平行度とは，平行であるべき機械の直線部分と直線部分，直線部分と平面部分，平面部分と平面部分との組合わせにおいて，それらのうちの一方を基準として，この基準直線又は基準平面に対して，直角な幾何学的直線，又は幾何学的平面からの他方の直線部分，又は平面部分の狂いの大きさをいう。図４－56は，その図面指示例である。

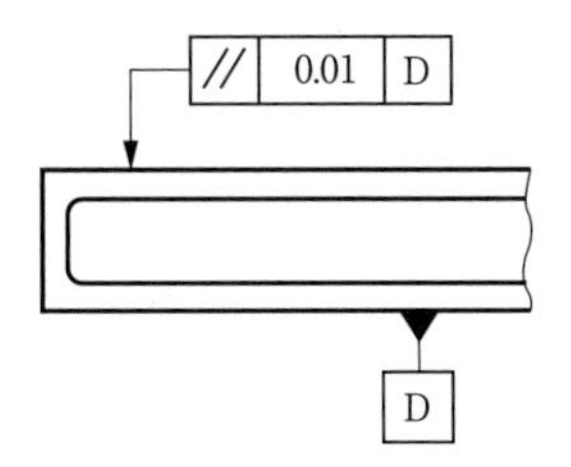

実際の（再現した）表面は，0.01だけ離れ，データム平面Ｄに平行な平行２平面の間になければならない。

図４－56　平行度の図面指示例（JIS B 0021：1998）

6.1　平行度の表示

平行度は直線部分又は平面部分が，基準直線又は基準平面に対して垂直な方向において占める領域の大きさによって，平行度 μm と表示する。平行度の領域の決定については，図４－57に示す方法がある。

（１）　直線部分の基準直線に対する平行度

a　一定方向の平行度

一定方向の平行度は，縦方向の平行度と横方向の平行度とに区別する。縦方向の平行度は，直線部分のいずれか一端と基準直線とを含む幾何学的平面（縦方向の平面という）に垂直で基準平面に平行な二つの幾何学的平面で直線部分を挟んだとき，それら両平面の間隔が最小となる場合の両平面の間隔で表す。

横方向の平行度は，縦方向の平面に平行な二つの幾何学的平面で直線部分を挟んだとき，それら両平面の間隔が最小となる場合の両平面の間隔で表す。

b　互いに直角な２方向における平行度

互いに直角な２方向（例えば図４－57　説明図（１）－ｂの縦方向及び横方向）における平行度は，基準直線に平行で，その２方向にそれぞれ平行な２平面をもつ幾何学的平行六面体で直線部分を挟んだとき，２組の平行な２平面の間隔が最小となる場合の平行な２平面の間隔で表す。

平行度		説明図	領　　域	精度の値
基準直線に対する直線部分	1方向（鉛直方向）	(1)− a 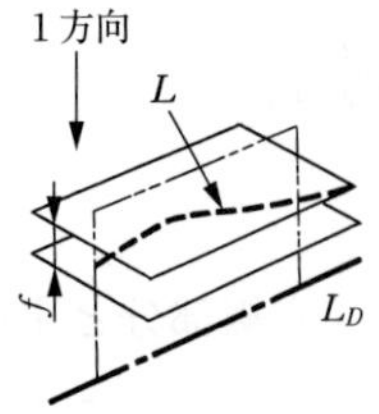 1方向 L f L_D	基準直線に平行な2平面の間の空間	両平面の間隔f
	直角方向	(1)− b 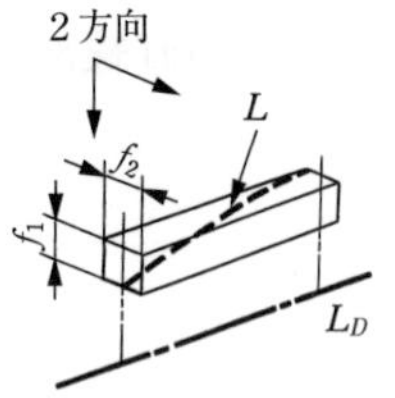 2方向 L f_2 f_1 L_D	基準直線に平行な平行六面体の内部の空間	平行六面体の2辺の長さ f_1, f_2
	一般	(1)− c 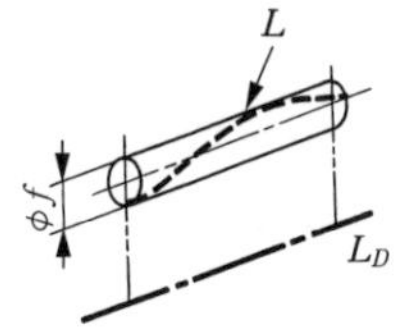 L ϕf L_D	基準直線に平行な円筒の内部の空間	円筒の直径f
基準平面に対する直線部分		(2) 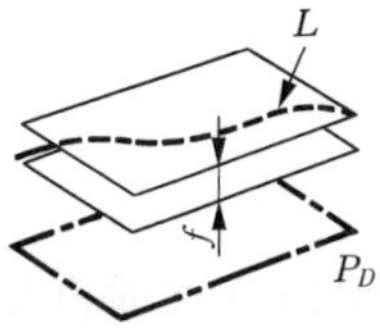 L f P_D	基準平面に平行な2平面の間の空間	両平面の間隔f
基準平面又は基準直線に対する平面部分		(3) 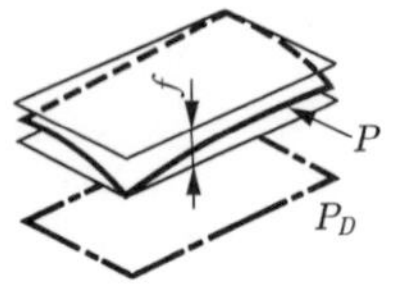 f P P_D	基準平面又は基準直線に平行な2平面の間の空間	両平面の間隔f

L：直線部分　L_D：基準直線　P：平面部分　P_D：基準平面

図4−57　平　行　度

c　一般の平行度

特に方向を定めない場合の直線部分の基準直線に対する平行度は，基準直線に平行で，その直線部分をすべて含む幾何学的円筒のうち，最も小さい径の円筒の直径で表す。

(2)　直線部分の基準平面に対する平行度

直線部分の基準平面に対する平行度は，基準平面に平行な二つの幾何学的平面でその直線部分を挟んだとき，両平面の間隔が最小となる場合の両平面の間隔で表す。

(3)　平面部分の基準直線又は基準平面に対する平行度

平面部分の基準直線又は基準平面に対する平行度は，基準直線又は基準平面に平行な二つの幾何学的平面でその平面部分を挟んだとき，両平面の間隔が最小となる場合の両平面の間隔で表す。

6.2　平行度の測定方法

平行度の測定方法を，表4－10及び図4－58に示す。

表4－10　測定方法の例示

事項			測定方法	説明図	測定具
直線部分の基準平面に対する平行度	底面と穴との平行度		底面を定盤上に載せ，穴の上内面又は下内面，若しくは穴に差し込んだテストバー[1]の上面又は下面に測定子を接触させ，測微器[2]のスタンドを定盤上で滑らせ，読みの最大値と最小値との差を求める	図4－58(a)	定盤 測微器付きスタンド テストバー
直線部分の基準直線に対する平行度	軸の平行度	縦方向の平行度	軸Aの軸線と，軸Bの軸線の一端とを含む平面を定盤に直角に，かつ軸Aの軸線を定盤に平行に配置し，定盤から軸Bの両端の距離の差を求める	図4－58(b)	定盤 測微器付きスタンド
		横方向の平行度	軸Aの軸線と軸Bの軸線の一端とを含む平面を定盤に平行に配置し，定盤から軸Bまでの距離の差を求める	図4－58(c)	
	穴の平行度	縦方向の平行度	穴にテストバーを差し込み，軸の場合と同様の方法で測定する		
		横方向の平行度			
平面部分の基準平面に対する平行度	外側平面の平行度		定盤上に測微器付きスタンドを置き，そのスピンドルを定盤上の試料平面上に当て，スタンド又は試料を滑らせ，読みの最大値と最小値との差を求める	図4－58(d)	定盤 測微器付きスタンド
	段付き平面の平行度		一方の平面上に測微器付きスタンドを置き，上の場合と同様の方法で測定する	図4－58(e)	測微器付きスタンド
	内側平面の平行度		両平面の間隔を測微器によって測定し，その最大値と最小値との差を求める	図4－58(f)	測微器付きスタンド
	マイクロメータ測定面との平行度[3]		固定平面にオプチカルパラレルを密着させ可動平面をそれに接触させて，オプチカルパラレルとの間に生ずる干渉じまから平行度を求める	図4－58(g)	オプチカルパラレル

注(1)　テストバーを使用する場合は，測定器を移動する長さを指定する。
(2)　測微器とは，ダイヤルゲージ，指針測微器，電気マイクロメータ，空気マイクロメータなどをいう。
(3)　外側マイクロメータの測定面の平行度など。

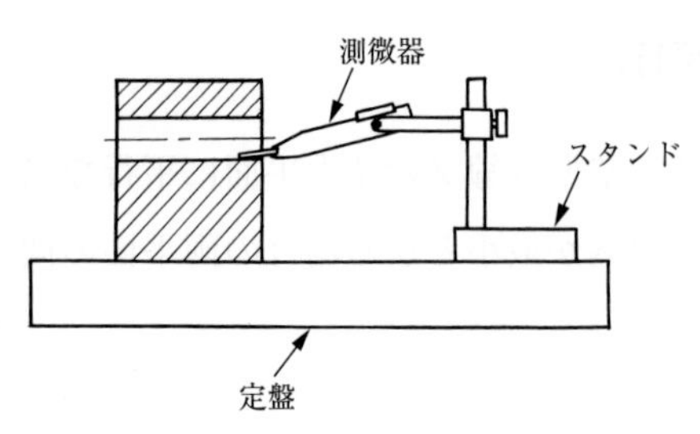

（a）底面と穴との平行度の測定

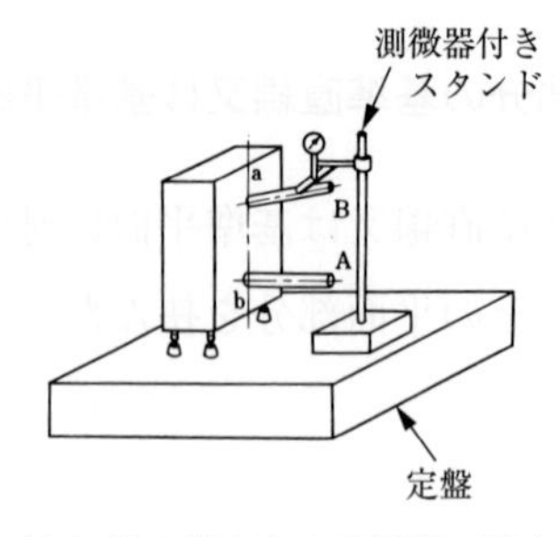

（b）軸の縦方向の平行度の測定

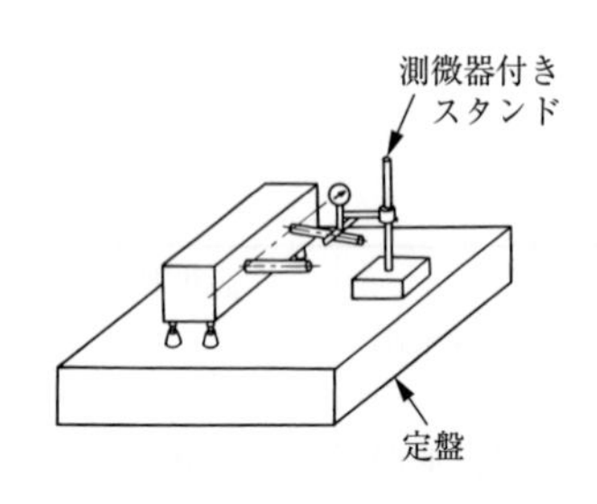

（c）軸の横方向の平行度の測定

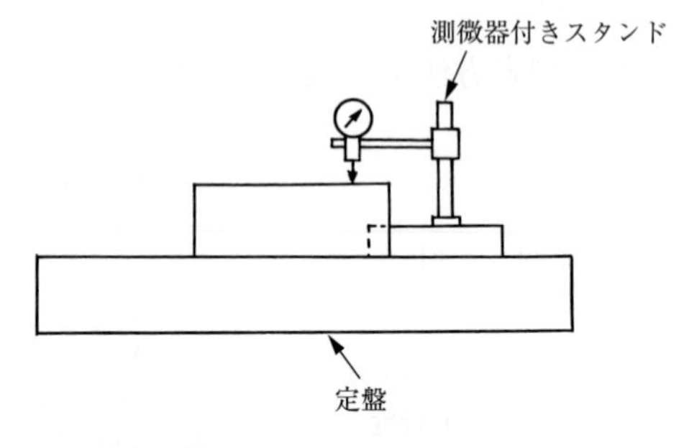

（d）外側平面の平行度の測定

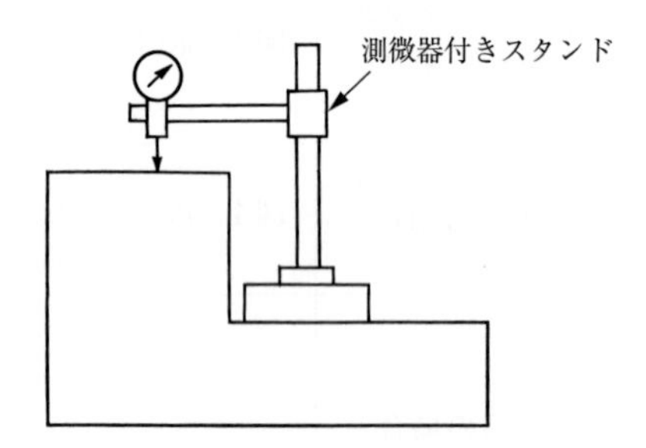

（e）段付き平面の平行度の測定

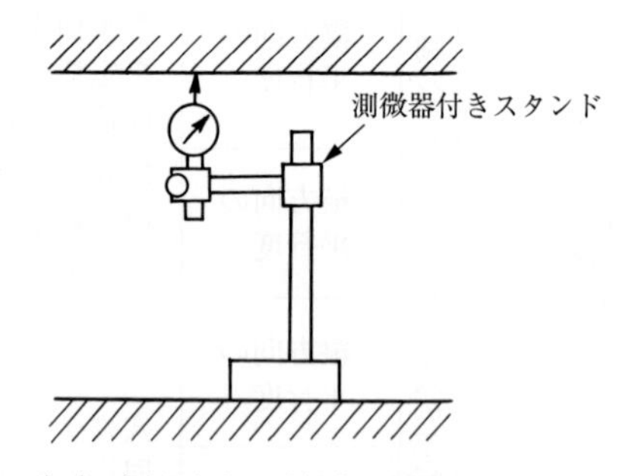

（f）内側平面の平行度の測定

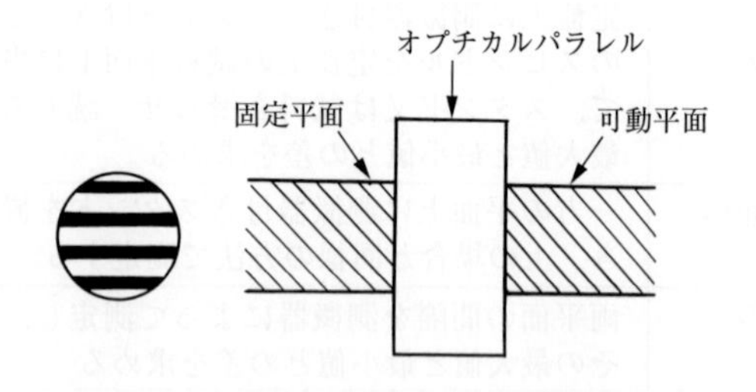

（g）マイクロメータ測定面の平行度の測定

図4－58　平行度の測定方法

第４章のまとめ

第４章で学んだ，面の測定に関する次のことについて，整理しておこう。

（１）表面性状の測定原理とその各パラメータの意味。

（２）表面性状の表記方法。

（３）表面性状のパラメータの変遷について。

（４）各種表面性状測定機とその特徴。

（５）真直度，平面度，真円度，同軸度，平行度の意味とその測定方法。

第4章　演習問題

【1】 ①〜④に必要な語句を語群から選び，以下の表面性状に関する文章を完成させなさい。

加工面の実表面は，一般に不規則で微細な凸凹からなる（　①　）や，加工機械の振動やたわみで生じる（　②　）などがある。

Ra とは粗さ曲線の（　③　）であり，（　④　）とは，粗さ曲線の二乗平均平方根高さである。

〈語群〉
十点平均粗さ，算術平均高さ，クルトシス，二乗平均平方根高さ，うねり，粗さ，形状輪郭，Rv，Rq，Rz

【2】 ①〜⑧に必要な語句を語群から選び，以下の図に従い，表面性状の指示記号に関する文章を完成させなさい。

・0.5とは，（　①　）のことである。
・フィルタ形式は“（　②　）”である。
・フィルタの通過帯域（　③　）－（　④　）である。
・輪郭曲線の選択は（　⑤　）で記号は R である。
・パラメータの選択は（　⑥　）で記号は z である。
・max は（　⑦　）ルールを意味し，max を省略した場合は，（　⑧　）ルールを適用する。

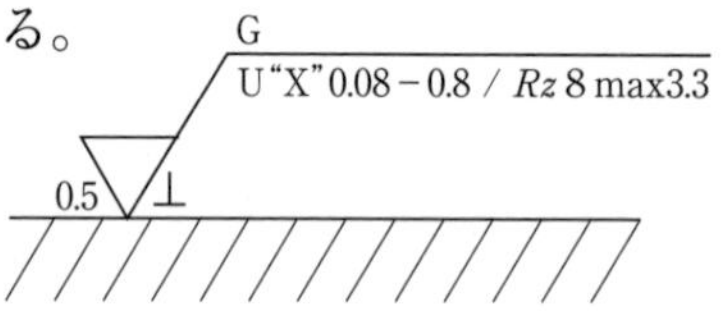

G
U“X”0.08－0.8 / Rz 8 max3.3
0.5
⊥

〈語群〉
0.08，0.8，８，3.3，U，X，G，⊥，最大値，上限，最大高さ，16%，3σ，粗さ，うねり，形状輪郭，削り代

【3】 ①〜⑥に必要な語句を語群から選び，以下の精密定盤に関する文章を完成させなさい。

JIS（JIS B 7513：1992「精密定盤」）では，精密定盤の種類を（　①　）製及び（　②　）製の２種類と定めている。

精密定盤の平面度測定では，使用面の長さ又は幅を250 mm から2 500 mm の範囲では，測定点を（　③　）点から（　④　）点と定めている。

平面度測定のための測定線の決め方には，（　⑤　）法と（　⑥　）法がある。

〈語群〉
ガラス，鋳鉄，液体金属，石，３，５，７，11，対角線，放物線，点郡データ，井げた，ポリゴン

【4】 ①～⑦に必要な語句を語群から選び，以下の真円度測定に関する文章を完成させなさい。

真円度を測定する方法として，被測定物を（　①　）のような平行二平面をもつ測定面で挟み，任意の数箇所を測定して，その寸法の最大値と最小値を求める方法がある。この測定法を（　②　）法という。

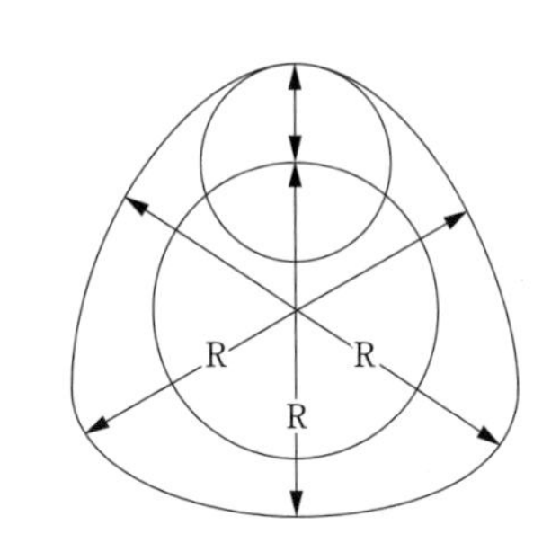

この方法は簡単に測定できる反面，被測定物の断面が右図に示すような（　③　）の場合には，どの方向を測定しても直径寸法Ｒが変わらないので，真円度が良いと判断されてしまう。

それを回避するためには，３点法という（　④　）と測微器を用いた，円周の凹凸を検出する方法などがある。さらに（　⑤　）を使うことにより，円周全体の歪みや（　⑥　）と呼ばれる，最小領域円中心などの測定が可能になる。このような測定法を（　⑦　）法という。

〈語群〉
リングゲージ，マイクロメータ，ダイヤルゲージ，サイコロイド曲線，等径歪円，ルーローの三角形，半径，直径，対角，Ｖブロック，平行ブロック，センタ，MZC，LSC，MCC，真円度測定機，表面性状測定機

【5】 ①～⑤に必要な語句を語群から選び，以下の文章を完成させなさい。

作業台の上で，図の部品の幾何公差記号に従い，（　①　）度の測定を行うことにした。

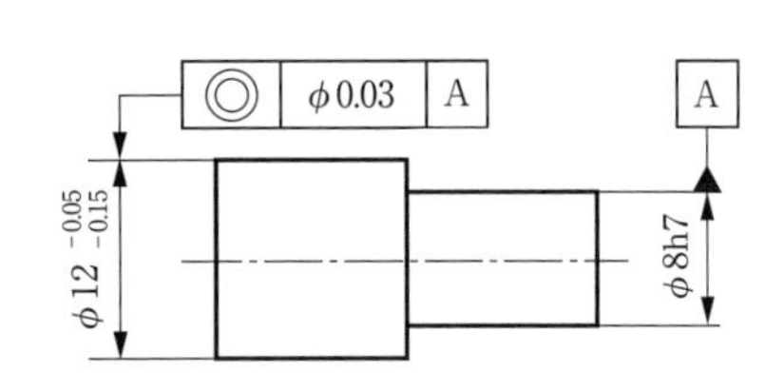

使用可能な測定機器類などは，以下の語群のものが使える。これらを組み合わせて，この幾何公差を測定する最も妥当な方法を考え，測定器具を語群から三つ選びなさい。

なお，部品の両端面にはデータムＡに対し，正確な（　　②　　）度のセンタ穴加工が施してあることとする。

（　　　③　　　），（　　　④　　　），（　　　⑤　　　）

〈語群〉
定盤，マイクロメータ，サインバー，ブロックゲージ，ナイフ・エッジ，両センタ支持台，てこ式ダイヤルゲージ，すきまゲージ，シリンダゲージ，真円，輪郭，位置，同軸

第5章
座標による測定

第２章と第３章では長さと角度の測定について学んだが，いずれも単一の長さや角度についての測定であった。実際の加工物，製品などの測定では，複雑な曲線・曲面を含むものや空間上の三次元座標値が必要な場合など，単一の部分の寸法や角度を測定しただけでは全体の仕上がりを評価できないことが少なくない。

第５章では測定物の各点の座標を測定し，その座標から各部分の寸法や角度とともに，全体の形状を求める測定法について学ぶ。

第１節では，座標測定の概要と種類について学び，第２節では，二次元の座標測定機について，第３節では，三次元の座標測定機について学ぶ。

第１節　座標による測定の概要

実際の加工部品で，各部分の単一の寸法や角度を測定した結果が公差値を満足していても，うまく組み立てられるとは限らない。簡単な軸受部品で，左右の軸受穴の個々の直径が正確であっても，互いの間隔や心ずれなどの位置関係も測定する必要がある。複雑な測定物になると，単一の寸法や角度の測定器では測定が困難であったり，測定できる場合でも時間がかかりすぎたり，位置関係まで正確な結果かどうか確信がもてないこともある。

曲線・曲面の形状が図面の指示どおりにでき上がっているかどうかを調べる場合，簡単なものであれば単一寸法測定器を数カ所に当てるか，標準形状のゲージやテンプレートでチェックする方法がある。しかし，多くの場合，例えば金型のような複雑な形状で，きめ細かい測定が必要なものは，これらの方法で測定するのは困難である。

このような測定を正確に効率よく行うには，座標測定機により基準点と基準の軸を設定して各点の座標値を読み取る方法がとられる。それをコンピュータに取り込んで演算し，必要な寸法値と位置を算出したり，設計値と照合したり，加工機へフィードバックすることができる。

座標による測定は，以下の種類に分類される。

1.1　座標による測定の種類

（1）　二次元測定

例えば，曲げのない板金や電気基板の測定のように，平面上の寸法・位置関係・曲線の形状などの測定及び断面の輪郭形状の測定は，座標軸が二つあればよいので，二次元測定と呼ばれる。平面の測定では，通常，被測定面を水平にしてＸ軸（左右方向）とＹ軸（前後方向）を基準に測定する。輪郭形状の測定では，通常，被測定断面を垂直にして，Ｘ軸（水平方向）とＺ軸（高さ方向）を基準に測定する。

一般に二次元測定では，被測定面を測定機のもっている基準の２軸で決まる基準面から傾かないように調整して設定する必要がある。

（2）　三次元測定

立体的な測定物の寸法・位置関係・曲線や曲面の形状などの測定では，座標軸は三つ必要なため，三次元測定と呼ばれる。座標のとり方は，ほとんどの場合は直交座標であり，Ｘ軸（左右方向）・Ｙ軸（前後方向）・Ｚ軸（高さ方向）を使う。直交座標を使った三次元測定では，測定物を測定機のもっている基準の３軸に対して傾いて設定しても，自動的に演算して座標値を補正することが容易である。

そのほか比較的よく使われるものに円筒座標があり，これは原点を中心にして水平面での半径 R・半径の角度 θ・高さ Z を３軸としており，円筒形のものの測定に適している。

以下の説明は直交座標で行う。

1.2　座標値と演算

測定した座標値から演算できる例を図５－１に挙げる。測定点の数は必要最小限を挙げた。

① 直線上の２点の座標値から，直線の方向，２点間の距離，等分点位置が演算できる。これを使って補正すれば，測定機の座標軸と傾いた直線を基準軸にした寸法測定もできる（同図（ａ））。

② ２直線の測定・演算結果から，さらに２直線の交点の位置，交角が演算できる（同図（ｂ））。

③ 穴や円筒の円周の３点の座標値から，径の寸法，中心の位置が演算できる（同図（ｃ））。

④ 二つの円の測定・演算結果から，さらに二つの円の中心間のピッチ，円周の交点位置が演算できる（同図（ｄ））。

⑤ 直線と円の測定・演算結果から，さらに交点の位置，中心と直線の距離が演算できる（同図（ｅ））。

⑥ 平面上の３点の座標軸から，面の傾きが演算できる（三次元測定のみ。）。これを使って補正すれば，測定機の座標と傾いている被測定面上での寸法測定もできる（同図（ｆ））。

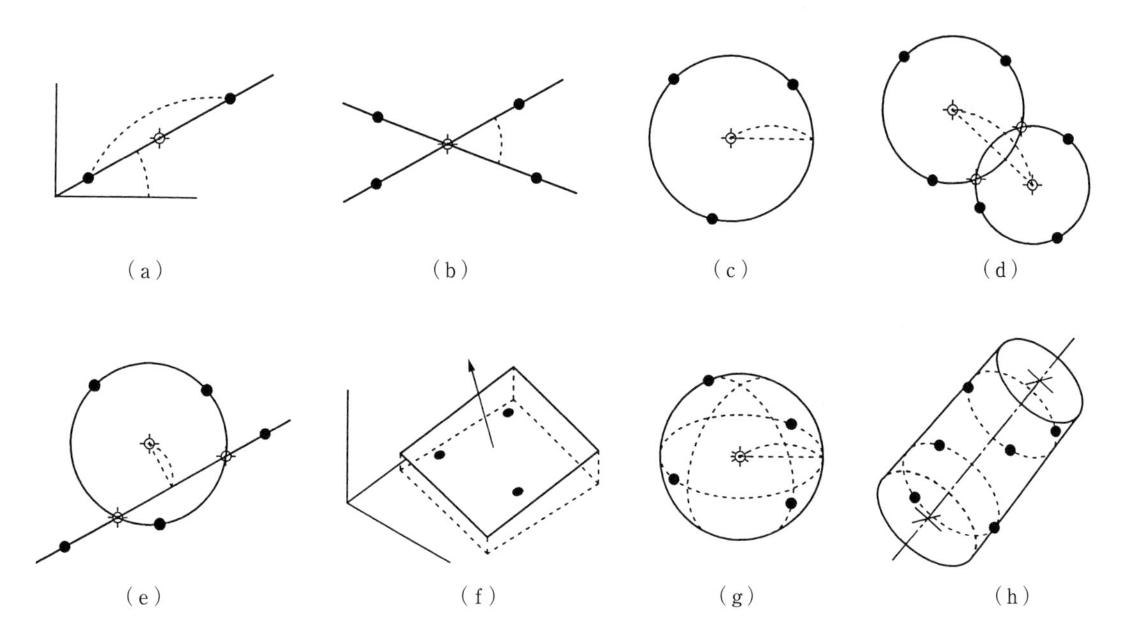

図５−１　座標値による演算例

⑦　球面上の４点の座標値から，径の寸法，中心位置が演算できる（三次元測定のみ。同図（ｇ））。

⑧　円筒の２断面上の円周の測定・演算結果から，円筒の中心線の方向，テーパ角度が演算できる（三次元測定のみ。同図（ｈ））。

第2節　二次元測定機

二次元座標測定機（以下，二次元測定機）には，平面上の測定物の測定を目的とするものと，断面の輪郭形状の測定を目的とするものがある。

2.1　平面測定の二次元測定機

平面測定の二次元測定機は，光学的手段を用いる光学測定機が主である。代表的な機種は測定顕微鏡，これを利用した画像測定機及び測定投影機である。

2.1.1　一般的な二次元測定機

（1）　共通の構造

基本構造は，垂直のコラムとベースからなる本体，水平面でXとYの直角2方向に正確に動くテーブル，コラムに沿って上下に移動できる観測ヘッドで構成される。

①　観測ヘッド

人が観測することを基本にして，図5－2に示すように，測定顕微鏡の場合は接眼レンズのレチクル（注1）上に測定基準の十字線をもつ顕微鏡ヘッド，測定投影機の場合はスクリーン上に十字線をもつ投影ヘッドを使う。これらには落射照明装置がついているが，さらに，

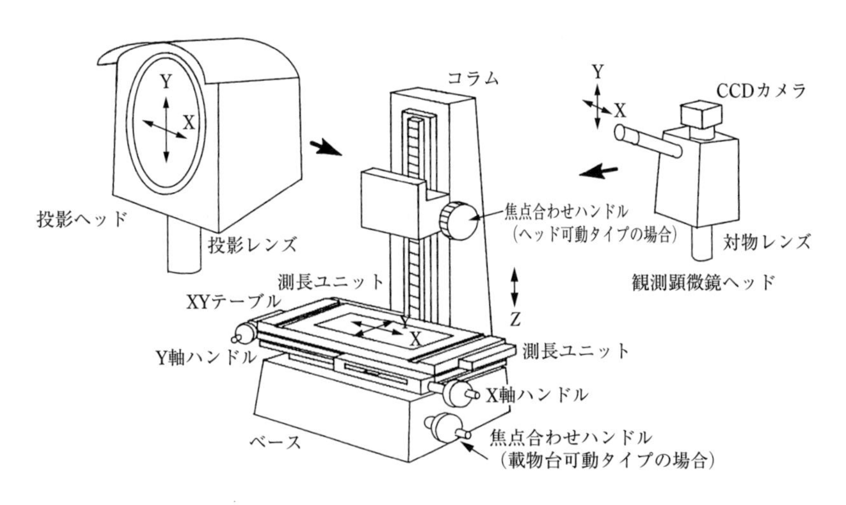

図5－2　測定顕微鏡と測定投影機

（注1）レチクル：焦点板。像面に置く十字線，目盛などを刻んだガラス板のこと。

カメラやビデオカメラが取り付けられる構造になっているものもある。

② XYテーブル

測定物を載せる載物台で，X軸，Y軸ハンドルでそれぞれの方向に独立して精密に移動でき，両軸の直角度も正確である。正式には精密十字動テーブルというが，通常XYテーブルと呼んでいる。X，Yそれぞれの軸には，座標値を求めるための測長ユニット（通常はデジタルスケール）が取り付けられている。透過照明装置を使う場合のため，中央にはガラスがはめ込まれている。

③ 照　　明

光学測定機では照明も重要な機能である。被測定面の表面を測定するため，表面に光を当てる落射照明と，測定物のシルエットの輪郭を測定するために裏面から光を当てる透過照明がある。

落射照明には，さらに垂直落射照明と斜め落射照明があり，測定物の材質や表面状態の違いにより像の見え方が著しく変わる。座標点を測定する際，斜め落射照明でエッジを強調する場合がある。

透過照明では，円筒面を測定するとき照明開口の影響でエッジ像が変化するので，コンデンサレンズにはそれを調整するための絞りがある。

④ 焦点合わせ

測定物の測定面に焦点を合わせる操作は，光学測定の基本である。観測ヘッドそのものを固定してXYテーブルを上下方向に動かすものと，XYテーブルを固定して観測ヘッドを上下方向に動かすものがある。上下方向に測長ユニットを配置して高さ方向の測定を可能にしたものもある。

（2） 共通の使用法

① 測定物をXYテーブルに載せるとき，被測定面を投影レンズ，あるいは対物レンズの光軸に対して垂直になるように置く。

② 測定物は測定中に動かないように固定する。薄板状の場合はクランプ装置，ねじなどは傾斜センタ台，円筒状の部品などはVブロック台を用いる。

③ 焦点を合わせる。

④ XYテーブルを移動させて，観測ヘッドを通してレンズの作った測定物の像において，目視では測定点が視野の中央の基準十字線に合ったとき，自動では像のエッジが基準点を通過したことを検出したときに，テーブルに取り付けてある測長ユニットのデジタルカウンタで座標値を読み取る。

⑤ 簡単な形状の長さ測定は，データ処理装置を使用しなくても，直接読み値の差で求められる。この場合は，測定物を固定するときにテーブルの走る方向と測定方向との平行出し

をしておく必要がある。

⑥　複雑な形状の測定は，デジタルカウンタの読み値を専用のデータ処理装置やコンピュータへ取り込んで必要な演算をする。座標補正の機能をもつデータ処理装置を使えば，テーブルの移動に対する測定物の平行出しをする必要はなくなる。

2.1.2　測定顕微鏡

顕微鏡ヘッドにより微小な測定物の測定ができる。直接接眼レンズで観察する代わりに，ビデオカメラやCCDカメラを搭載してディスプレイに表示することもできる。

通常は手動で，X軸，Y軸ハンドルを操作し，測定物の像のエッジを眼でレチクルの十字線に合わせるが，エッジセンサで自動的に検出する方法もある。

各軸に駆動装置が付けられ，コンピュータで制御して自動的に測定するCNC式もある。JIS B 7153：1995では，性能の許容値により精密測定室用の高級機と一般に使う汎用機に分け，0級と1級の2等級を規定している。

（1）構　　造

一般用の測定顕微鏡の例を図5－3に示す。

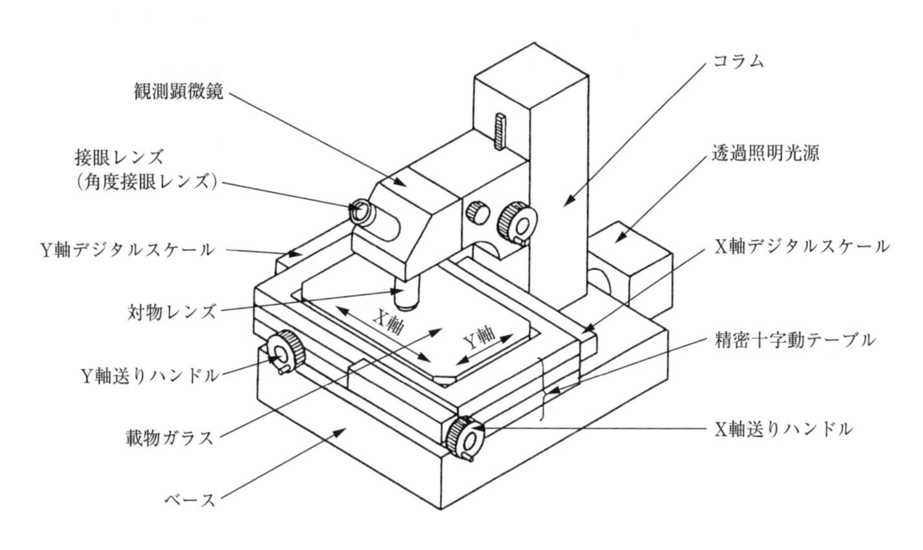

図5−3　測定顕微鏡（JIS B 7153：1995）

（2）精　　度

性能を表す要素はいくつかあるが，特にXYテーブルのX軸とY軸方向の直角度と各軸の精度が重要で，JISでは表5－1のように規定している。

測定長50 mmで1級の場合は，5 μm以下の精度となる。実際の測定時には測定物の質量や

XY テーブル上の置く位置，移動方向と測定物との平行などの影響がさらに加わる。接眼レンズは10倍を使うので，レチクル十字線の線幅を7 μm 程度にしている。エッジの検出は，対物レンズが3倍の場合，測定物側で約2 μm の読取りができることになるが，エッジ像のぼけ具合によってはエッジと認識する位置が変動する。エッジセンサを使えば1 μm の検出は可能である。

表5－1　測定顕微鏡の性能の許容値（JIS B 7153：1995）

［単位：μm］

	0級	1級
X軸とY軸方向の直角度	（1.5＋0.02L）以下	（3.0＋0.04L）以下
X軸，Y軸各軸の測定精度	（2　＋0.01L）以下	（4　＋0.02L）以下

（注）Lはテーブルの移動量［mm］で測定範囲全域について適用する。

（3）使　用　法

① 図5－4に示すように，測定物を載せたXY テーブルをX軸，Y軸方向に動かし，観測視野の十字線に測定物の像の測定点を合わせる。

② XY テーブルの測長ユニットの表示する座標値を読み取る。

③ データ処理装置を使う場合は，演算したいコマンドを指定しておき，座標値のデータを入力する。同図の例では，円計算の測定コマンドを指定して，穴の円周上の3点のデータを入力し，もう一つの穴も同様に入力して，計算により穴の直径並びに穴の中心間距離を計算している。

④ エッジセンサを組み合わせて使えば，データの自動入力が可能になる。

⑤ 測定の手順を一度行って記憶させ，繰り返し実行させることができるティーチング機能は，複数測定物の繰返し測定に効果を発揮する。

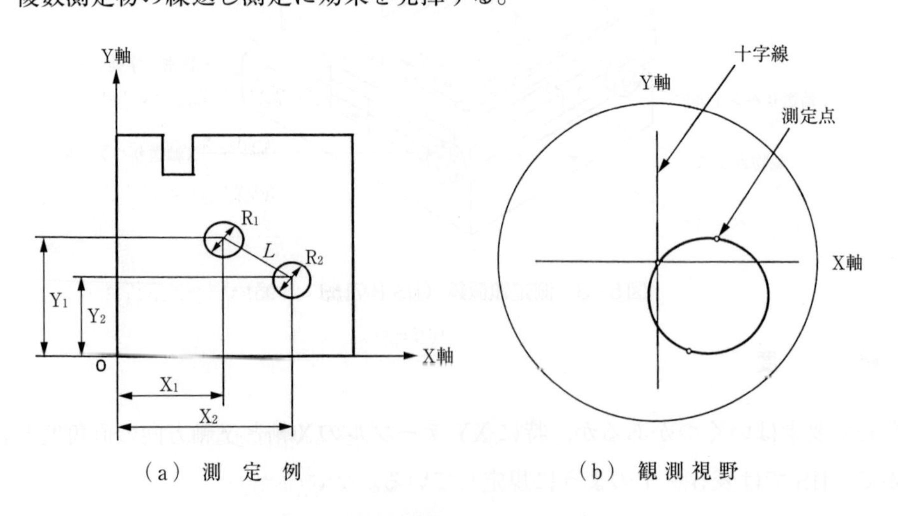

（a）測　定　例　　（b）観 測 視 野

図5－4　測定例とデータ入力方法

2.1.3　画像測定機

顕微鏡ヘッドに取り付けたCCDカメラで測定物の画像を取り込み，コンピュータを利用した画像処理機能で画面内の測定物のエッジの位置を検出し，XYテーブルの測長ユニットの読み値と合わせて座標値を測定する測定機である。

（1）構　　造

基本的には，測定顕微鏡のヘッドのビデオポートにCCDカメラを取り付けたものである。大形の平面物，例えばフラットパネルディスプレイなどの測定向けに，大形のXYテーブルを使用した専用の二次元測定機もある。また，オートフォーカスにより焦点位置を合わせることで，高さ方向の段差測定が可能なものもある。これはZ軸方向の測定を含むので，三次元画像測定機に近いが，完全な三次元測定はできないので，二・五次元測定機と呼ばれることがある。この場合はX軸，Y軸に対するZ軸の直角度も正確なことが必要である。

（2）精　　度

CCD画素をいくつか使うサブピクセル法を用い，エッジ移動を0.1 μmの分解能で検出できる。XYテーブルの移動の精度は，測定顕微鏡と同等以上である。

（3）使 用 法

画像処理による測定では，画面内の任意の測定点を自動的に検出できるので，XYテーブルの移動は，基準線合わせやエッジセンサによるポイント検出のように厳密に行う必要がなく，測定位置が画面の中央付近にくるように動かすだけで測定できる利点がある。一般にはコンピュータ制御で測定をコントロールすることが多い。

2.1.4　測定投影機

投影ヘッドでスクリーンに拡大投影した測定物の像をスクリーン上の基準十字線に合わせたり，エッジセンサで検出して，そのときの位置をXYテーブルの測長ユニットで読み取る。視野を大きくとることができ，比較的大きな測定物を多数の人で観測できる特徴をもつ。

もともと投影機は，部品の形状の最大許容差と最小許容差との拡大図形を，共に記入したマイラーシートをスクリーン上に置いて，拡大投影された像と重ね合わせて比較検査するための測定機であるので，光学系は高い倍率精度が得られるように作られている。現在は測長ユニットの発達で，上記のXYテーブルを移動する座標測定が主流になっている。

（1） 構　　造

図5－5に示すように，投影機の種類には上向き形，下向き形，横向き形がある。スクリーンの大きさはφ300 mm程度からφ1 000 mmを超える機種まである。

① 上 向 き 形

XYテーブル，投影レンズ，スクリーンは同図（a）のように配置されている。被測定面を上にして置き，透過照明では下から上への光束で照明する。スクリーンはほぼ垂直に向いていて見やすく，主要操作部が前面に集中しているため作業性がよい。投影ヘッド側が上下

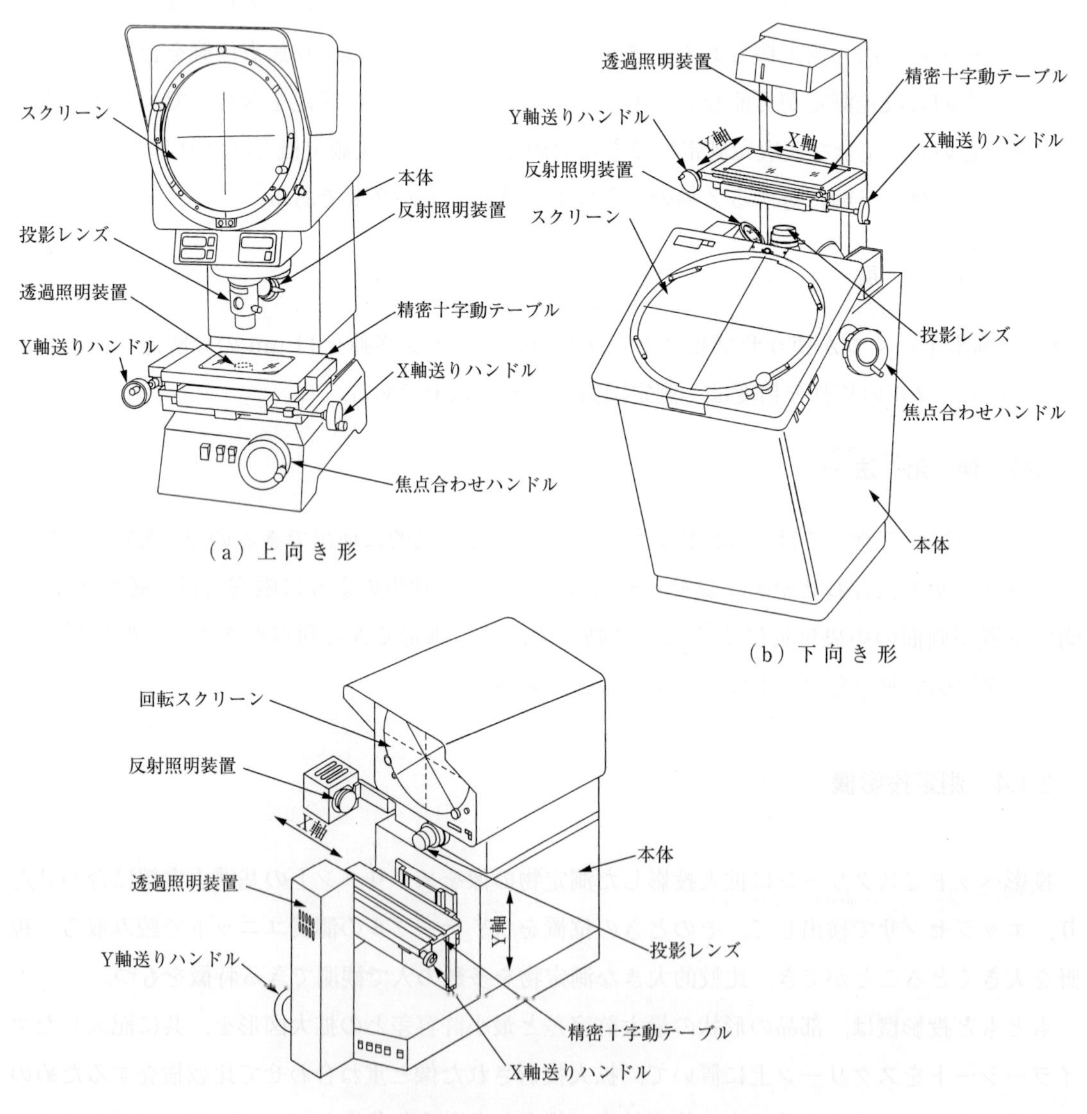

図5－5　測定投影機の種類（JIS B 7184：1999）

に移動するタイプは，XY テーブルが固定できるので取付け部の剛性が高く，一般的に測定精度が高い。

② 下 向 き 形

XY テーブル，投影レンズ，スクリーンは同図（ｂ）のように配置されている。被測定面を下向きに置き，透過照明では上から下への光束で照明する。スクリーンは手前にあって上向きに配置されているので，マイラーシートなどは置きやすい。一般に，歯車などの小さく軽量物の投影に使用される。

③ 横 向 き 形

XY テーブル，投影レンズ，スクリーンは同図（ｃ）のように配置されている。XY テーブルは垂直面内で動くように取り付けられていて，Ｙ軸が垂直方向になる。被測定面を横向き（垂直）に置き，透過照明では XY テーブル上を横切って手前から後ろ方向への水平光束で照明する。載物台上方には妨げになるものがなく，測定物の取付け・取外しが容易であり，XY テーブルを頑丈にすることができ，重量物やねじの測定に適している。

（2） 精　　度

① 性能を表す要素はいくつかあるが，XY テーブルのＸ軸とＹ軸方向の直角度と各軸の精度が重要で，JIS B 7184：1999では表５－２のように規定されている。

測定長50 mm では8 μm 以下の精度となる。実際の測定時には，測定物の質量や載物台上の置く位置，移動方向と測定物の平行などの影響がさらに加わる。

② 倍率精度については，JIS で規定している許容値は，透過照明で±0.15 %である。

③ エッジの検出精度については，十字線の線幅を0.1 mm 程度にしているので，スクリーン上で直接見る場合に線幅まで検知したとすると，投影レンズが10倍であれば，測定物側で10 μm となることから，十字線に合わせる精度は，目視では数 μm，エッジセンサを使えば1 μm が可能である。

表５－２　測定投影機の性能（JIS B 7184：1999）

［単位：μm］

Ｘ軸とＹ軸方向の直角度	（4.5＋0.06*L*）以下
Ｘ軸，Ｙ軸各軸の測定精度	（6　＋0.04*L*）以下

（注） *L* はテーブルの移動量［mm］で測定範囲全域について適用する。

（3） 使 用 法

接眼レンズをのぞくか，スクリーンを見るかの違いのほかは，測定顕微鏡と同じである。

2.2　輪郭形状測定機

輪郭形状測定機は，触針（以下，「スタイラス」という。）によって測定物の表面をトレースし，Ｘ－Ｚの二次元座標値を検出し，その輪郭を拡大記録したり，必要な部分の半径，角度，ピッチ，段差などをコンピュータによって演算処理できる測定機である。

構造は，表面性状測定機と類似している。表面性状測定機は縦倍率を高くして表面の微細な凹凸を測定するのに対し，輪郭形状測定機は低い倍率で比較的大きい起伏の輪郭形状を測定する。代表的な輪郭形状測定機の外観を，図５－６（ａ）に示す。

このように，測定機本体，電装ユニット，データ処理部とプリンタなどで構成されている。これまで穴や溝の内側の輪郭形状を測定するには，測定物を切断したり，石こうや合成樹脂などでレプリカ（型）をとって測定しなければならなかったが，本機では同図（ｂ）に示すように，スタイラスが入っていけるところであれば簡単に測定できる。

主な測定例を図５－７に示す。ほかにも測定物の形状に合わせて測定アームやスタイラスを変えることで，幅広い測定ができる。

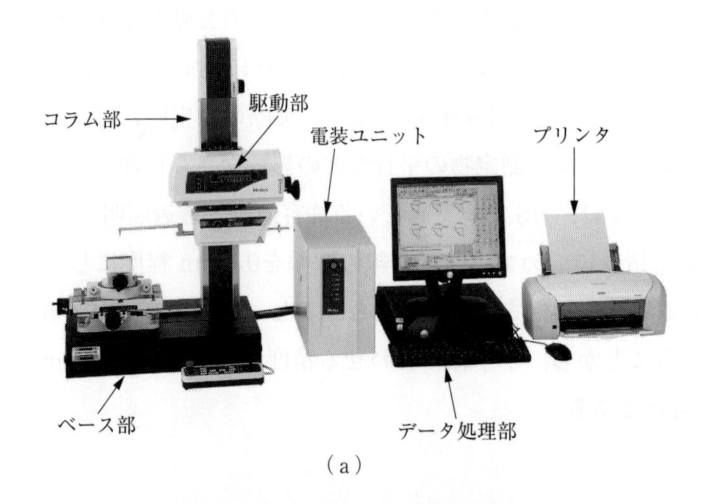

（ａ）

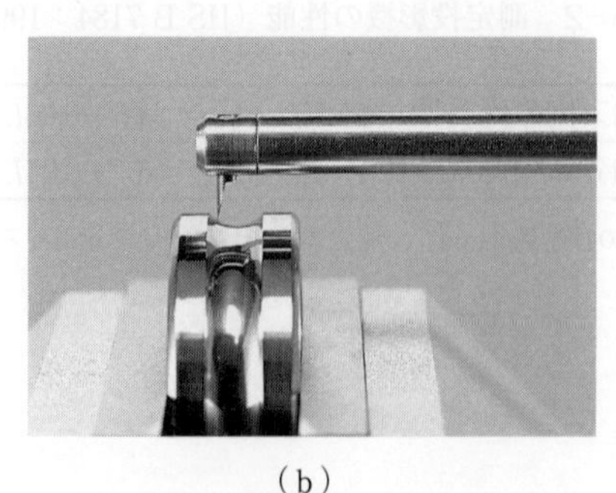

（ｂ）

図５－６　輪郭形状測定機の外観

（出所：（ａ）㈱ミツトヨ「精密測定機器・総合カタログ No.13」，（ｂ）㈱ミツトヨ「精密測定機器の豆知識」）

輪郭形状	パーツの図例と測定箇所	測定形状の例
角　度 傾　斜 半　径 面　取		
一般めねじ ねじゲージ テーパと溝		
複雑な曲断面		
カ　ム		
金　型		

図5−7　測　定　例

（1）構　　造

測定機本体は測定物を載せるベース部，測定物の高さに合わせて駆動部を上下に移動させるコラム部，Ｘ軸及びＺ軸を支持する駆動部からなっている（前出の図５－６）。

駆動部は図５－８のように，モータでスライダを左右に移動させ，Ｘ軸のその位置をデジタルスケールによって検出する。スライダに固定されたＺ軸検出部から出ている測定アームとス

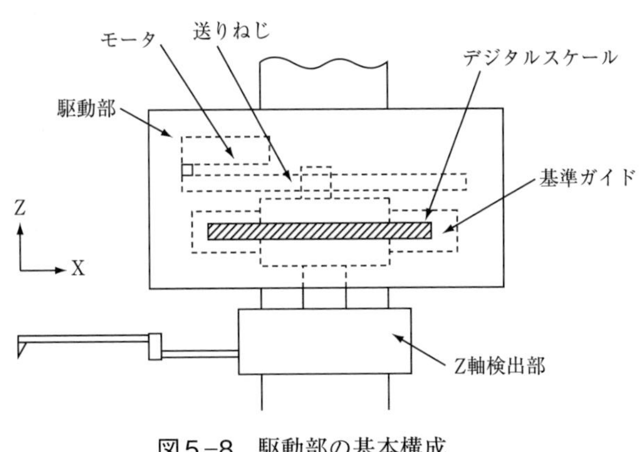

図5−8　駆動部の基本構成

タイラスは測定物の表面に沿って上下に振れ，Ｚ軸の位置検出には，差動トランス又はデジタルスケールを使っている（図５－９）。Ｘ軸の移動範囲は100 mm や200 mm，Ｚ軸の検出範囲は50 mm 程度のものもある。

測定アームのスタイラス取付け部と反対の位置には可動ウエイトが取り付けられており，測定力を適正な値に設定することができるものや固定式のものもあるが，10 mNから30 mNが一般的である。このように軽くしてあるので，スタイラスの追従角度は上りは60°～77°，下りは60°～87°などとなっている(メーカ及び機種によって，測定力や追従角度などの仕様が異なる)。

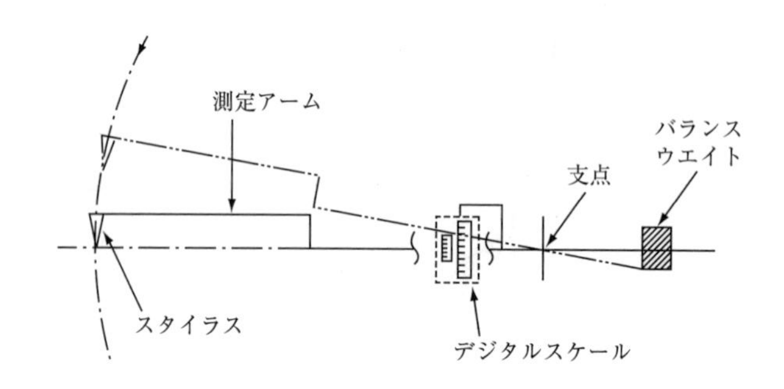

図５−９　Ｚ軸検出部の概要

（2）　シ ス テ ム

電装ユニット及びデータ処理部までのブロックダイヤグラムを図５－10に示す。コンピュータを接続することによって，連続的に入力された二次元座標値を基に各種データ処理が可能である。その主な例を図５－11に示す。

角度や半径，ピッチ測定などの寸法測定だけでなく，正しい輪郭形状（設計上の輪郭形状）から実際の測定物がどのくらい違っているかの偏差量を求めることができる。

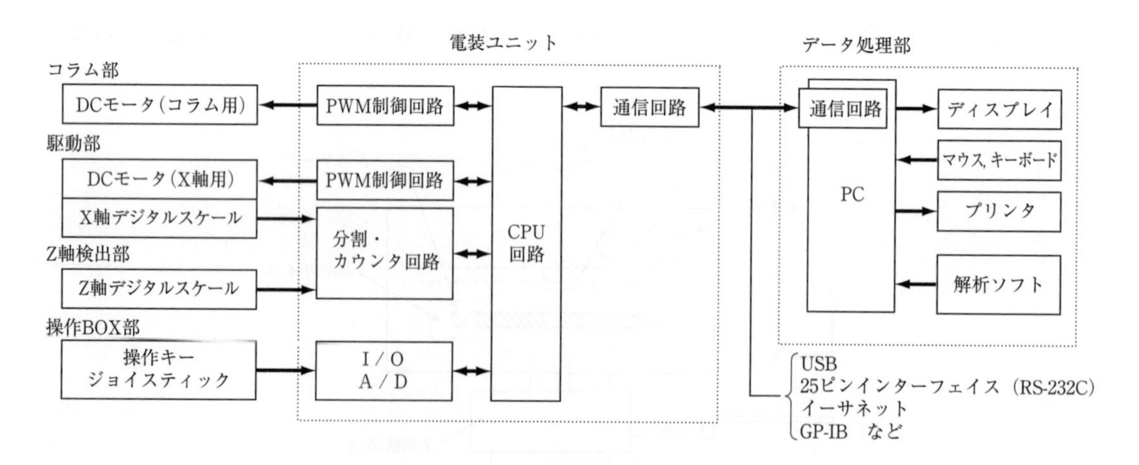

図５−10　信号系のブロックダイヤグラム

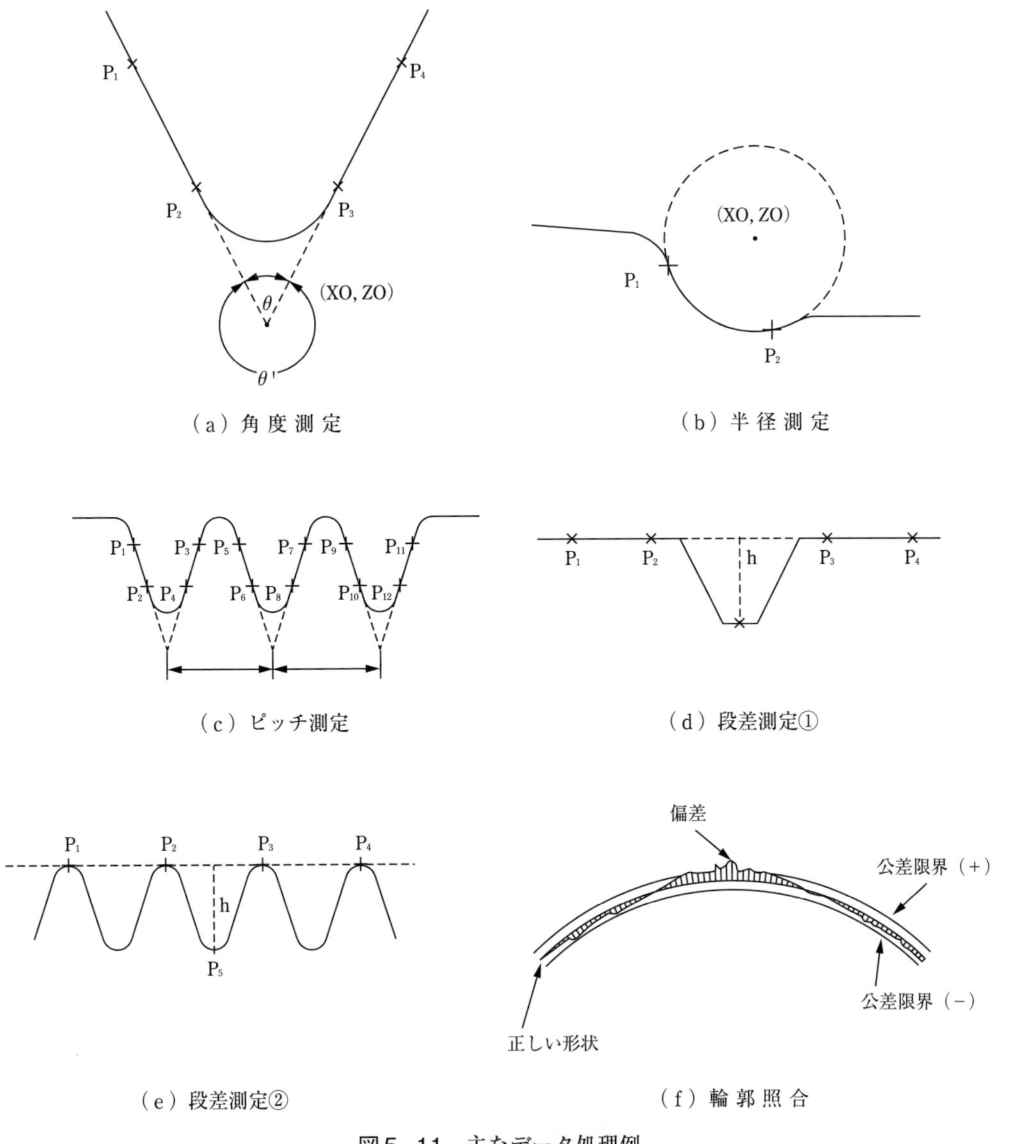

（a）角度測定　（b）半径測定

（c）ピッチ測定　（d）段差測定①

（e）段差測定②　（f）輪郭照合

図5-11　主なデータ処理例

(3)　精度表示

X軸の指示精度は±（$A+B\times L/100$）[μm]，A，Bは測定機特有の定数，Lは測定長さ[mm]で表示され，$L=100$ mmで±3 μmのものもある。

また，Z軸の指示精度は±C [μm]などと表示している。Cは測定機によって異なる精度の値であり，±1 μmのものもある。

第3節　三次元測定機

立体的な寸法・位置関係の測定及び複雑な自由曲面をもつ品物の測定には，三次元座標測定機（以下，三次元測定機）が用いられる（図5－12）。

産業の高度化に伴って，精密測定に要求される内容も極めて高度なものになってきた。特に近年の機械産業においては，使用する工作機械の精度向上，CAD/CAMの導入による設計・製作期間の短縮に伴い，検査部門の精度水準及び測定効率の向上も要求されている。

三次元測定機は，自動車，航空機，家電，音響，情報通信機器，工作機械，農業機械，建設機械，医療機器など多岐にわたる業界に普及している。各種加工部品，金型，成形品，プレス部品などの測定に用いられ，大手企業だけでなく，中小企業でも導入が進んでいる。特に金型産業においては，金型の複雑化や高精度化により，三次元測定機への要求は高い。

三次元測定機とは，その名のとおり物体の三次元形状を求めるための測定機であり，JIS B 7440－1：2003では「プロービングシステムを移動させ，測定物表面上の空間座標を決定する能力がある測定システム」と定義されている。

図5－12　三次元測定機
（出所：㈱ミツトヨ「精密測定機器・総合カタログ No.13」）

3.1 構　　成

基本的な三次元測定機システムは，三次元測定機本体，プローブ，データ処理装置から構成されている。

（1） 三次元測定機本体

三次元測定機本体の形式には，直交座標系，極座標系，円柱座標系及び球面座標系などがあるが，精度維持の容易な直交座標系が主に用いられている。JIS にて参考提示されている形式を図５－13に示す。

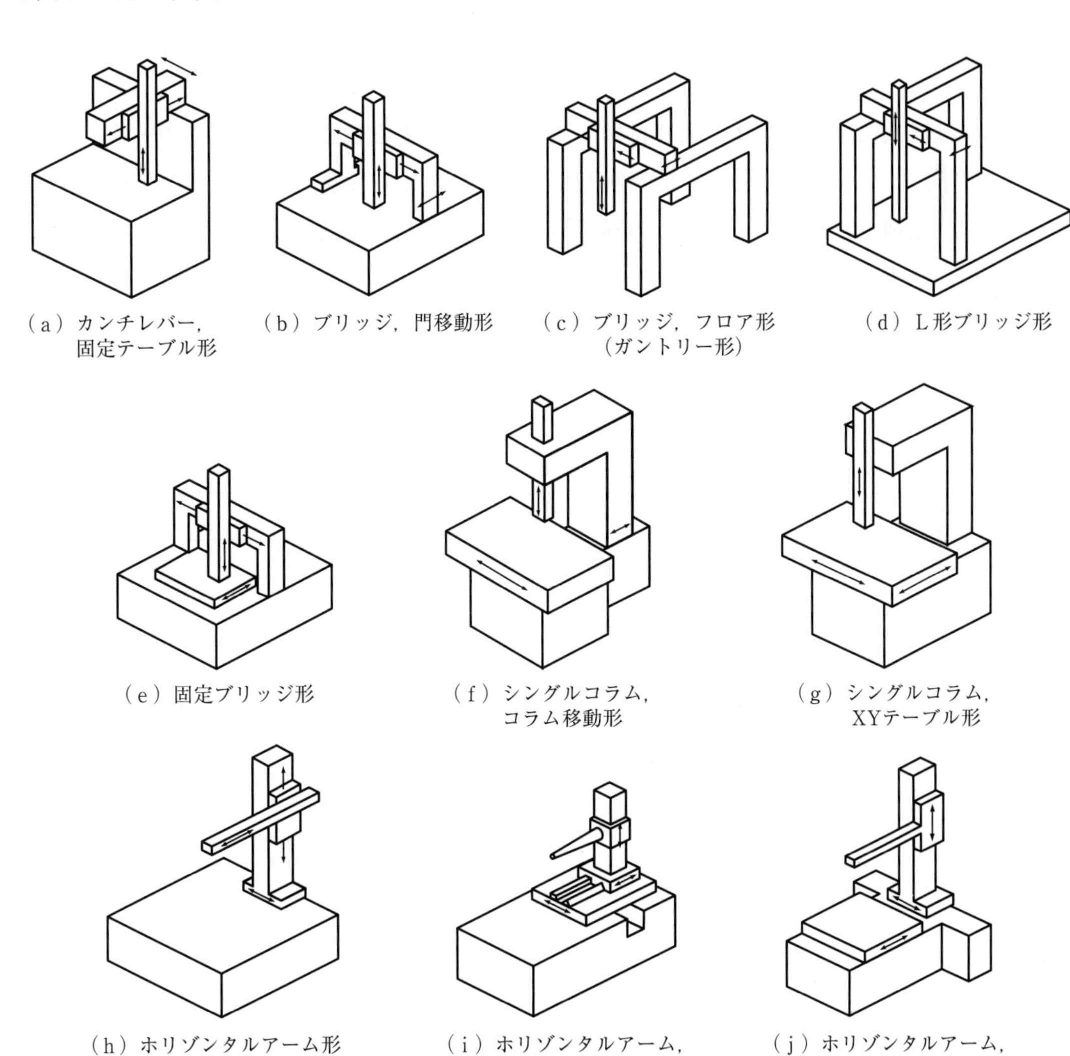

図５－13　三次元測定機の各種形式（JIS B 7440－1：2003）

直交座標系の三次元測定機本体は，互いに直交するX軸，Y軸，Z軸と各軸の移動量を測定する測長スケールをもつ。各軸のしゅう動はエアベアリング（注2）が多く使用されている。

三次元測定機本体の駆動，操作方法は次の3種類に分類される。

a　マニュアル式

操作する人が手動で各軸を駆動し，操作・測定する。

b　モータドライブ式

各軸に駆動装置が付けられ，操作する人がジョイスティック（注3）などで遠隔操作する。

c　CNC 式

各軸に駆動装置が付けられ，あらかじめ作成されたプログラムに従ってコンピュータの指令により制御し，自動的に測定する（CNC：Computer Numerical Control）。

（2）プローブ

プローブは三次元測定機本体に取り付け，測定点を感知する機器である。プローブには，被測定物（以下，「ワーク」という。）に接触して位置を検出する接触式と，レーザ光線，顕微鏡などの光学的原理やビデオカメラなどの画像処理器を使った非接触式がある。プローブの分類を図5－14に示す。

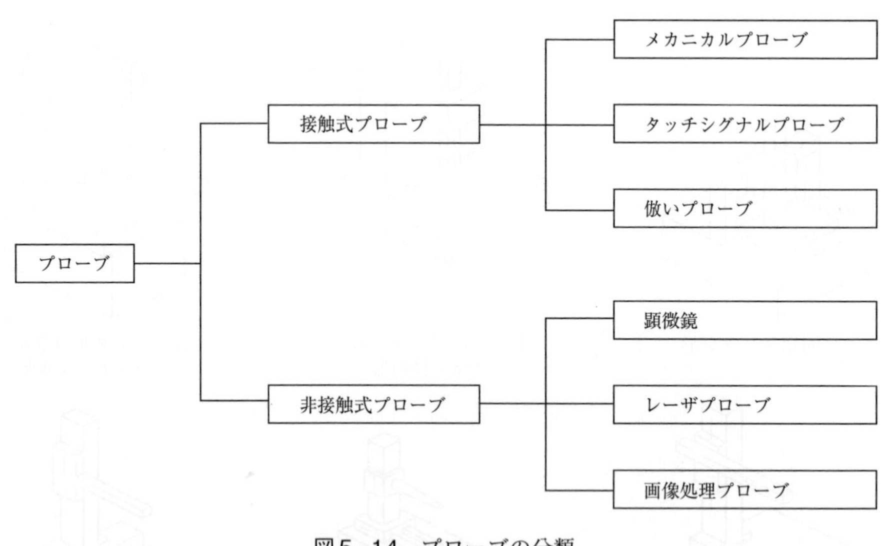

図5－14　プローブの分類

（注2）ガイド面とエアベアリングとの間に圧縮エアを送り込み，薄い空気層を作ることで，非接触で摩擦のない駆動を可能としている。そのため，スティックスリップがなく，高精度な位置決めができる。

（注3）ジョイスティック：移動させる軸や移動方向及び移動速度を指示できる装置で，スティックを倒している間，指示された軸は移動し続ける。

三次元測定機では主に接触式プローブが使われており，センサを内蔵し，接触した瞬間に信号を発するタッチシグナルプローブ（図5－15）が普及している。また，接触式プローブの中にはスケールを内蔵し，接触後の変位量を検出できるプローブもある。これは倣いプローブと呼ばれ，輪郭形状（特に自由曲面）の測定に使用される。

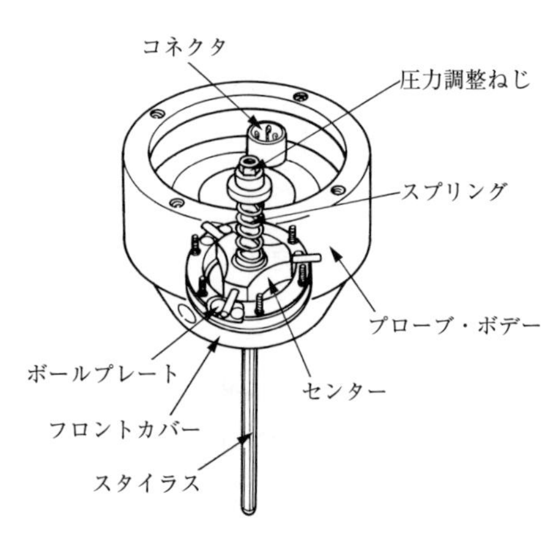

図5－15　タッチシグナルプローブ

■非接触式プローブの特徴

従来の接触式プローブでは入り込めなかった，直径1mm以下の小径の穴やプローブの接触圧で変形してしまう微小形状部品，樹脂部品などの測定が非接触プローブでは可能になります。

また，画像処理プローブは，接触式プローブより測定時間が短く，測定密度も高いため，特に曲面測定などに優れています。例えば急勾配の測定の場合，測定ピッチを細かくする必要があるため，接触式プローブでは測定に長時間かかりますが，非接触三次元デジタイザでは，測定範囲を画像でとらえるため，短時間で測定が可能です。また，測定データは点群データやポリゴンデータ（三角パッチの面データ）で出力されるため，容易にCADデータに変換することができます。また，CAMシステムと連携することでリバースエンジニアリング(＊）が可能になります。

ただし，製品の表面が光学的に不安定な測定面の場合には，測定精度が低いケースや測定が困難なケースもあります。また，重要寸法に関しては，測定精度の観点から接触式プローブを用いるケースが多くあります。

(＊）リバースエンジニアリングとは

製品の先行イメージとして作られたクレイモデルや，既に現物がある製品などの形状データを測定し，それをもとにCADデータを作成し，製作データとして活用すること。

(3)　データ処理装置

データ処理装置は，三次元測定機本体及びプローブにて検出された測定点座標から各種演算処理を行い，結果を算出するコンピュータシステムである。寸法，位置の測定，輪郭形状の測定など，どのような処理が行えるかはデータ処理装置の能力によるところが大きい。

図５－16に，主な測定・評価内容を示す。

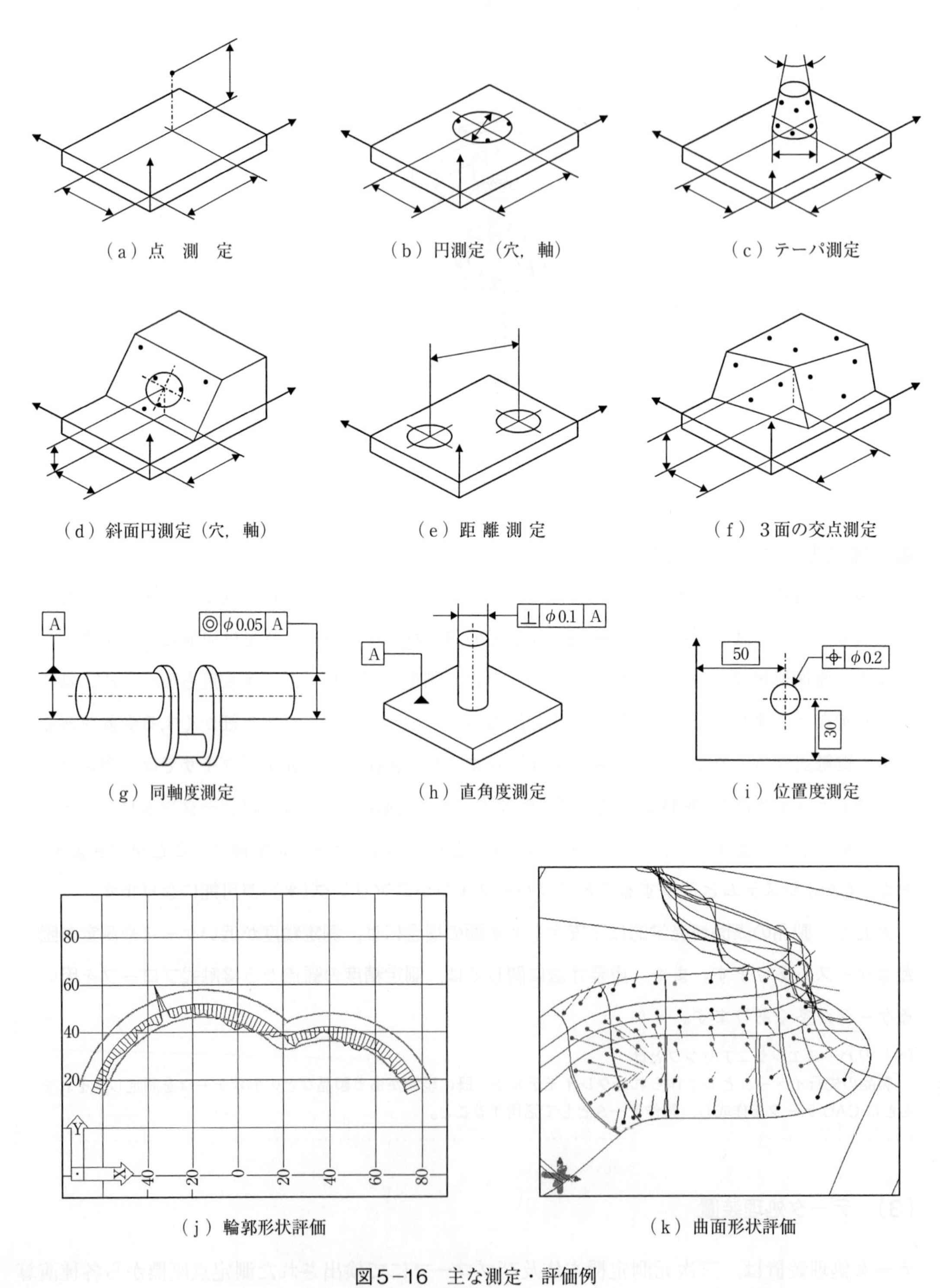

（a）点　測　定　（b）円測定（穴，軸）　（c）テーパ測定

（d）斜面円測定（穴，軸）　（e）距 離 測 定　（f）３面の交点測定

（g）同軸度測定　（h）直角度測定　（i）位置度測定

（j）輪郭形状評価　（k）曲面形状評価

図５−16　主な測定・評価例

3.2　三次元測定機の精度と使用環境

三次元測定機の測定誤差は，測定機の構造，測長スケールの精度，プロービング誤差に起因するが，このほか設置環境の温度による影響も大きい。このため，三次元測定機は20℃の恒温室に設置されているが，近年では省エネルギーの関係から，恒温室の設定温度を季節に応じて変更する場合がある。

これに対応するため，熱変形対策及び温度補正機能をもった三次元測定機も使われている。三次元測定機の試験方法は，JIS B 7440－2：2013で規定されている。

3.3　三次元測定機の操作

三次元測定機の基本的な作業手順を図５－17に示す。

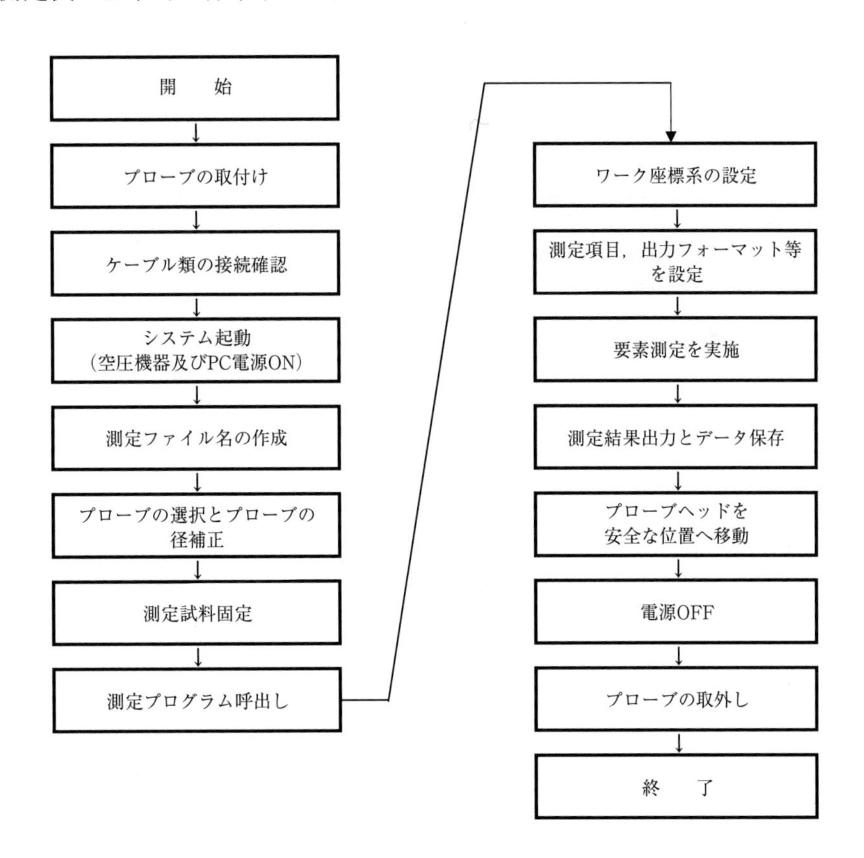

図５－17　三次元測定機の操作　流れ図

3.4　CAT システムとの連係

三次元CAD/CAMの普及に伴い，CADデータを計測に利用するニーズが増加しつつある。CAT（Computer Aided Testing）システムは，CADデータを基にコンピュータ・シミュレーションでCNC三次元測定機の測定動作プログラム（以下，パートプログラム）を生成するシステムである。

通常，CNC三次元測定機でのパートプログラムの作成は，ワーク加工終了後，オペレータが実際にワークを測定し，その際の移動・測定座標，演算命令を記録して行われる。

CATシステムではCADデータを使用するため，ワークの加工と並行してパートプログラムの作成が行える。また，パートプログラムの作成のために三次元測定機を使用する必要がないので，三次元測定機の稼働率を高めることができる。

図5－18に，CATシステムとCNC三次元測定機の関係を示す。

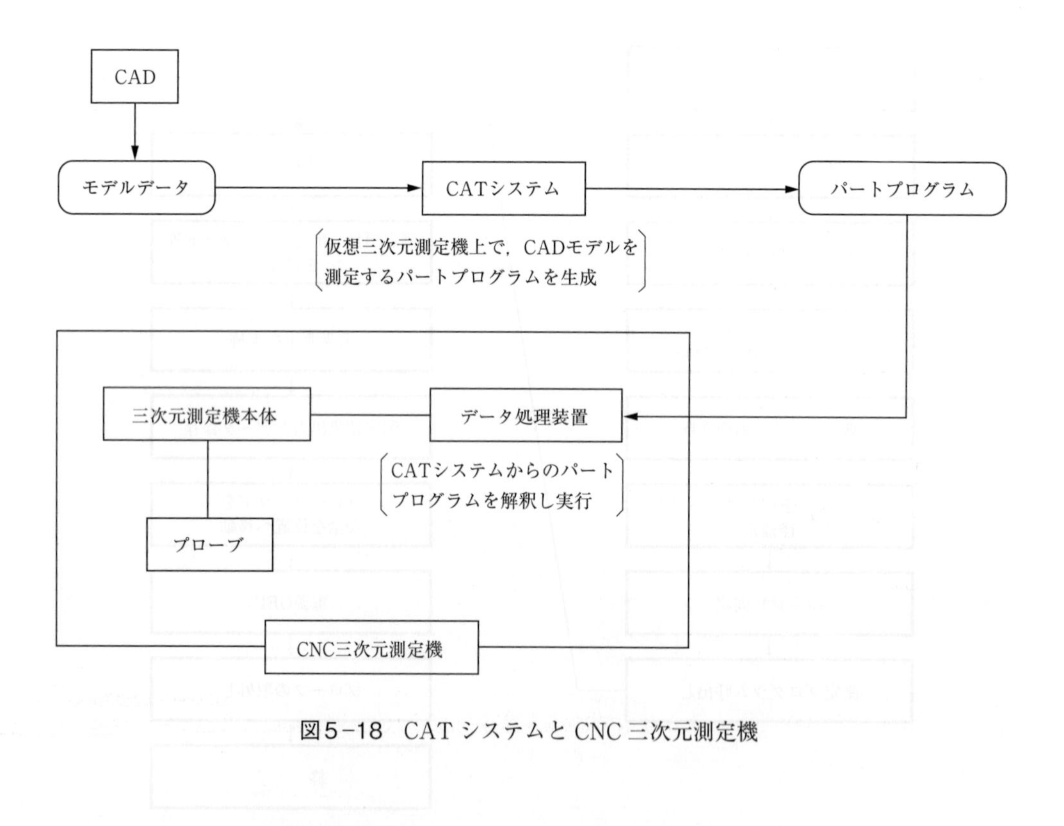

図5−18　CAT システムと CNC 三次元測定機

3.5　その他の三次元測定機など

（1）　多関節形三次元測定機

接触式・非接触式プローブなども装備可能で，持ち運び可能な測定システムながら，三次元

図５−19　多関節型三次元測定機の使用例（放電加工電極の寸法，形状測定）
（出所：㈱ニコンソリューションズ）

自由曲面上でも容易に測定ができ，バッテリー駆動，ワイヤレスデータ転送機能を備えているものもある。そのため計測施設のみならず，製造現場，さらには野外でも使用されるケースもある。さらには，各関節に駆動モータを装着し測定プログラムに従い，インライン計測ロボットとして稼働させているケースもある（図５−19）。

（２）　マシニングセンタ機上での形状計測

難削材の切削加工を行う金型加工などでは，工具摩耗の影響等により設計値との誤差が生じやすい。機上計測機能を備え，主軸に測定用プローブを装着可能なマシニングセンタでは，加工直後に形状測定を機上で行うことが可能であるため，加工物を取り外すことなく，即時に修正加工することが可能になる（図５−20）。

図５−20　マシニングセンタにレーザープローブを実装した例
（出所：大分県産業科学技術センター）

第５章のまとめ

第５章で学んだ，座標による測定に関する次のことについて，整理しておこう。

（１）二次元測定と三次元測定の違いと演算例。

（２）二次元座標による測定機の種類と利点及び特徴について。

（３）各種二次元測定機の特徴と使用方法。

（４）三次元座標による測定について。

（５）三次元測定機の各種形式。

（６）接触式プローブと非接触式プローブの違いと特徴。

（７）三次元測定機の使用法。

（８）その他の三次元測定機。

第5章　演習問題

【１】 以下の語群から平面測定の二次元測定機を四つ選びなさい。

（　①　），（　②　），（　③　），（　④　）

〈語群〉
マイクロメータ，デジタルスケール，測定顕微鏡，輪郭測定機，ハイトゲージ，水準器，オートコリメータ，精密定盤，画像測定機，円筒スコヤ，測定投影機

【２】 次の文章は標準的な三次元測定機の測定手順である。手順を並び替える順番を記入し，文章を完成させなさい。

なお，三次元測定機の初期状態は，プローブは装着していない状態で，電源，空気圧などはすべてオフであることとする。

作　業　項　目	順　番
被測定物を固定し，測定プログラムを呼び出し，ワーク座標系の設定を行う。	
三次元測定機にプローブを取り付けるとともに，ケーブル類の接続確認をする。	
プローブヘッドを安全な位置へ移動し，計測システムを終了させる。	
電源を切り，空圧を抜き，プローブを取り外す。	
空圧機器への加圧，及び，計測システムの起動を行い，システムが立ち上がったら測定用のファイル名を作成する。	
測定項目，出力フォーマット等を設定し，要素測定を実施後，測定結果の出力とデータの保存を行う。	
測定内容に合わせ，プローブの径補正を行う。	

【３】 座標測定機において，測定した座標値から演算できる事例を以下に示す。文章中の内容と最も適合する図を選びなさい。

なお，測定点の数は必要最小限である。

文　　章	図の選択
球面上の４点の座標値から，径の寸法，中心位置が演算できる。	
円筒の２断面上の円周を測定・演算した結果から，円筒の中心線の方向，テーパ角度が演算できる。	
穴や円筒の円周上３点の座標値から，径の寸法，中心の位置が演算できる。	
平面上の３点の座標軸から，面の傾きが演算できる。これを使って補正すれば，測定機の座標と傾いている被測定面上での寸法測定もできる。	
直線上の２点の座標値から，直線の方向，２点間の距離，等分点位置が演算できる。これを使って補正すれば，測定機の座標軸と傾いた直線を基準軸にした寸法測定もできる。	
直線と円の測定・演算結果から，さらに交点の位置，中心と直線の距離が演算できる。	
２直線の測定演算結果から，さらに２直線の交点の位置，交角が演算できる。	
二つの円の測定・演算結果から，さらに二つの円の中心間のピッチ，円周の交点位置が演算できる。	

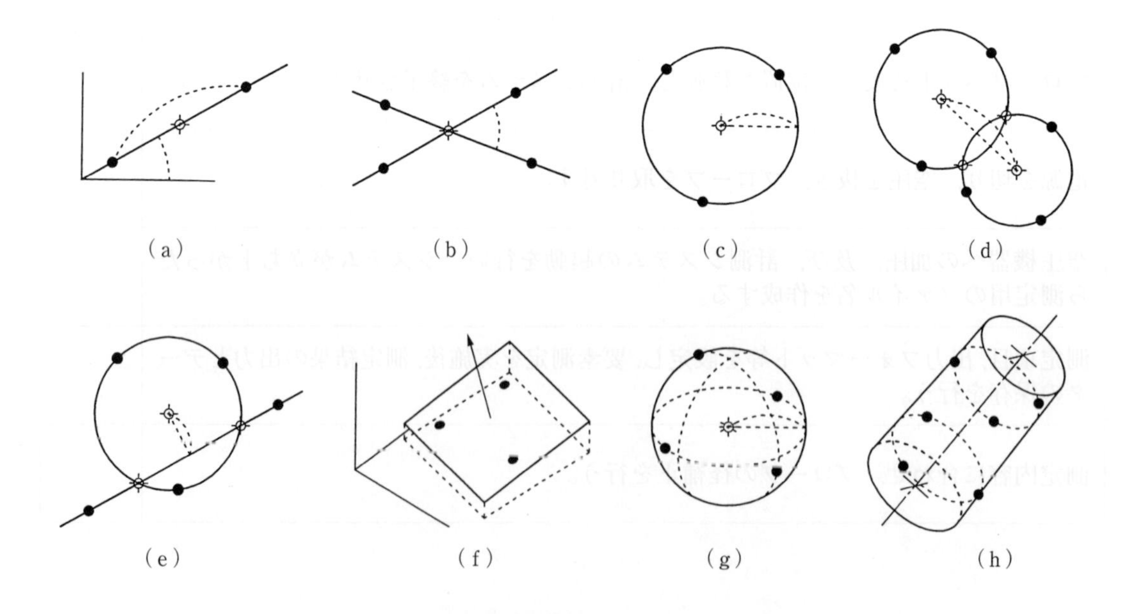

第6章
ねじの測定

ねじ機構は部品と部品を締め付けて固定する締結用や，工作機械のテーブル送り運動用のねじなど広く使われている。

第６章では，ねじの種類と最も一般的なメートル並目を主体としたねじの各要素と，ねじの測定方法について学ぶ。

第１節では，ねじの種類について学ぶ。

第２節では，メートル並目ねじを主体とした，ねじの基準山形と基準寸法を学ぶ。

第３節では，ねじのはめ合い区分と等級表示および寸法公差について学ぶ。

第４節では，ピッチ誤差の有効径当量について学ぶ。

第５節では，おねじの外径，谷の径，有効径，ピッチ，ねじ山の角度などの測定方法について学ぶ。

第６節では，ねじの検査に使われるねじ限界ゲージについて学ぶ。

第1節　ねじの種類

ねじは，ねじ山の形状やピッチなどで分類され，図6－1の（a）～（h）に示すねじがJIS B 0101：2013に定められている。

締結用としては，三角ねじが最も広範に使われている。その代表格がメートル並目ねじで，ねじ山の角度は60°である。インチ系としてユニファイ並目ねじもある。また，これらには細目ねじもあり，ねじ山の角度は並目ねじと同じだが，直径に対するピッチの割合が細かくなっている。時計や光学，電気機器などに用いられる呼び径0.3 mm～1.4 mmのミニチュアねじもある。

運動用ねじとして台形ねじがあり，代表的な用途として万力や旋盤の親ねじなどがある（ほかに，のこ歯ねじも一方向荷重だけの動力用ねじとして使われる）。管の締結用として管用平行ねじ，密封を要するときは管用テーパねじが使われている。工場内の電気配線保護用パイプのねじとして電線管ねじがあり，厚鋼電線管ねじと薄鋼電線管ねじがある。

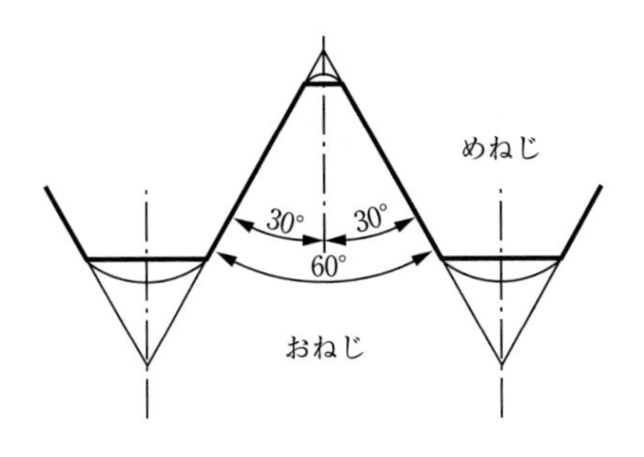

（a）ミニチュアねじ

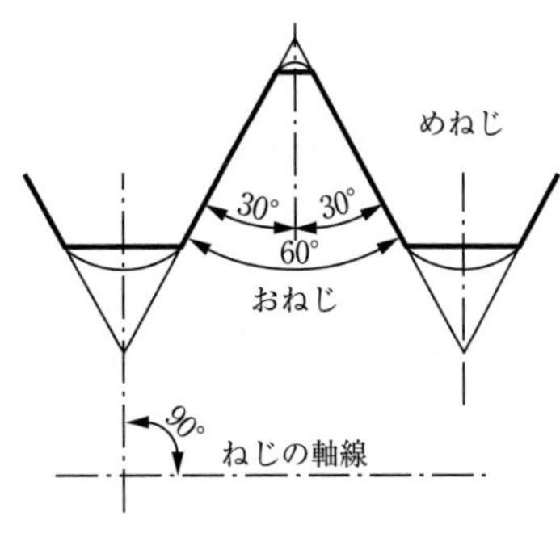

（b）メートル並目ねじ

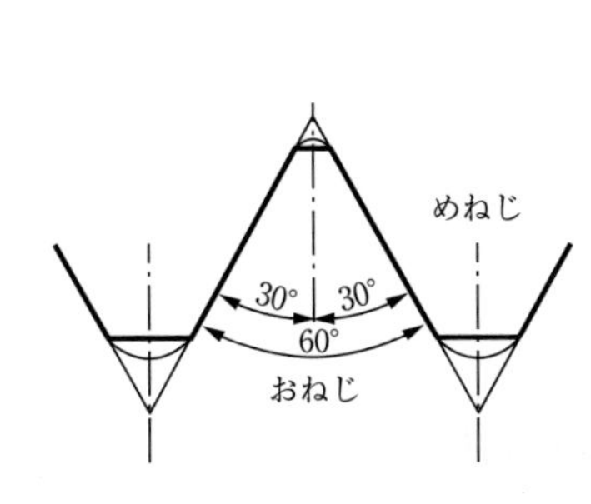

（c）ユニファイ並目ねじ

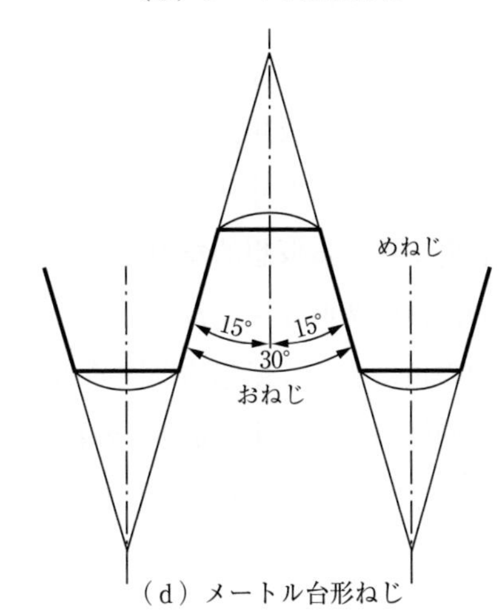

（d）メートル台形ねじ

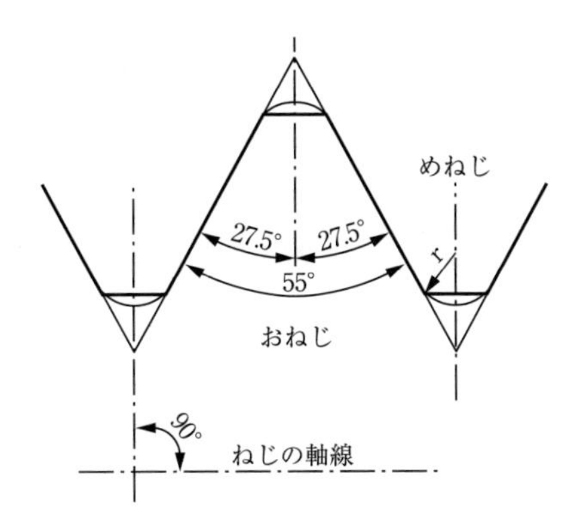

（e）管用平行ねじ

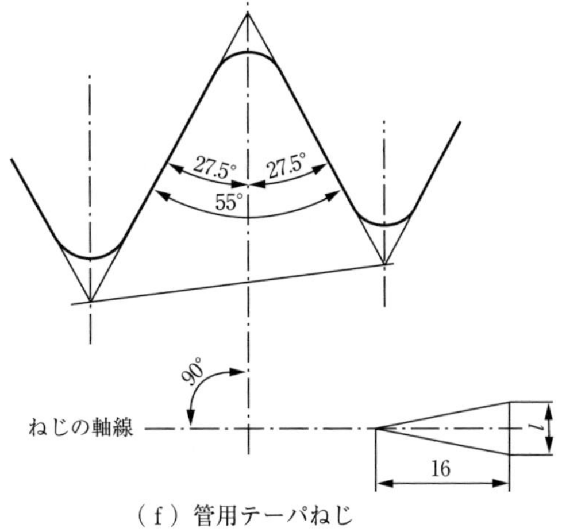

（f）管用テーパねじ

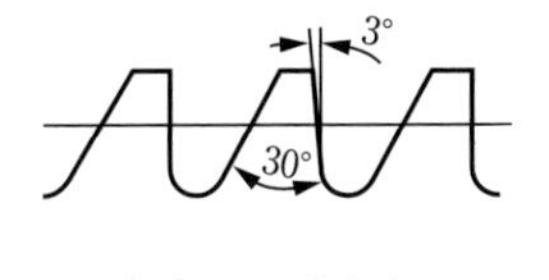

（g）のこ歯ねじ

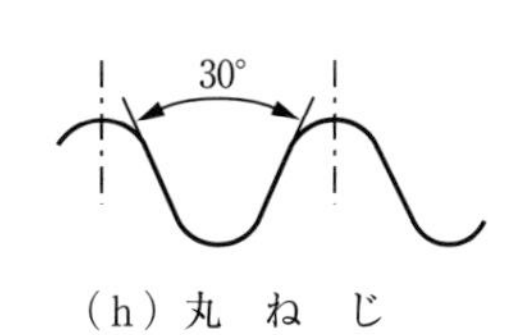

（h）丸　ね　じ

図６−１　各種基本ねじ

第2節　ねじの基準山形と基準寸法

図6－2は一般用メートルねじの基準山形で，表6－1はその基準寸法である。図6－2及び表6－1における用語の意味は次のとおりである。

①　おねじの外径の基準寸法（呼び径）（d）

おねじの山の頂に接する仮想的な円筒の直径

②　めねじの谷の径の基準寸法（呼び径）（D）

めねじの谷底に接する仮想的な円筒の直径

③　おねじの谷の径の基準寸法（d_1）

おねじの谷底に接する仮想的な円筒の直径

④　めねじの内径の基準寸法（D_1）

めねじの山の頂に接する仮想的な円筒の直径

⑤　おねじ有効径の基準寸法（d_2），めねじ有効径の基準寸法（D_2）

ねじの軸線に平行に測ったねじ山の間の溝の幅が山の幅に等しくなるような仮想的な円筒の直径

⑥　ピッチ（P）

ねじの軸線を含む断面において，互いに隣り合うねじ山の対応する2点を軸線に平行に測った距離

⑦　ねじ山の角度

ねじの軸線を含んだ断面形において測った隣り合う二つのフランク（ねじ山の頂と谷底とを連結する面）のなす角度

⑧　とがり山の高さ（H）

ねじの軸線を含んだ断面形において，互いに隣り合う二つのフランクを山の頂の方向に延長して交わった点を頂点とし，谷底の方向に延長して交わった点を連ねる直線を底辺とした際に現われる，1ピッチ分の三角形の高さ

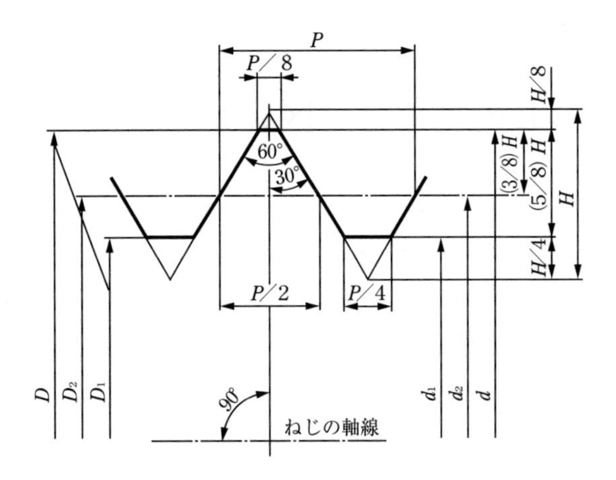

図６−２　一般用メートルねじの基準山形（JIS B 0205−1：2001）

表６−１　一般用メートルねじの基準寸法（JIS B 0205−4：2001）

［単位：mm］

呼び径＝おねじ外径 d	ピッチ P	有効径 D_2，d_2	めねじ内径 D_1
1	0.25	0.838	0.729
	0.2	0.870	0.783
1.1	0.25	0.938	0.829
	0.2	0.970	0.883
1.2	0.25	1.038	0.929
	0.2	1.070	0.983
1.4	0.3	1.205	1.075
	0.2	1.270	1.183
1.6	0.35	1.373	1.221
	0.2	1.470	1.383
1.8	0.35	1.573	1.421
	0.2	1.670	1.583
2	0.4	1.740	1.567
	0.25	1.838	1.729
2.2	0.45	1.908	1.713
	0.25	2.038	1.929
2.5	0.45	2.208	2.013
	0.35	2.273	2.121
3	0.5	2.675	2.459
	0.35	2.773	2.621

呼び径＝おねじ外径 d	ピッチ P	有効径 D_2，d_2	めねじ内径 D_1
3.5	0.6	3.110	2.850
	0.35	3.273	3.121
4	0.7	3.545	3.242
	0.5	3.675	3.459
4.5	0.75	4.013	3.688
	0.5	4.175	3.959
5	0.8	4.480	4.134
	0.5	4.675	4.459
5.5	0.5	5.175	4.959
6	1	5.350	4.917
	0.75	5.513	5.188
7	1	6.350	5.917
	0.75	6.513	6.188
8	1.25	7.188	6.647
	1	7.350	6.917
	0.75	7.513	7.188
9	1.25	8.188	7.647
	1	8.350	7.917
	0.75	8.513	8.188

注）　表６−１には呼び径9 mmまでを示したが，JIS B 0205−4には呼び径300 mmまで規定されている。
参考　おねじ外径の基準寸法 d は，めねじ谷の径の基準寸法 D に等しい。
　　　めねじ内径の基準寸法 D_1 は，おねじ谷の径の基準寸法 d_1 に等しい。

第３節　ねじのはめ合い区分と等級及び寸法公差

ねじのはめ合い区分は，表６－２に示すように特に遊びの少ない精密なねじを「精」，機械・器具・構造体などに用いる一般用ねじを「中」，建設工事，据付けなど汚れや傷がつきやすい環境で使われるねじ，又は熱間圧延棒へのねじ切り，長い止まり穴へのねじ立てなどのようにねじ加工上の困難があるねじを「粗」，というように三つに分類されている。その各々の区分の中に，ねじの主要寸法公差を規定する等級が定められている。

等級が設定されれば，当然それに伴って，寸法やその公差が規定される。ねじのどの部分が規定されているかを，図６－３に示す。

次に，実際どの部分が，どのような公差で規定されているかを，メートル並目のおねじで，はめ合い区分が「精」，等級が「４ｈ」の場合を表６－３に示す。また，その図面指示例を図６－４に示す。

表６−２　ねじのはめ合い区分と等級の対応

<table>
<tr><th>はめ合い区分</th><th>めねじ・おねじの例</th><th>等級[1]</th></tr>
<tr><td rowspan="3">精
適用例　特に遊びの少ない精密ねじ</td><td rowspan="2">めねじ</td><td>４Ｈ（M1.4以下）</td></tr>
<tr><td>５Ｈ（M1.6以上）</td></tr>
<tr><td>おねじ</td><td>４ｈ</td></tr>
<tr><td rowspan="4">中
適用例　機械，器具，構造体などに用いる一般用ねじ</td><td rowspan="2">めねじ</td><td>５Ｈ（M1.4以下）</td></tr>
<tr><td>６Ｈ（M1.6以上）</td></tr>
<tr><td rowspan="2">おねじ</td><td>６ｈ（M1.4以下）</td></tr>
<tr><td>６ｇ（M1.6以上）</td></tr>
<tr><td rowspan="2">粗
適用例　建設工事，据付けなど汚れや傷がつきやすい環境で使われるねじ，又は熱間圧延棒へのねじ切り，長い止まり穴へのねじ立てなどのようにねじ加工上の困難があるねじ</td><td>めねじ</td><td>７Ｈ</td></tr>
<tr><td>おねじ</td><td>８ｇ</td></tr>
</table>

注(1)　等級の表し方は，JIS B 0209－1～5による。
　　　等級を含めたねじの表し方の例：Ｍ６－６Ｈ，Ｍ６－６ｇなど。

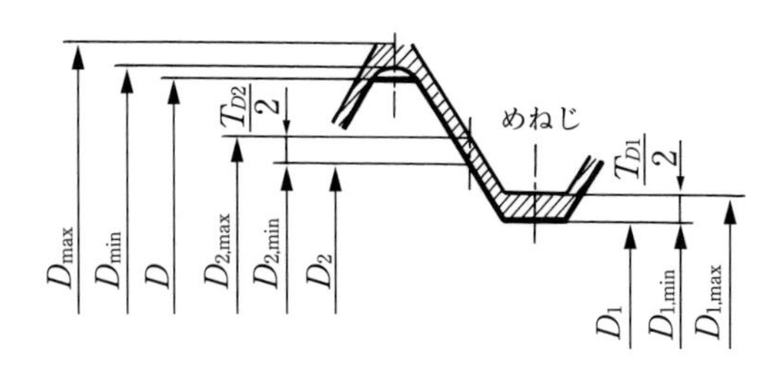

（a）4 H，5 H，6 H，及び 7 Hの場合（EI＝C）

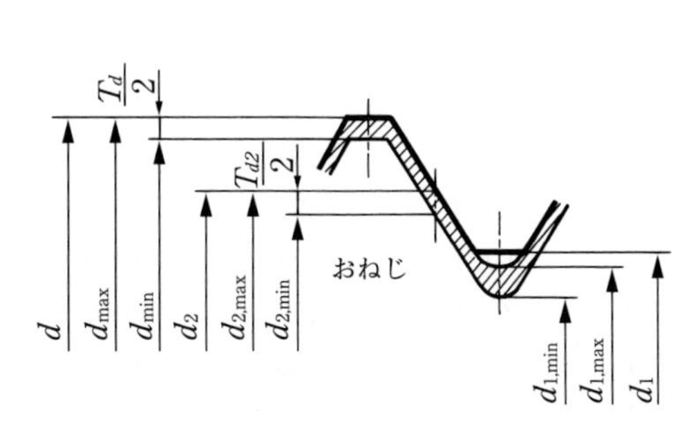

（b）4 h及び 6 hの場合（es＝0）

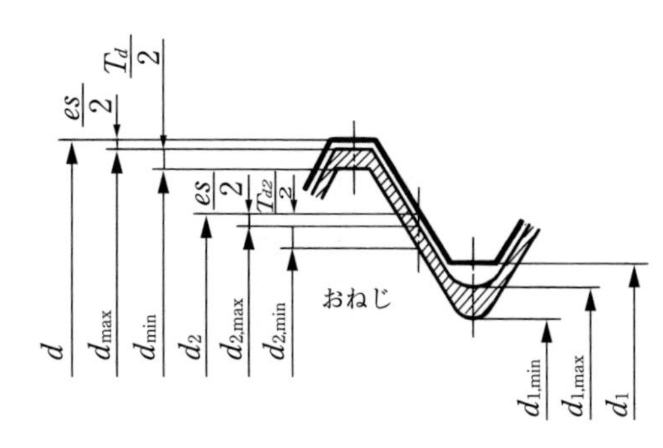

（c）6 g及び 8 gの場合（es＜0）

D, D_{max} 及び D_{min}　：めねじ谷の径の基準寸法，最大許容寸法及び最小許容寸法

D_2, $D_{2,max}$, $D_{2,min}$, T_{D2} 及び EI　：めねじ有効径の基準寸法，最大許容寸法，最小許容寸法，公差及び基礎となる寸法許容差

D_1, $D_{1,max}$, D_{1min}, T_{D1} 及び EI　：めねじ内径の基準寸法，最大許容寸法，最小許容寸法，公差及び基礎となる寸法許容差

d, d_{max}, d_{min}, T_d 及び es　：おねじ外径の基準寸法，最大許容寸法，最小許容寸法，公差及び基礎となる寸法許容差

d_2, $d_{2,max}$, $d_{2,min}$, T_{d2} 及び es　：おねじ有効径の基準寸法，最大許容寸法，最小許容寸法，公差及び基礎となる寸法許容

d_1, $d_{1,max}$ 及び $d_{1,min}$　：おねじ谷の径の基準寸法，最大許容寸法及び最小許容寸法

太い実線は基準山形を，斜線を施した部分はめねじ又はおねじの許容域を示す。

図6－3　メートル並目ねじの許容限界寸法及び公差の関係図

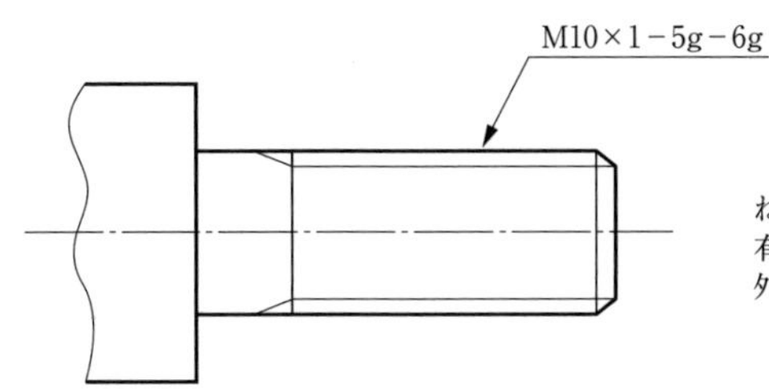

ねじの呼び径が10 mmでピッチが1 mmの右ねじ
有効径の公差域クラスが5 g
外径の公差域クラスが6 gのおねじを表す。
（公差域クラスのアルファベットが大文字のときは，めねじを表す）
（JIS B 0209－1：2001）

図6－4　おねじ図面指示例

表6-3　一般用メートルねじの許容限界寸法及び公差（おねじ用）（JIS B 0209-2：2001）

はめあい区分：中
はめあい長さ：並
公差域クラス：M1.4以下のねじは，6h
　　　　　　：M1.4を超えるねじは，6g

［単位：mm］

ねじの呼び	はめあい長さ		外径 d		有効径 d_2		谷底丸みの半径
	を超え	以下	最大	最小	最大	最小	最小
M1	0.6	1.7	1.000	0.933	0.838	0.785	0.031
M1.2	0.6	1.7	1.200	1.133	1.038	0.985	0.031
M1.4	0.7	2	1.400	1.325	1.205	1.149	0.038
M1.6	0.8	2.6	1.581	1.496	1.354	1.291	0.044
M1.8	0.8	2.6	1.781	1.696	1.554	1.491	0.044
M2	1	3	1.981	1.886	1.721	1.654	0.050
M2.5	1.3	3.8	2.480	2.380	2.188	2.117	0.056
M3	1.5	4.5	2.980	2.874	2.655	2.580	0.063
M3.5	1.7	5	3.479	3.354	3.089	3.004	0.075
M4	2	6	3.978	3.838	3.523	3.433	0.088
M5	2.5	7.5	4.976	4.826	4.456	4.361	0.100
M6	3	9	5.974	5.794	5.324	5.212	0.125
M7	3	9	6.974	6.794	6.324	6.212	0.125
M8	4	12	7.972	7.760	7.160	7.042	0.156
M10	5	15	9.968	9.732	8.994	8.862	0.188
M12	6	18	11.966	11.701	10.829	10.679	0.219
M14	8	24	13.962	13.682	12.663	12.503	0.250
M16	8	24	15.962	15.682	14.663	14.503	0.250
M18	10	30	17.958	17.623	16.334	16.164	0.313
M20	10	30	19.958	19.623	18.334	18.164	0.313
M22	10	30	21.958	21.623	20.334	20.164	0.313
M24	12	36	23.952	23.577	22.003	21.803	0.375
M27	12	36	26.952	26.577	25.003	24.803	0.375
M30	15	45	29.947	29.522	27.674	27.462	0.438
M33	15	45	32.947	32.522	30.674	30.462	0.438
M36	18	53	35.940	35.465	33.342	33.118	0.500
M39	18	53	38.940	38.465	36.342	36.118	0.500
M42	21	63	41.937	41.437	39.014	38.778	0.563
M45	21	63	44.937	44.437	42.014	41.778	0.563
M48	24	71	47.929	47.399	44.681	44.431	0.625
M52	24	71	51.929	51.399	48.681	48.431	0.625
M56	28	85	55.925	55.365	52.353	52.088	0.688
M60	28	85	59.925	59.365	56.353	56.088	0.688
M64	32	95	63.920	63.320	60.023	59.743	0.750

第４節　有効径当量

おねじとめねじをはめ合わせるには，両者のピッチと山の角度が同じでなければならない。ところが，実際に製作されるねじには，ピッチ製作上の誤差（ピッチ誤差）と，山の角度製作上の誤差（山の角度誤差）がそれぞれ存在する。そこで，これらの誤差を有効径の誤差に換算して，有効径の公差の中に含めて表すことが行われる。

図６－５は，ピッチに誤差のあるねじ山を示すもので，このため有効径はａｃの２倍だけ大きく測定されることになる。

いま，δP：ピッチ誤差

　　　α：ねじ山の角度

とすると，

$$f_1 = 2\overline{ac} = 2\overline{bc}\cot\frac{\alpha}{2} = \delta P\cot\frac{\alpha}{2}$$

となり，ピッチ誤差を有効径の誤差に置き換えることができる。この f_1 をピッチ誤差の有効径当量という。

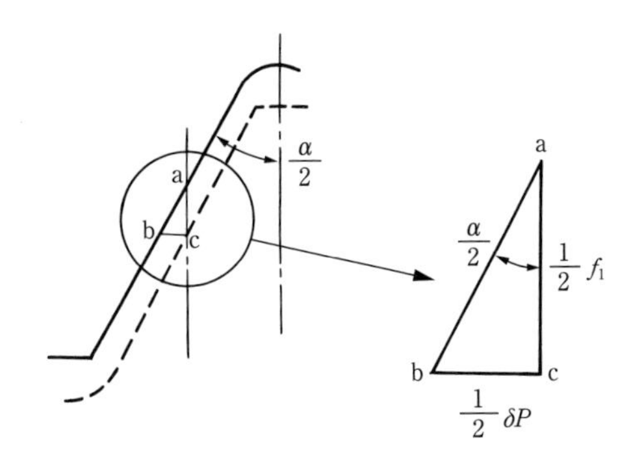

実線：正しいねじ山
破線：ピッチ誤差をもったねじ山

図6－5　ピッチ誤差をもつねじの有効径の誤差

また，図６－６はねじ山の角度に誤差のある場合である。

　α：ねじ山の正しい角度

　β：誤差をもつねじ山の角度

とすると，

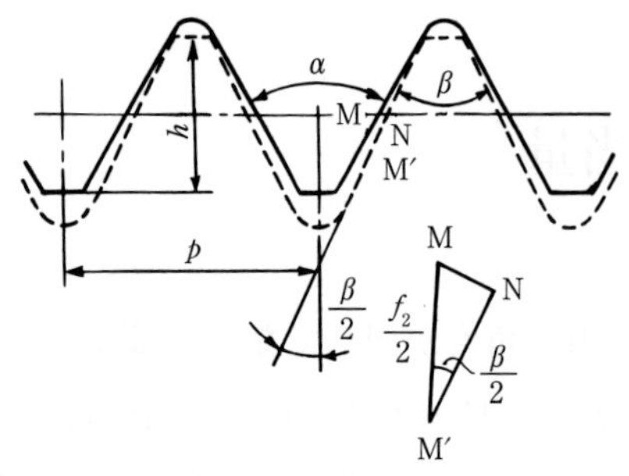

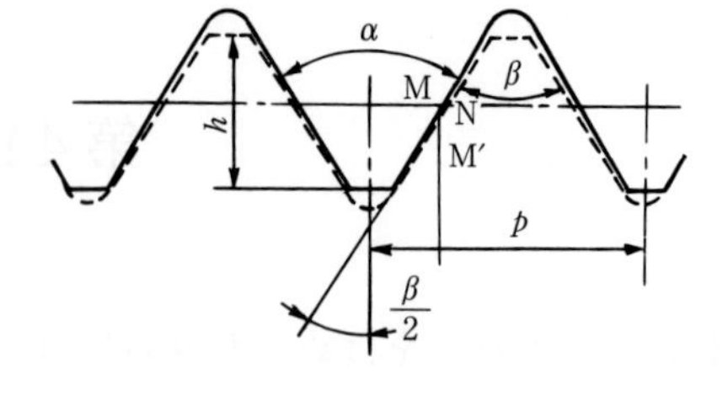

実線：正しいねじ山
破線：角度誤差をもったねじ山

図６−６　角度誤差をもつねじの有効径の誤差

（１）　$\alpha > \beta$のとき（図６－６（ａ））

$$f_2 = -\frac{2\overline{\mathrm{MN}}}{\sin\frac{\beta}{2}} = \frac{h\sin\left(\frac{\alpha}{2}-\frac{\beta}{2}\right)}{\cos\frac{\alpha}{2}\cdot\sin\frac{\beta}{2}}$$

$$= \frac{2h\sin\left(\frac{\alpha}{2}-\frac{\beta}{2}\right)}{2\cos\frac{\alpha}{2}\cdot\sin\frac{\beta}{2}}$$

ここで　$\sin\frac{\beta}{2} \fallingdotseq \sin\frac{\alpha}{2}$

$$\sin\left(\frac{\alpha}{2}-\frac{\beta}{2}\right) = \left(\frac{\alpha}{2}-\frac{\beta}{2}\right)\ [\mathrm{rad}]$$

であるから

$$f_2 = \frac{2h\left(\frac{\alpha}{2}-\frac{\beta}{2}\right)}{\sin\alpha}$$

となり，また

（２）　$\alpha < \beta$のときは（同図（ｂ））

$$f_2 = \frac{2h\left(\frac{\beta}{2}-\frac{\alpha}{2}\right)}{\sin\alpha}$$

となる。

（１），（２）いずれの場合も $\frac{\alpha}{2} \sim \frac{\beta}{2} = \delta\frac{\alpha}{2}$

$$f_2 = \frac{2h}{\sin\alpha}\cdot\delta\frac{\alpha}{2}\ [\mathrm{rad}]$$

これを分で表すと，

$$f_2 = \frac{2h}{3\,437.75\sin\alpha}\cdot\delta\frac{\alpha}{2}$$

となる。すなわち，ねじ山の角度誤差も有効径の誤差に置き換えることができる。このf_2をねじ山の角度誤差の有効径当量という。

第５節　おねじの測定方法

おねじでは，外径，谷の径，有効径，ピッチ，ねじ山の角度などが主な測定項目である。

5.1　有効径の測定

（1）　ねじマイクロメータによる測定

図６－７は，有効径の測定に最も一般的に使用されるねじマイクロメータで，普通の外側用マイクロメータのアンビルにＶ形溝を，また，スピンドルの先に円すい体を取り付け，測定部がねじの山形に適合するようになっている。測定方法はマイクロメータの場合と同じである。

（2）　三　針　法

ねじゲージのように精度の高いねじの有効径の測定には，三針法が用いられる。

図６－８に示すように，直径の等しい３本の針金をねじ山に当てて，針金の外側の寸法をマイクロメータで測定し，計算によって有効径を求めることができる。

同図（ｂ）において

P：ピッチ　　　　α：ねじ山の角度

d：針金の直径　　　M：マイクロメータの読み

d_2：有効径

とすると，

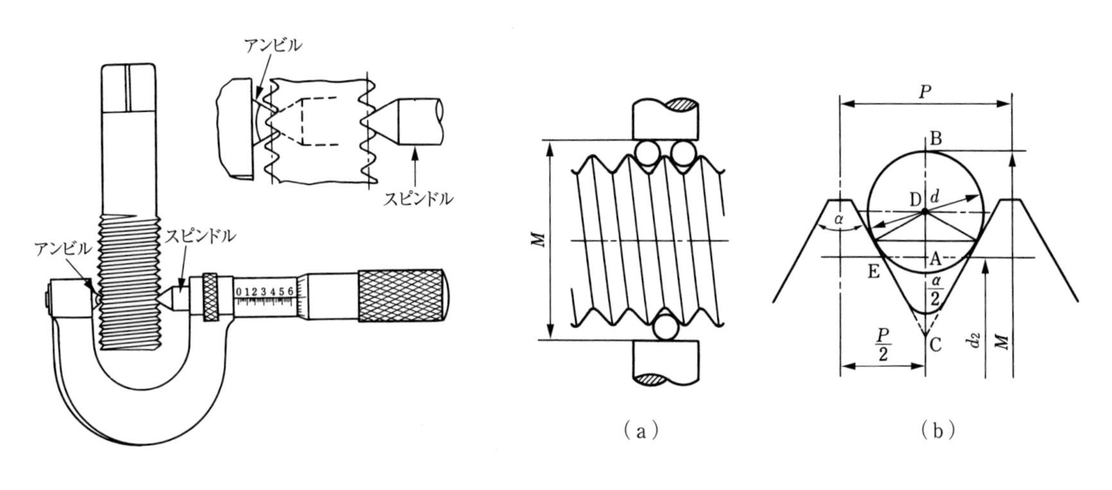

図６−７　ねじマイクロメータ

図６−８　三針法による有効径測定

$$\overline{AB} = \overline{BD} + \overline{DC} - \overline{AC}$$

$$\overline{AE} = \frac{P}{4}$$

$$\overline{AC} = \frac{P}{4}\cot\frac{\alpha}{2}$$

$$\overline{DC} = \frac{\frac{d}{2}}{\sin\frac{\alpha}{2}}$$

$$\therefore \quad \overline{AB} = \frac{d}{2} + \frac{\frac{d}{2}}{\sin\frac{\alpha}{2}} - \frac{P}{4}\cot\frac{\alpha}{2}$$

したがって，有効径 d_2 は，

$$d_2 = M - 2\overline{AB} = M - d\left(1 + \frac{1}{\sin\frac{\alpha}{2}}\right) + \frac{1}{2}P\cot\frac{\alpha}{2}$$

となり，メートルねじ及びユニファイねじでは $\alpha = 60°$ であるから，

$$d_2 = M - 3d + 0.866\,025\,P$$

となる。

また，三針の太さは測定するねじの寸法によって変わるが，図6－9のように，針金が有効径のところでねじ山に接するようなものを用いるのがよい。

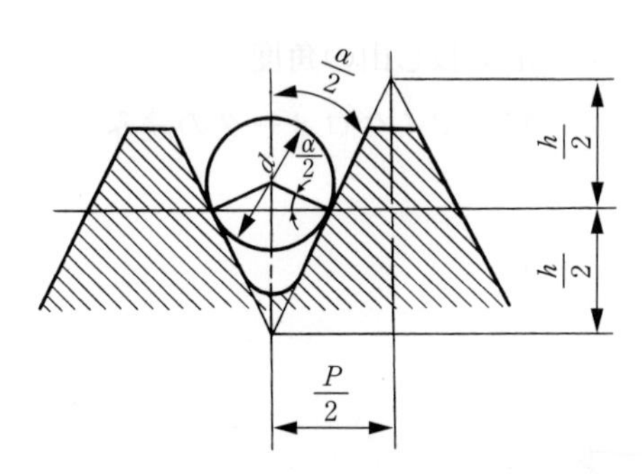

図6－9　三針の最良径

図から　$d = \dfrac{P}{2\cos\frac{\alpha}{2}}$

メートルねじ及びユニファイねじでは，

$$d = 0.577\,35\,P$$

によって算出できる。

表6－4は三針の呼び径と，これを適用するメートルねじのピッチを示すものである。

これまでに述べた機械的な測定法では，接触子が接触したところだけしか有効径の測定ができないが，顕微鏡あるいは投影機によれば，形状の不正も一見して分かるので，ピッチ，山の

角度などの測定には，これらの光学的測定機が用いられる。

表６−４　一般用メートルねじ（M）用呼び針径（JIS B 0271：2018）

呼び針径 [mm]	適用するメートルねじのピッチ [mm]	呼び針径 [mm]	適用するメートルねじのピッチ [mm]
0.115	0.2	0.866	1.5
0.144	0.25	1.010	1.75
0.173	0.3	1.155	2
0.202	0.35	1.443	2.5
0.231	0.4	1.732	3
0.260	0.45	2.021	3.5
0.289	0.5	2.309	4
0.346	0.6	2.598	4.5
0.404	0.7	2.887	5
0.433	0.75	3.175	5.5
0.462	0.8	3.464	6
0.577	1	4.619	8
0.722	1.25	—	—

(3)　テーパねじの有効径測定

テーパねじの有効径測定は，原則として四針法による。

測定しようとするねじ山数（25.4 mm につき）に応じて JIS B 0271に規定する針４本を選び，図６−10に示すように小径の端面を下にして定盤の上にテーパねじを立て，その両わきから補助板及びころをあてがい，小径の端面に近いねじ溝と補助板との間に４本の針を入れ，ころの外側距離 M_O を測定する。

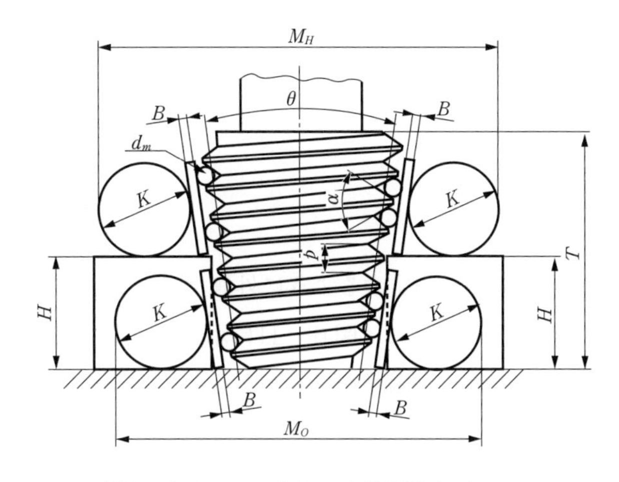

図６−10　四針法によるテーパねじの有効径測定（JIS B 0262：1989）

次に，ころの上面がテーパねじプラグゲージの大径の端面とほぼ一致するような高さ H のブロックゲージの上に補助板及びころを載せ，大径の端面に近いねじ溝と補助板との間に4本の針を入れ，ころの外側距離 M_H を測定する。

外側距離の測定値 M_O と M_H は，いずれも次の式を使って小径及び大径の端面における有効径寸法 S_2 及び l_2 に換算する。

$$S_2 = Mo - K - (2B + K)\sec\frac{\theta}{2} - d_m\left(\mathrm{cosec}\frac{\alpha}{2} + \sec\frac{\theta}{2}\right) + \frac{P}{2}\left(\cot\frac{\alpha}{2} - \tan\frac{\alpha}{2}\tan^2\frac{\theta}{2}\right) - K\frac{M_H - Mo}{2H}$$

$$l_2 = M_H - K - (2B + K)\sec\frac{\theta}{2} - d_m\left(\mathrm{cosec}\frac{\alpha}{2} + \sec\frac{\theta}{2}\right) + \frac{P}{2}\left(\cot\frac{\alpha}{2} - \tan\frac{\alpha}{2}\tan^2\frac{\theta}{2}\right) + (2T - 2H - K)\frac{M_H - Mo}{2H}$$

ここに，　B：両側の補助板の厚さの平均値　　θ：テーパ角度の基準寸法
　　　　　K：両側のころの直径の平均値　　T：ゲージの厚さの基準寸法
　　　　　d_m：4本の針の表示針径の平均値

テーパ比が1：16，すなわち $\frac{\theta}{2}$ が1°47′24″で，ねじ山の角度 α が55°の場合は，

$$S_2 = Mo - K - 1.000\,488\,(2B + K)\,3.066\,169d_m + 0.960\,237P - K\frac{M_H - M_O}{2H}$$

$$l_2 = M_H - K - 1.000\,488\,(2B + K) - 3.166\,169d_m + 0.960\,237P + (2T - 2H - K)\frac{M_H - M_O}{2H}$$

で計算する。

5.2　外径と谷の径の測定

おねじの外径は，円筒状の直径を測定するように外側マイクロメータで測定を行う。

それに対し，おねじの谷の径の測定には図6－11に示すようなV形片を用いる場合がある。しかし，谷の底の形状によって測定が困難な場合があるため，一般的に光学的測定機が用いられる。

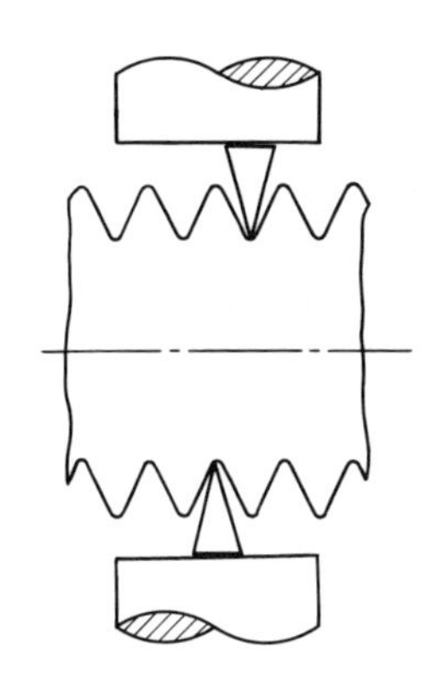

図6－11　V形片による谷の径の測定法

5.3　ピッチの測定

ピッチの誤差には単一ピッチ誤差と，２ピッチ以上離れた山の間のピッチの合計に対する累積ピッチ誤差の２種類がある。測定顕微鏡によるピッチの測定は，まず接眼鏡の視界の中にねじ山の拡大像を鮮明に見いだし，接眼鏡の中にあるねじ山の呼び角度（メートルねじならば60°）に等しい山形細線をねじ山の両側に合致させて，このときの軸心方向のマイクロメータの指示を読み取る。次に，マイクロメータを回してねじを１ピッチ送って同じようにマイクロメータを読み取り，これを繰り返してねじ山の全ピッチを次々に読み取って，これらの読みをねじの基準ピッチと比較すれば，ピッチ誤差が得られる（図６－12）。

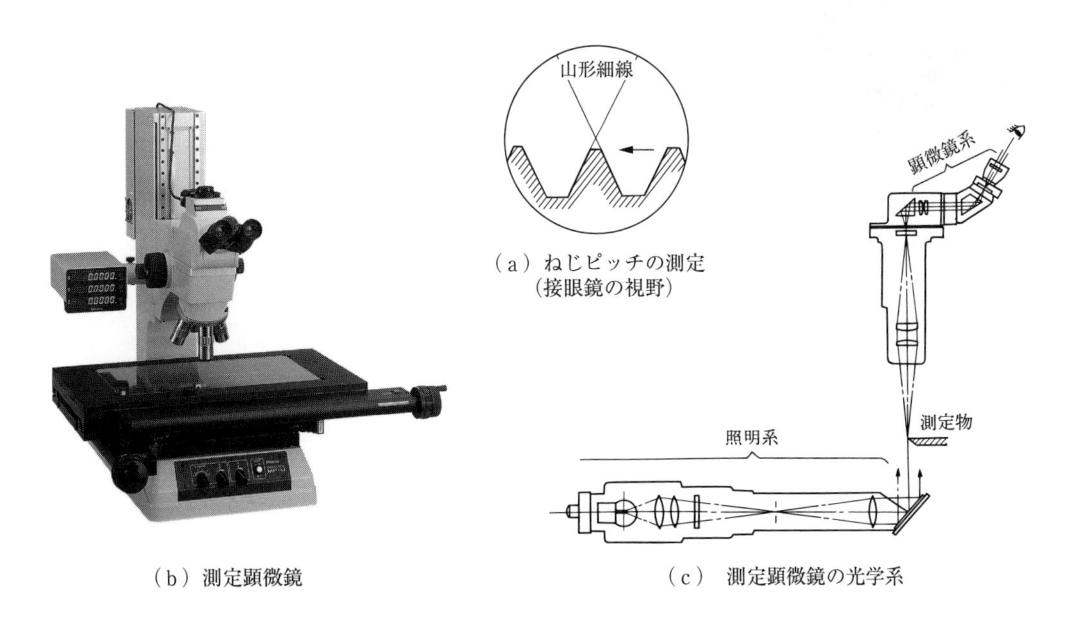

（a）ねじピッチの測定
（接眼鏡の視野）

（b）測定顕微鏡

（c）測定顕微鏡の光学系

図6－12　測定顕微鏡によるねじピッチの測定
（出所（b）：㈱ミツトヨ「精密測定機器・総合カタログ No.13」）

5.4　ねじ山の角度の測定

投影機によるねじ山の角度の測定は，まず回転スクリーン上に現れる拡大されたねじ山の映像の片側に細線を合わせて，そのときの回転スクリーンの角度（θ_1°）を読む。

次にその細線を回転させ，ねじ山の反対側の斜面に合わせてそのときの回転スクリーンの角度（θ_2°）を読む。これらの二つの回転角の差（θ_2° − θ_1°）がねじ山の角度となる（図6－13）。

このようにしておねじの各要素は測定されるが，めねじの測定は，ゲージ，内側マイクロメータなどによるか，又はめねじをもとにして鋳物のおねじを作って測定することもできる。

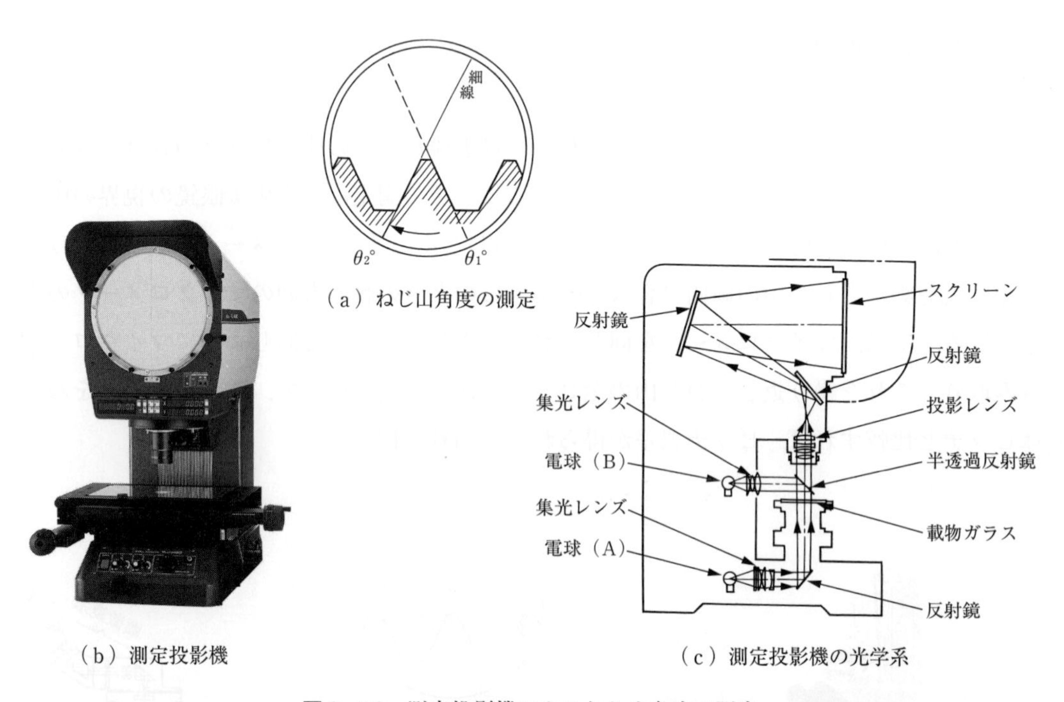

図6－13　測定投影機によるねじ山角度の測定
（出所（b）：㈱ミツトヨ「精密測定機器・総合カタログ No.13」）

第６節　ねじゲージ

ねじ及びねじ製品を製作し，検査するときは，主としてねじゲージを使用する。

6.1　標準ねじゲージ

標準ねじゲージは，ねじの基準山形に正しく作られたねじプラグゲージ（おねじ）とねじリングゲージ（めねじ）を１組とし，製作されたおねじ又はめねじに直接はめ合わせて検査し，また，ねじ測定器の基準として用いられる（図６－14）。

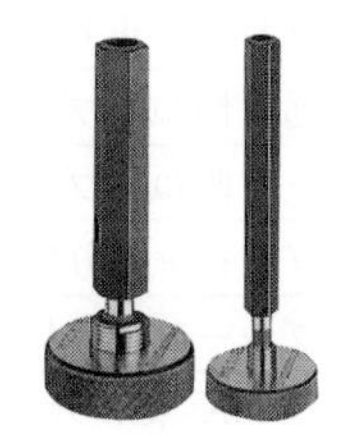

図6−14　標準ねじゲージ

6.2　ねじ用限界ゲージ

ねじを寸法公差内に作るときと検査するときには，ねじ用限界ゲージが用いられる（図６－15）。表６－５にねじ用限界ゲージの種類と記号を，また，図６－16にそれらの形状を示す。

また，めねじの総合有効径を例に，検査の手順を以下に示す。

①　ゲージ，検査対象物に不要な油脂や異物，バリなどがないことを確認する。

②　まず，通り側ねじプラグゲージがめねじを無理なく通りぬけることを検査する。

③　次に，止り側ねじプラグゲージがめねじに２回転を超えてねじこまれないことを検査する。

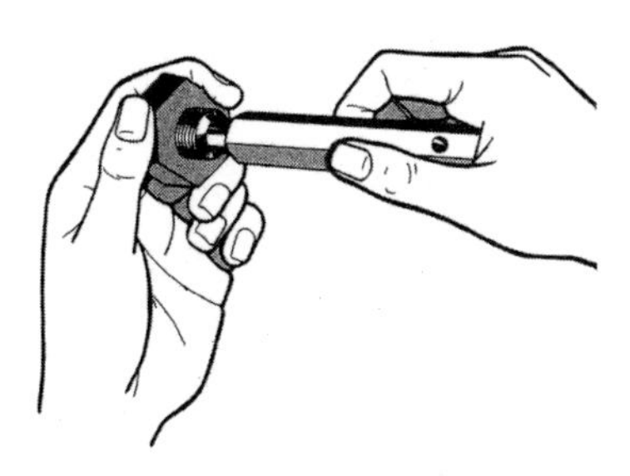

図6−15　ねじ用限界ゲージの使用例
（出所：オーエスジー㈱）

以上の条件を満たすことができれば，ねじプラグゲージによる等級検査に合格したと判定する。

なお，限界ねじゲージは，検査対象のねじの等級と同じ等級のゲージ使用するよう決められているため，規格・等級を間違えないよう注意すること。

表6-5　ねじ用限界ゲージ及び点検，調整用ゲージ（JIS B 0251：2008）

（a）ねじ用限界ゲージ

検査されるねじ	検査される箇所	ねじ用限界ゲージの種類	ゲージ記号(1)
おねじ	有効径	固定式通り側ねじリングゲージ	GR
		固定式止り側ねじリングゲージ	NR
	外　径	プレーン通り側リングゲージ	PR(2)
		プレーン通り側挟みゲージ	PC(2)
		プレーン止り側リングゲージ	PR(2)
		プレーン止り側挟みゲージ	PC(2)
めねじ	有効径	通り側ねじプラグゲージ	GP
		止り側ねじプラグゲージ	NP
	内　径	プレーン通り側プラグゲージ	PP(2)
		プレーン止り側プラグゲージ	PP(2)

注(1)　ゲージ記号は，ISO 1502に規定されていないが，使用の便を考え従来から使われている記号を規定する。

(2)　通り側と止り側とが別々になっている場合は，ゲージ記号の後に“通”及び“止”の文字を付ける。

例　PP通，PP止

（b）点検及び調整用ゲージ

点検又は調整されるねじ用限界ゲージ	点検用ゲージ及び調整用ゲージの種類	ゲージ記号(3)
固定式通り側ねじリングゲージ	固定式通り側ねじリングゲージ用通り側点検プラグ	GRGF
	固定式通り側ねじリングゲージ用止り側点検プラグ	GRNF
固定式又は調整式通り側ねじリングゲージ	固定式又は調整式通り側ねじリングゲージ用摩耗点検プラグ	GW
固定式止り側ねじリングゲージ	固定式止り側ねじリングゲージ用通り側点検プラグ	NRGF
	固定式止り側ねじリングゲージ用止り側点検プラグ	NRNF
固定式又は調整式止り側ねじリングゲージ	固定式又は調整式止り側ねじリングゲージ用摩耗点検プラグ	NW

注(3)　ゲージ記号は，ISO 1502に規定されていないが，使用の便を考え従来から使われている記号を規定する。

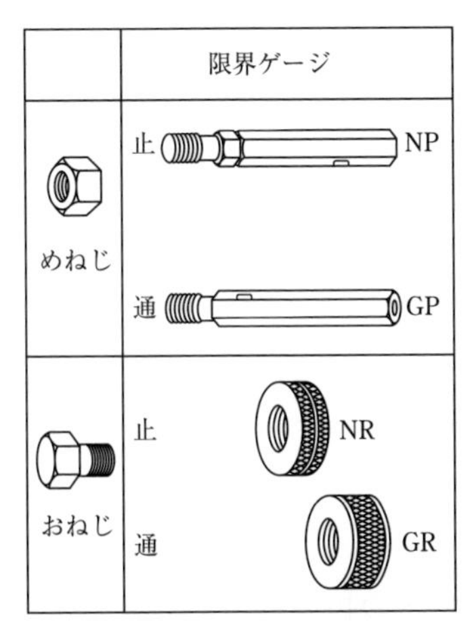

（a）ねじ用限界ゲージ（有効径検査）

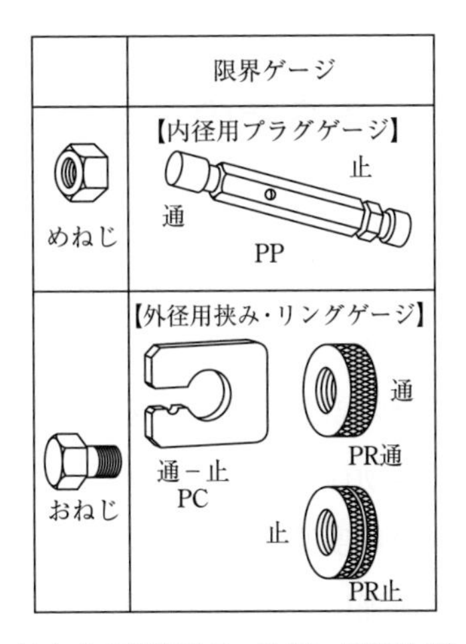

（b）ねじ用限界ゲージ（内・外径検査）

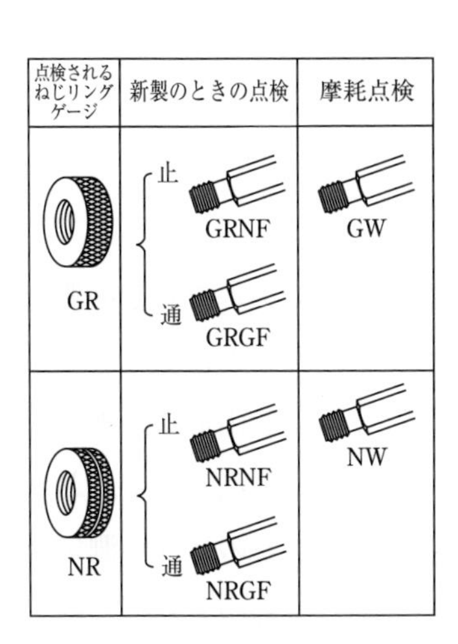

（c）点検用ゲージ

図6−16　ねじ用限界ゲージ及び点検用ゲージ
（出所：「精密測定機器の選び方」日本規格協会，1982）

6.3　ねじピッチゲージ

ねじピッチゲージは，ねじのピッチを簡単に測定するのに用いられるもので，図6－17に示すように各種のピッチのねじ山の鋼板製型板がセットになっている。測定しようとするねじの山にこれを当てたときに，ぴったりかみ合った型板の刻印からピッチの大きさを読み取ることができる。

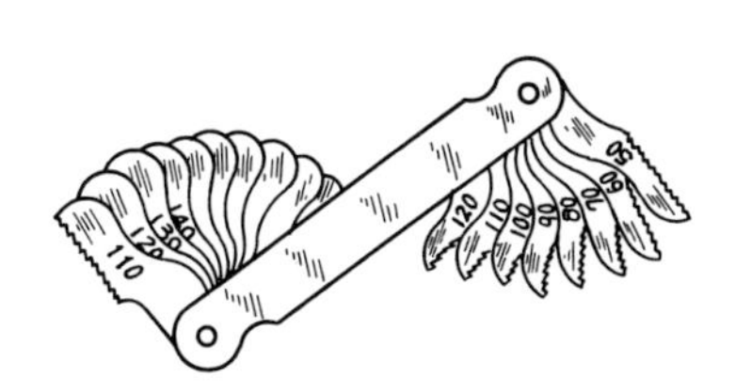

図6−17　ねじピッチゲージ

第６章のまとめ

第６章で学んだねじの測定に関する次のことについて，整理しておこう。

（1）ねじの種類と基準山形・基準寸法について。

（2）ねじ山形状の誤差を有効径の誤差に換算する有効径当量について。

（3）三針法による，おねじの有効径の測定。

（4）ねじのピッチ測定及び山の角度測定の方法について。

（5）ねじの有効径，内・外径検査に使用する各種ゲージ類とその扱いについて。

第6章　演習問題

【１】 ピッチ P が2.5 mm の M20のメートル並目ねじを三針法で測定した。測定値 M は20.585 mm であった。このときの有効径 d_2 を小数点以下第３位まで求めなさい。

なお，針の直径 d は３本とも1.443 4 mm とする。

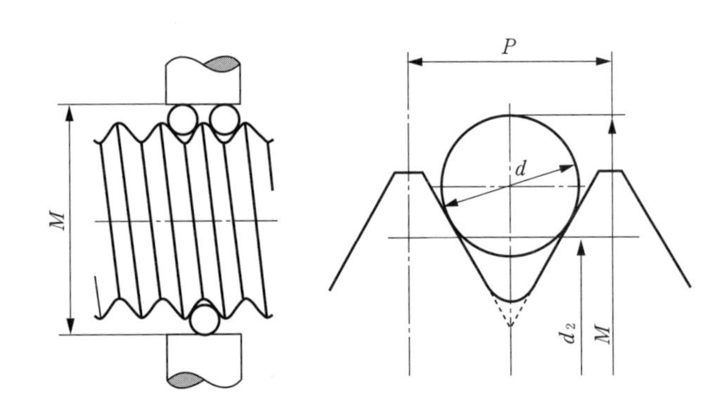

【２】 必要な語句を次の語群から選び，以下のねじの有効径に関する文章を完成させなさい。

三針法により測定したおねじの有効径の値が許容差内であっても，ねじ用限界ゲージの通り側は必ず入るとは限らない。その理由は，ねじの（　　　①　　　）の不良や，ねじの（　　②　　）の不良などが考えられる。

それらの不良を特定するためには，（　　③　　）や（　　④　　）などが必要となる。

〈語群〉
測定顕微鏡，ねじマイクロメータ，測定投影機，止り側のねじ用限界ゲージ，首下長さ，山の角度や形状，先端形状，ピッチ

【３】 必要な語句を次の語群から選び，以下のねじの検査に関する文章を完成させなさい。

めねじの総合有効径の検査は，以下の手順で行われる。

１　ゲージ，検査対象物に不要な油脂や異物，バリなどがないことを確認する。

２　まず，（　　①　　）がめねじに無理なく通りぬけることを検査する。

３　次に，（　　②　　）がめねじに（　　③　　）回転を超えてねじ込まれないことを検査する。

〈語群〉
通り側ねじプラグゲージ，止り側ねじプラグゲージ，プレーン通り側ねじリングゲージ，プレーン止り側ねじリングゲージ，プレーン止り側ねじプラグゲージ，１，２，３，４，５

【4】　必要な語句を次の語群から選び，以下のねじ用限界ゲージに関する文章を完成させなさい。

JIS B 0251：2008「メートルねじ用限界ゲージ」では，メートル並目ねじ用限界ゲージの記号（　①　）は通り側ねじリングゲージを意味し，記号（　②　）は止り側ねじリングゲージを意味する。

〈語群〉
GR，NR，PR，PC，GP，NP，PP

【5】必要な語句を次の語群から選び，以下のねじ山の角度を答えなさい。

メートル並目ねじのねじ山の角度は（　①　）度である。
ユニファイ並目ねじのねじ山の角度は（　②　）度である。
管用テーパねじのねじ山の角度は（　③　）度である。
メートル台形ねじのねじ山の角度は（　④　）度である。

〈語群〉
20，30，45，55，60，80

第7章
歯車の測定

歯車は，次々にかみ合う歯によって２軸の間に運動及び動力を伝達する重要な機械要素である。しかし，不正確な歯形をもつ歯車は，回転の際の振動，騒音の原因となり，歯面の損傷も著しく，円滑な運動が困難である。

そのため歯形は特に正確に製作されなければならず，そのためには歯形の精密な測定，検査が必要となる。

歯車の歯形にはサイクロイド歯形もあるが，インボリュート歯形が一般的なので，本章ではその中でもインボリュート平歯車に絞って，その基礎的な測定などについて以下の順序で学ぶ。

歯車の種類を知り（第１節），その中のインボリュート平歯車の成立ちと基本となる用語の意味を理解する（第２節）。

簡単な歯車の測定方法の中から，歯厚マイクロメータによるまたぎ歯厚の測定（第３節）と歯厚ノギスによる歯形の測定（第４節）を取り上げた。

平歯車は精度によって等級が決められており，等級によって歯形寸法の許容誤差がどのようになっているかを知る（第５節）。次にそれらの誤差をどのように測定するかを知る（第６，７，８節）。

第１節　歯車の種類

歯車には，その形状とかみ合う歯車軸の関係によって，次のような種類がある（図７－１）。

（1）　平　歯　車

円周上に軸と平行な直線歯を刻んだもので，回転を伝える側と伝えられる側の歯車の軸が平行な，一般的な歯車である。その中で，同図（ａ）のように小歯車が大歯車に外接する外歯車と，同図（ｂ）のように内接する内歯車とがある。また，回転運動を直線運動に変える場合には，同図（ｃ）のように直径の無限大な平歯車，すなわちラックと小歯車がかみ合う。一般に大歯車をギヤ，小歯車をピニオンという。

（2）　はすば歯車

平歯車の歯を円筒面のらせんに沿って刻んだものである（同図（ｄ））。この歯車は軸線に対してある角度で斜めに刻まれている。２軸の関係は，平歯車と同様であるが，はすば歯車は同時にかみ合う歯数を増し，一つの歯のかみ合いから，次の歯に移るときのがたつきをなくすこともできるので，高速回転に耐え得る。欠点としては，歯がねじれているので回転を伝えるとき軸方向に推力が生じ，そのため軸受の構造が複雑になる（推力対策が求められる）。

（3）　やまば歯車

はすば歯車の欠点を防ぐために，ねじれ方向が反対の相等しい傾斜を付けた２個のはすば歯車を組み合わせた歯車である（同図（ｅ））。

（4）　か さ 歯 車

円すい面上に放射状に備えた歯車で，ちょうどかさを広げたような形状をしている。２軸の関係は平行ではなく，ある角度（一般に90°が多い）をもつ場合の動力伝達に使用される。

同図（ｆ）は，すぐばかさ歯車で，歯軸線の軸が放射状であり，同図（ｇ）は傾斜したはすばかさ歯車，同図（ｈ）はまがりばかさ歯車といい，歯のねじれ線の形状が円弧の一部からなっているもので，すぐばかさ歯車に比して，高速度で静かな伝動ができる長所がある。

なお，２軸が同一平面上で相交わらないかさ歯車をハイポイドギヤという（同図（ｉ））。

（5）　ね じ 歯 車

かみ合う歯車の２軸が互いにある角度を作っているもので，この角度の相違によって歯車の

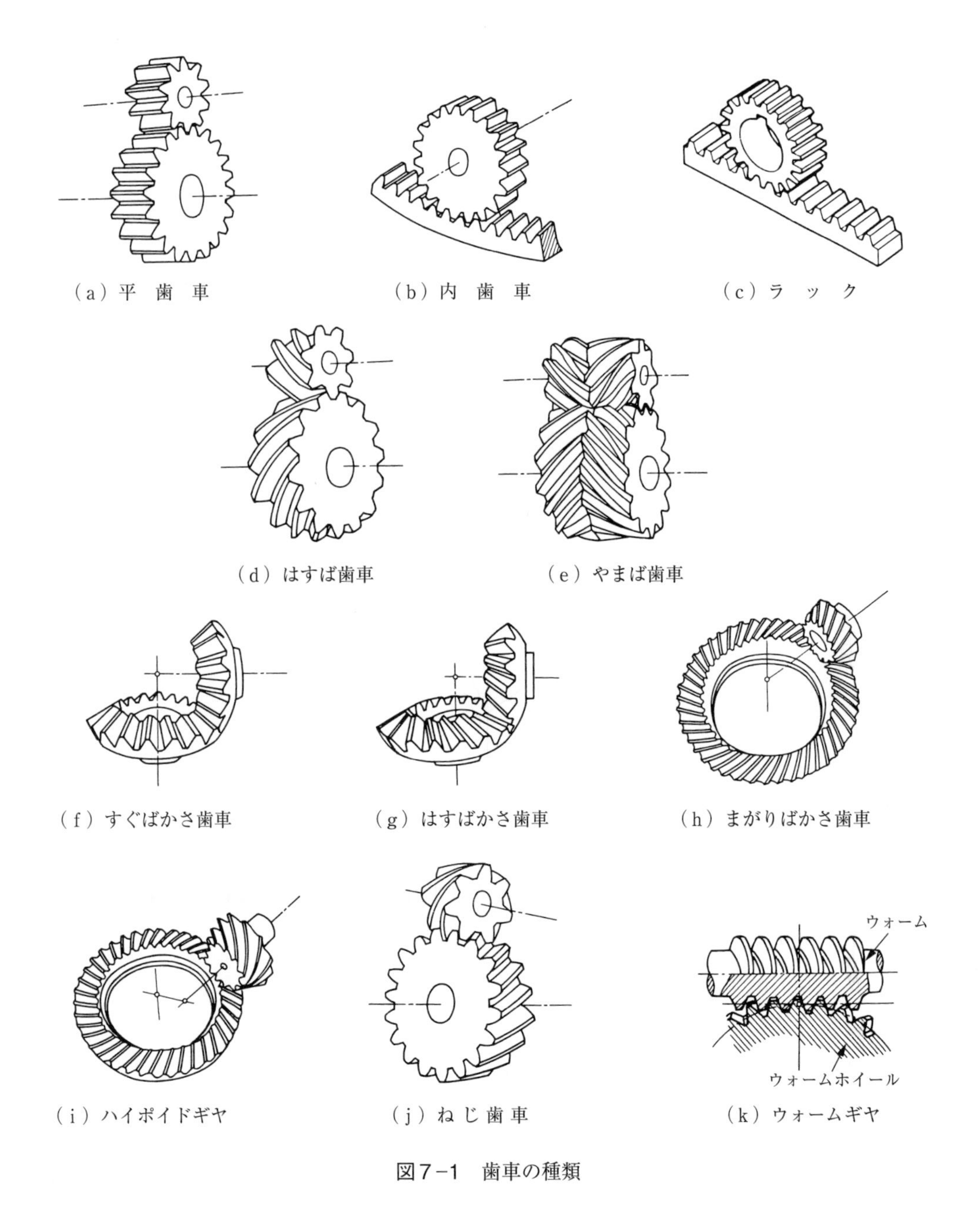

（a）平　歯　車　（b）内　歯　車　（c）ラ　ッ　ク
（d）はすば歯車　（e）やまば歯車
（f）すぐばかさ歯車　（g）はすばかさ歯車　（h）まがりばかさ歯車
（i）ハイポイドギヤ　（j）ねじ歯車　（k）ウォームギヤ

図7−1　歯車の種類

ねじれも変わってくるが，実際には90°の場合が多い（同図（j））。

（6）　ウォームとウォームホイール

ウォームは台形ねじ状であって，普通のねじと同様に2条，3条などに切られる場合がある。これとかみ合う歯数の多い大歯車は，ウォームホイールという。動力は必ずウォームからウォームホイールへ伝えられ，反対にウォームホイールからウォームへ回転を伝えることはできない。この特徴から，これらは減速装置に使われる（同図（k））。

第2節　インボリュート平歯車の基本寸法

図7－2に示すように，直径d_bをもつ基礎円に巻き付けた糸を引っ張りながら，S点から円周に沿ってほどいていくとき，糸上の点Pの描く軌跡SPがインボリュート曲線で，インボリュート歯車はこの曲線を歯形とするものである。

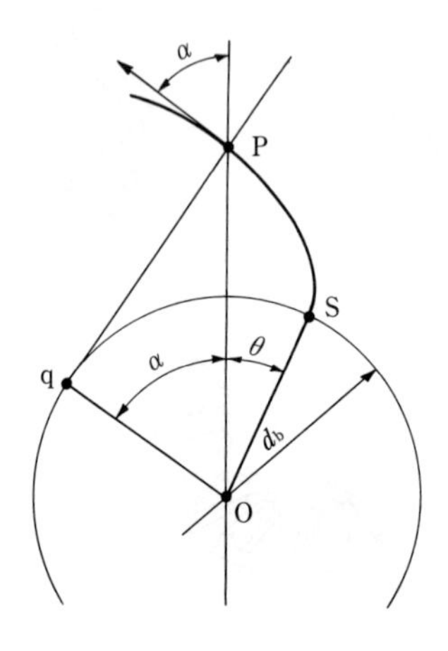

図7−2　インボリュート曲線

インボリュート曲線SPの点Pにおける圧力角（半径線と歯形への接線のなす角）をαとすると，図に示す角θは，

$$\theta = \tan \alpha - \alpha \equiv \mathrm{inv}\ \alpha$$

で表される。

つまり，インボリュート曲線上の任意の点Pの圧力角αの値が決まれば，角θは直ちに計算で求められることになる。このθをαのインボリュート関数という。表7－1はαがいろいろな値をとるときのθの値を示すものである。

また，インボリュート歯車を決める基本寸法は，図7－3に示すように，歯数z，基礎円直径d_b（又は基礎円ピッチp_b）及び基礎円上の歯のすきまを表す歯みぞ角（2η）の三つである。

図7－4はモジュールm，工具圧力角α_0の標準並歯ラック工具による転位歯車を示したものであるが，ηは図から次の式によって求められる。

$$\eta = \left(\frac{\pi}{2z} - \mathrm{inv}\,\alpha_0\right) - \frac{2x\tan\alpha_0}{z}$$

ただし　x：転位係数

表７−１　インボリュート関数

α	0.0	0.1	0.2	0.3	0.4	0.5	0.6	0.7	0.8	0.9
10°	0.001 794	0.001 849	0.001 905	0.001 962	0.002 020	0.002 079	0.002 140	0.002 202	0.002 265	0.002 329
12	.003 117	.003 197	.003 277	.003 360	.003 443	.003 529	.003 615	.003 703	.003 792	.003 883
14	.004 982	.005 091	.005 202	.005 315	.005 429	.005 545	.005 662	.005 782	.005 903	.006 025
15	.006 150	.006 276	.006 404	.006 534	.006 665	.006 799	.006 934	.007 071	.007 209	.007 350
17	.009 025	.009 189	.008 355	.009 523	.009 694	.009 866	.010 041	.010 217	.010 396	.010 577
19	.012 715	.011 923	.013 134	.013 346	.013 562	.013 779	.013 999	.014 222	.014 447	.014 674
20	.014 904	.015 137	.015 372	.015 609	.015 850	.016 092	.016 337	.016 583	.016 836	.017 089
21	.017 345	.017 603	.017 865	.018 129	.018 395	.018 665	.018 937	.019 212	.019 490	.019 770
22	.020 541	.020 340	.020 629	.020 921	.021 217	.011 514	.021 815	.022 119	.022 426	.022 736
24	.026 350	.026 697	.027 048	.027 402	.027 760	.028 121	.028 485	.028 852	.029 223	.029 598
25	.029 975	.030 357	.030 741	.031 150	.031 521	.031 917	.032 315	.032 718	.033 124	.033 534
27	.038 287	.038 742	.039 201	.039 604	.040 131	.040 602	.041 076	.041 556	.042 039	.042 526
28	.033 017	.043 513	.044 012	.044 516	.045 024	.045 537	.046 054	.046 575	.047 100	.047 630
30	.053 751	.054 336	.054 924	.055 518	.056 116	.056 720	.057 328	.057 940	.058 558	.059 181
31	.059 809	.060 441	.061 079	.061 721	.062 369	.053 022	.063 680	.064 343	.065 012	.065 685
33	.073 449	.074 188	.074 932	.075 683	.076 439	.067 200	.077 968	.078 741	.079 520	.080 069
35	.089 342	.090 201	.091 067	.091 938	.092 816	.093 701	.094 592	.095 490	.099 695	.097 306

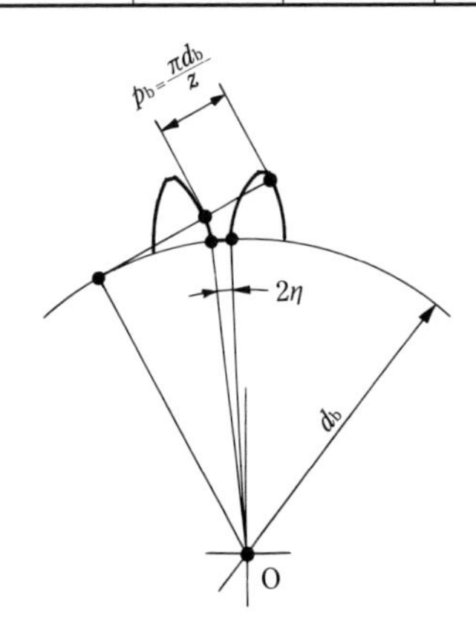

図７−３　インボリュート歯車の基本寸法

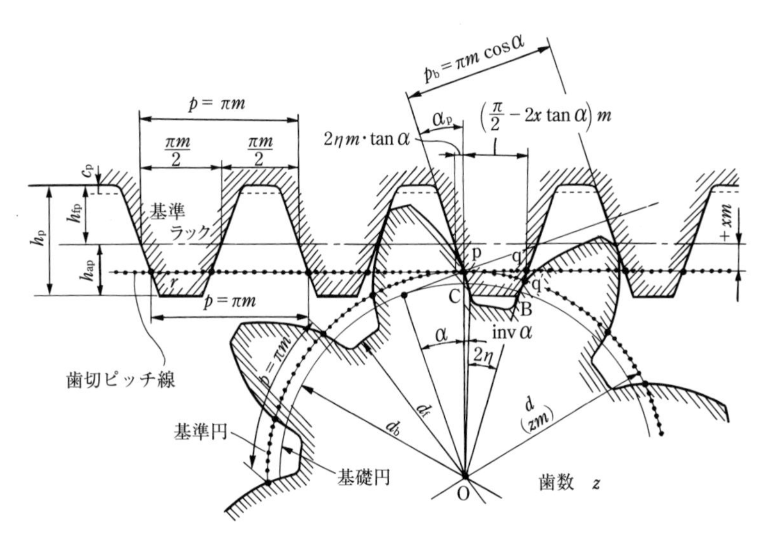

図７−４　基準ラックによる転位歯車

この式において，

$x=0$のときは標準歯車

$x>0$のときは正転位歯車

$x<0$のときは負転位歯車

という。

なお，図7－4に記号で示されている主要な用語について説明する。

① 基準円直径（d）

基準円の直径は歯数zにモジュールmを乗じたものに等しい。

$$d = zm$$

② 基礎円直径（d_b）

インボリュート歯形が作られる基礎となる円を基礎円という。

③ 圧力角（α）

歯形が基準円と交わる点において，その半径線と歯形への接線とのなす角を圧力角という。

$$\cos\alpha = \frac{d_b}{d}$$

④ ピッチ（p）

基準円上で測った隣り合う歯の対応する部分間の距離をピッチという。

$$p = \frac{\pi d}{z} = \pi m \quad \cdots\cdots \text{（①より} \frac{d}{z} = m\text{）}$$

⑤ 基礎円ピッチ（p_b）

軸に直角な断面における隣り合った歯間の共通垂線に沿って測ったピッチを基礎円ピッチという。

$$p_b = \pi m \cos\alpha$$

⑥ 中心距離（a）

1対の歯車の軸の最短距離を中心距離という。

$$a = (z_1 + z_2)\frac{m}{2}$$

第３節　またぎ歯厚の測定

インボリュート歯車の何枚かの歯をまたいで測ったときの歯厚をまたぎ歯厚という。

これには，図７－５に示すように外側マイクロメータのアンビル及びスピンドルに円板状のフランジを取り付けたもの，すなわち歯厚マイクロメータを用いる。

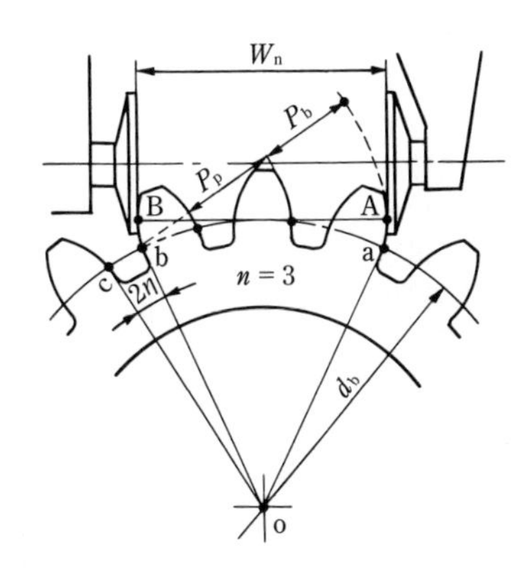

図７−５　歯厚マイクロメータ

歯車の製作図には，またぎ歯厚の数値を記入するようになっているが，製作された歯車はいうまでもなく，切削中にも規定の寸法に切削されているかどうかを測定する必要がある。

工作途中にまたぎ歯厚を測定することで測定寸法をカッタ切込み量に換算できる利点がある。また，この方法は他の測定方法と違い，基準測定面は不要であるため，歯厚測定では最も一般的に用いられている方法である。

図のように歯厚マイクロメータで n 枚の歯厚を測定すると

$$W_n = \left(n - \frac{z\eta}{\pi} \right) P_b$$

となり，これに前述の η を代入すると

$$W_n = m \cdot \cos\alpha \ \{\pi \ (n - 0.5) + z \operatorname{inv} \alpha\} + 2xm \operatorname{sind}$$

（x：転位係数，ここでは $x=0$，標準歯車とする。）

となる。

この式において圧力角 $\alpha = 14.5°$ のときは，

$$W_n = m \ (3.041\,52n + 0.005\,368\,3z - 1.520\,76)$$

また，圧力角 $\alpha = 20°$ のときは，

$$W_n = m \ (2.952\,13n + 0.014\,005\,1z - 1.476\,06)$$

となる。この式で $m=1$ として，歯車の歯数 z を8枚から50枚までのすべての W_n の値を mm で示したものが表7－2の歯車のまたぎ歯厚計算表である。

表7−2　歯車のまたぎ歯厚計算表

歯車の歯数 z	圧　力　角　α_n			
	14.5°		20°	
	W	n	W	n
8	4.605 2	2	4.540 3	2
9	4.610 6	2	4.554 3	2
10	4.616 0	2	4.568 3	2
11	4.621 4	2	4.582 3	2
12	4.626 7	2	4.596 3	2
13	4.632 1	2	4.610 3	2
14	4.637 4	2	4.624 3	2
15	4.642 8	2	4.638 3	2
16	4.648 2	2	4.652 3	2
17	4.653 5	2	4.618 4	3
18	4.658 9	2	7.632 4	3
19	4.664 3	2	7.646 4	3
20	4.669 7	2	7.660 5	3
21	4.675 0	2	7.674 5	3
22	4.680 4	2	7.688 5	3
23	4.685 8	2	7.702 5	3
24	7.732 7	3	7.716 5	3
25	7.738 0	3	7.730 5	3
26	7.743 4	3	10.696 6	4
27	7.748 8	3	10.710 6	4
28	7.754 1	3	10.724 6	4
29	7.759 5	3	10.738 6	4
30	7.764 9	3	10.752 6	4
31	7.770 2	3	10.766 6	4
32	7.775 6	3	10.780 6	4
33	7.781 0	3	10.794 6	4
34	7.786 4	3	10.808 6	4
35	7.791 7	3	13.774 8	5
36	10.838 6	4	13.788 8	5
37	10.843 9	4	13.802 8	5
38	10.849 3	4	13.816 8	5
39	10.854 7	4	13.830 8	5
40	10.860 1	4	13.844 8	5
41	10.865 5	4	13.853 8	5
42	10.870 8	4	13.872 8	5
43	10.876 2	4	13.886 8	5
44	10.881 6	4	16.853 0	6
45	10.886 9	4	16.866 9	6
46	10.892 3	4	16.881 0	6
47	10.897 7	4	16.895 0	6
48	13.944 5	5	16.909 0	6
49	13.949 9	5	16.923 0	6
50	13.955 3	5	16.937 0	6

いま，モジュール $m=3$，圧力角 $\alpha=20°$，歯数 $z=30$ 枚のときのまたぐ歯の数は $n=4$ となり，表の中から数値10.752 6が得られるので，これにモジュール3をかければ，またぎ歯厚は

$$W_4=10.7526\times3=32.2578$$

となる。

すなわち，歯厚マイクロメータによる測定値がこの値と合致すれば，その歯車は標準歯形をもつ歯車ということになる。

第４節　歯厚ノギスによる歯形の測定

歯厚ノギスは，歯の高さとその箇所における歯厚を同時に測定できるノギスで，歯たけの理論値に高さをセットし，弦歯厚を測定して理論値との差を比較するものである。

図７－６（ａ）は歯厚ノギスによる歯形の測定を示すが，同図（ｂ）において歯厚ノギスで測定される歯厚 $\overline{S_n}$ は歯直角弦歯厚，$\overline{h_a}$ は弦歯たけといわれ，それぞれ次の式により計算できる。

しかしながら，歯車外径の精度やジョウの当たり具合に左右されるため，高精度な測定は期待できない。

歯直角弦歯厚　$\overline{S_n} = z \cdot m \cdot \sin \dfrac{90^\circ}{z}$

弦歯たけ　$\overline{h_a} = \dfrac{zm}{2}\left(1 - \cos\dfrac{90^\circ}{z}\right) + m$

例えば，歯数 z ＝30枚，モジュール m ＝５の歯車のとき

歯直角弦歯厚　$\overline{S_n} = 30 \times 5 \times \sin\dfrac{90^\circ}{30} = 7.845\,\text{mm}$

弦歯たけ　$\overline{h_a} = \dfrac{30 \times 5}{2}\left(1 - \cos\dfrac{90^\circ}{30}\right) + 5 = 5.103\,\text{mm}$

となる。

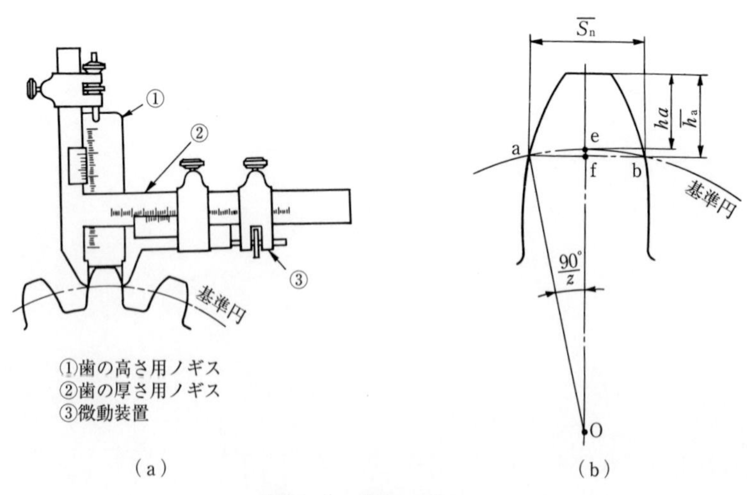

図７−６　歯厚ノギス

第５節　平歯車の精度と歯形寸法の許容誤差

平歯車の精度と等級については，JIS B 1702－１に第１部：歯車の歯面に関する誤差の定義及び許容値，JIS B 1702－２に第２部：両歯面かみ合い誤差及び歯溝の振れの定義並びに精度許容値が示されている。その精度等級は１級から11級に分類される。

ここでは，歯車単体について規定している前者に基づいて記述する。

5.1　ピッチ誤差

歯車の誤差には，ピッチ誤差（図７－７），歯形誤差（図７－８），歯すじ誤差に分かれており，それぞれの誤差について詳細に示されている。代表的な誤差について説明する。

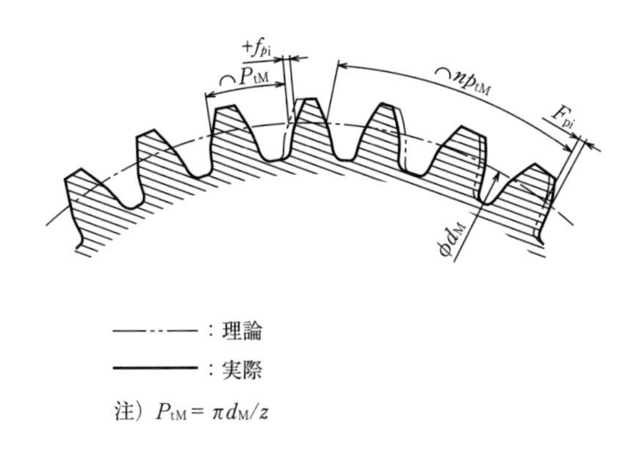

図７−７　ピッチ誤差（JIS B 1702－1：2016）

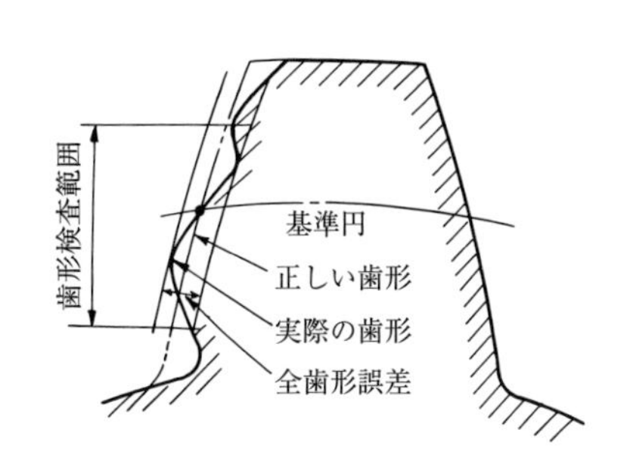

図７−８　全歯形誤差

（1）　単一ピッチ誤差（f_p）

すべての隣り合った歯の基準円上における実際のピッチと，その正しいピッチとの差における絶対値の最大値を単一ピッチ誤差という。

（2）　累積ピッチ誤差（F_p）

任意の基準歯面からｎピッチに対応する円弧の実際の長さと，理論長さとの差を累積ピッチ誤差という（許容値は全歯面の領域での最大累積ピッチに対して与えられている）。

（3） 全歯形誤差（F_α）

実際の正しい歯形からの偏りの量を歯形誤差といい，測定歯形を挟むように設計歯形を平行移動して得られる二つの設計歯形間の距離を全歯形誤差という。

（4） 全歯すじ誤差（F_β）

軸直角における基礎円接線方向に測定した，実際の歯すじの正しい歯すじからの偏りの量を歯すじ誤差という。その中で測定歯すじを挟むように設計歯すじを平行移動したときの，二つの設計歯すじ間の距離のことを全歯すじ誤差という。

第６節　ピッチ誤差の測定（JIS B 1702－1：2016）

ピッチは基準円上の弧の長さであるが，実際に弧の長さを測ることは難しいので，基準円付近で弦の長さを測る方法か，歯車の中心に対してピッチのなす角度を測定する方法のいずれかを用いる。

図７－９にピッチ測定器を示す。

また，基準円ピッチは平行刃形を用いて図７－10に示すようにして測定する（簡易形）。

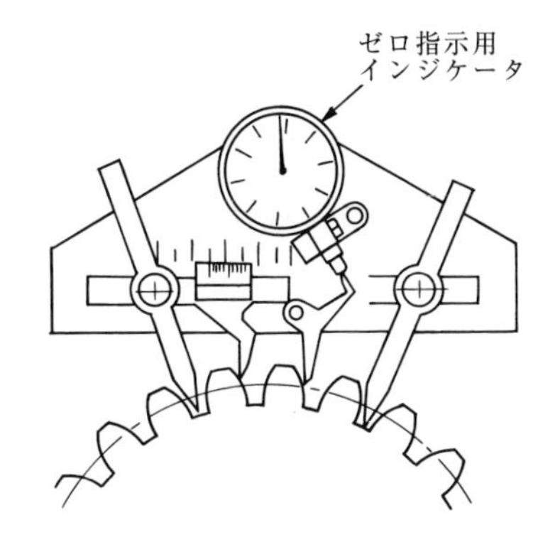

図7－9　ピッチ測定器

図7－10　基準円ピッチの測定

第７節　歯形誤差の測定

図７－11は歯車試験機の原理図である。

試験すべき歯車Ｇをその基礎円と同一直径をもつ円板Ａと同軸に取り付け，Ｏを中心として同時に回転できるようになっている。回転板Ａは移動台Ｂが矢印の方向に移動すると，その平面部を回転板Ａが滑ることなく回転する。この場合，歯面に対する接触子Ｃも歯面に対して移動する。

もし歯面がＡを基礎円とする正しいインボリュートのときは，Ｃは移動台Ｂに対して変位しないから，ペンＤによって記録紙Ｅ上にＢの移動方向と全く平行な直線が描かれる。もし歯車の基礎円直径が回転板Ａの直径と異なるときは，Ｄの描く線は右又は左に傾いた直線になり，インボリュート曲線が部分的に狂っている場所が凹凸の曲線となって現れる。ペンＦが記録曲線に対する基準となる線を描く。

このようにして，得られる曲線によって歯形の状態（図７－12）を知ることができる。

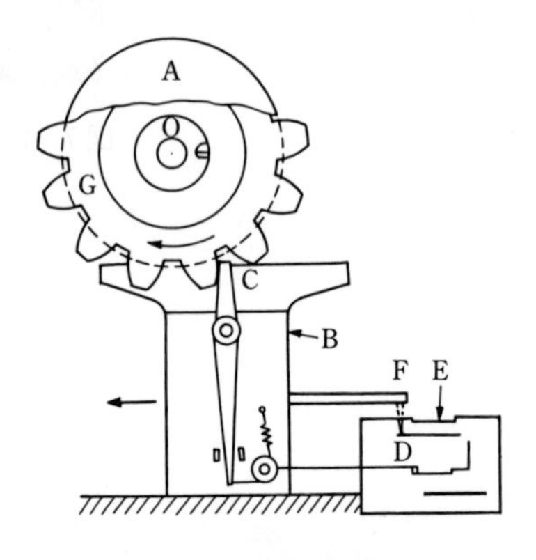

図７−11　歯車試験機の原理

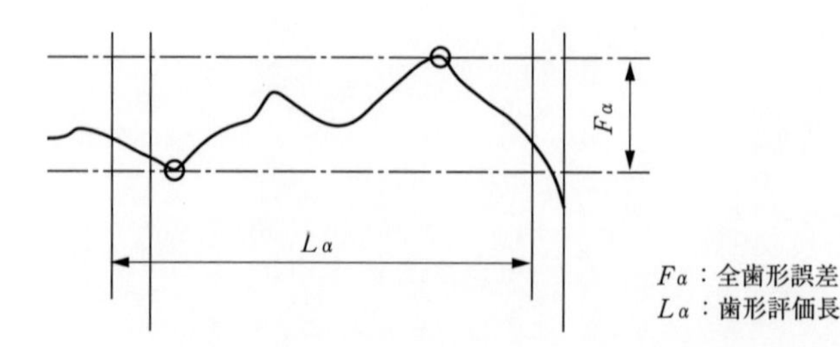

図７−12　歯形誤差（JIS B 1702－1：2016）

第8節　歯車のかみ合い試験

歯車のピッチ誤差，歯形誤差などの単独測定のほかに歯車の精度を総合的に試験する方法として，かみ合い試験がある。すなわち，マスターギヤ（各種誤差の非常に小さい，正確な親歯車）に製作した歯車をかみ合わせて，そのかみ合い状態を調べることである。

図７－13に歯車のかみ合い試験機を示す。

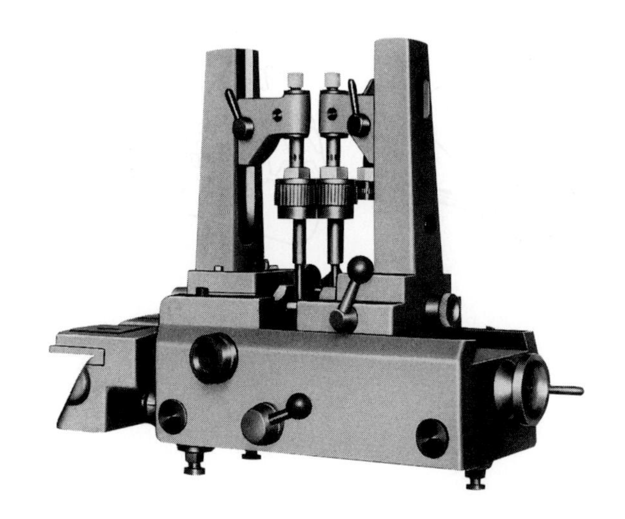

図7−13　歯車のかみ合い試験機

第９節　歯形ゲージ

図７－14に示すのが歯形ゲージである。これはインボリュート又はサイクロイドで各種のモジュールの歯形を鋼板製の型板をセットしたもので製作され，歯車の歯形にぴったりとかみ合う型板の刻印から，モジュールの数値を簡単に読み取ることができる。

図7−14　歯形ゲージ

第７章のまとめ

第７章で学んだ歯車の測定に関する次の事項について，整理しておこう。

（１） 歯車の種類とその特徴について。

（２） インボリュート曲線の成り立ち，インボリュート平歯車の基本寸法の名称，意味，公式について。

（３） またぎ歯厚の測定方法と計算方法及び歯厚換算表の見方について。

（４） 歯厚ノギスを使用した歯形の測定方法と計算方法について。

（５） JIS（日本産業規格）で精度等級が規定されている項目，内容及び各許容誤差と基準円直径，モジュール，あるいは歯幅との関係について。

（６） ピッチ誤差や歯形誤差の測定方法について。また，マスターギヤを使用した，かみ合い試験機，歯形ゲージについて。

第7章　演習問題

【1】 インボリュート標準平歯車における基本事項について下記の問いに答えなさい。

① モジュール（m）：3，歯数（z）：25のときの基準円直径を求めなさい。

② １対の歯車の軸間距離を測ったところ，100であった。
それぞれの歯車の歯数は，大歯車：52　小歯車28であった。
このときのモジュールの値を求めよ。

【2】 歯厚の測定について下記の①～⑤を埋めなさい。

またぎ歯厚の測定には，（　　　①　　　）で複数枚の歯を挟み，その距離を測定する方法である。この方法では他の測定方法と違い，（　　　②　　　）は不要である。

工作途中にまたぎ歯厚を測定することで測定寸法を（　　　③　　　）に換算できる利点があるため歯厚測定では最も一般的に用いられている方法である。

また，（　　　④　　　）は，歯の高さとその箇所における歯厚を同時に測定できる測定器で，歯たけの理論値に高さをセットし（　　　⑤　　　）を測定して理論値との差を比較するものである。

【3】 モジュール $m = 2$，圧力角 $\alpha = 20°$，歯数 $z = 28$枚，転位係数 $k = 0$のときのまたぎ歯厚を求めなさい。

【4】 歯車の精度と歯形寸法の誤差について下記の①～③を埋めなさい。

JIS では，歯車の歯面に関する誤差及び許容差，かみ合い誤差及び歯溝の振れの定義及び許容差が示されている。

すべての隣り合った歯の基準円上における実際のピッチと，その正しいピッチとの差における絶対値の最大値を（　　　①　　　）という。また，任意の基準歯面から n ピッチに対応する円弧の実際の長さと，理論長さとの差を（　　　②　　　）という。これは高速で回転する歯車でピッチ精度が問題となっているためである。

歯車のかみ合い試験は，測定する歯車を相手歯車又は（　　　③　　　）とかみ合わせて回転させ，歯車の性能を検査するものである。

第８章
測定器の管理

測定の目的は，測定の対象に見合ったレベルで正しい値を出すことにある。これを達成するために必要なことを，これまでは主に技術的な面について説明してきたが，第８章では，効率よく経済的に行うための測定器の管理について説明する。

第１節では，測定器の管理の目的を学ぶ。

第２節では，測定器の保管方法や保管場所の条件，貸出・返却について学ぶ。

第３節では，測定作業においての測定器の取扱いではどのような注意が必要かを学ぶ。

第４節では，測定器の精度の確認，保持のための点検・検査・校正，及び検査済みの表示方法について学ぶ。また，記録を残すことの重要性について学ぶ。

第５節では，以上をまとめて成文化した規定の必要性と項目について学ぶ。

第１節　測定器の管理の目的

計測に当たっては，直接測定を行う作業のほかにも次のようなことが重要である。しかしこれは，測定器の管理を行って初めて対応できることである。

① 作業現場における測定を効率的に行うためには，必要な測定器の精度が信頼できる状態で，すぐに使えるよう準備されていることが必要である。

② ユーザに対して品質を保証するためには，測定器はトレーサビリティ（p. 36　第１章第５節「トレーサビリティ」参照）がとれていて，その証拠を示すことが信頼される条件になる。

③ 加工物などに問題が起きたときは，使った測定器に問題があるかどうかすぐに調査でき，もし測定器に問題があるなら原因の究明と影響のあった期間を追跡できなくてはならない。

測定器を管理する上で，重要な事項を以下に挙げる。

① 測定器を適正に保管すること。

② 測定器を正しく取り扱うこと。

③ 測定器の精度を確認し保持すること，及び精度が確認済みの測定器であることがすぐに識別できること。

④ 測定器の精度の保証が証明でき，記録・履歴が残ること。

⑤ 以上のことを継続して実施できること。

測定器の管理を行うに当たって，管理を完璧に行うことだけが目的となって行きすぎた管理にならないように注意する。上記の目的を外れず，経済的にも考慮した適切な規模で行うことも大切である。

第２節　測定器の保管

測定器の保管に当たって注意すべき事項を以下に挙げる。

① 測定器類を長期保管するときは，振動や温度変化，湿度の影響が少なく，ほこりによる汚損の心配がない場所に保管する。

② 恒温室に保管，又は設置した測定器でも，恒温装置の運転が止まったときは，計測器の表面に結露が生じることがあるので，防せいに注意する。

③ 測定子や主要部分には防せい油などを十分に塗る。ただし，長期保管のとき以外は，あまり粘度の高いものや硬化性のものは用いない。塗油のときは，さびを生じさせないため，綿布とベンジンなどで十分汚れと湿気を除く必要がある。

④ 光学レンズ系は清潔にして乾燥させておく。レンズ面のほこりは柔らかいはけではらい，ガーゼにエーテルなどを含ませて軽く拭くようにする。

⑤ １年に２回～４回は保管状況を検査する必要がある。このとき検査証や付属品が完全であるかどうかも点検する。

⑥ 格納には，機械各部に測定力や不自然な力がかかったままにせず，ひずみが生じないようにする。特に大形のものは注意を要する。

⑦ デジタル測定器で電池の入っているものを長期保管するときは，電池を抜いておく。

⑧ 長期保管のものは，洗浄，調整，検査を行ってから使用する。精度は使用しないときでも劣化することに留意する。

⑨ 測定器を使用した後は外観と精度の検査を行い，次回に備えて，いつでも使用可能の状態にしておく。

第３節　測定器の取扱いと安全

測定物の状態に合わせ，測定器の性能を最大限に引き出すためには，その取扱いに細心の注意を払わなくてはならない。以下に測定器の取扱い上の注意事項を挙げる。

① 測定作業に当たっては，それぞれの測定に適した測定器を使用し，適正な方法で測定しなければならない。

② 測定器の取扱いについては使用説明書をよく読み，十分理解してから操作することが重要である。

③ 使用前後はきれいに拭き，そのつど注意して点検を行う。測定を開始するときと終了するときには，基準点が狂っていないか確認することを習慣付ける。

④ 専用工具の付属品などは散逸しないように注意しなければならない。

⑤ 乱暴な扱い方はしない。万一，測定器が落下したり，強い力や衝撃が加わった場合は，外観や作動に異常がなくても，使用を中止して，すぐに計測の管理者に報告し，検査を依頼する。また，点検記録にも記入しておく。

⑥ 第１章第３節「測定誤差」（p. 23）で説明した誤差の要因の影響をできるだけ少なくするため，扱い方や測定の環境を考える。高精度の測定を行うには標準状態に保った恒温室を必要とするが，工場などの現場では，直射日光の当たらない北側の壁際などが日中の温度変化が比較的少ないので，測定と保管に適している。

⑦ 切削工具等と異なり，測定器は直接的な傷害の要因になるとは考えづらいが，上げたままのハイトゲージの超硬合金製スクライバに触れて創傷を負う事故や，三次元測定機のCNC自動運転中，高速移動する可動アームやテーブルと衝突する事故，また，測長器などで用いられるレーザ光の照射による皮膚の熱傷や，直接目視による網膜の損傷など，思いもよらない危険が各所に潜んでいる。そのため，安全衛生にも十分に留意し，必要に応じて保護具を着用した上で，適正に取り扱わなければならない。

第４節　測定器の精度保持

測定器の生命はその精度であり，精度の低下した測定器を気付かずに使用して不良品を出すようなことがあってはならない。

測定器の精度が正しく許容値の範囲内に入っていることを保証・確認済みの正しい測定器だけを使用するためには，以下のことを行う。

① 測定器のユーザは，日常作業の中で，その測定器が正常に使える状態にあるか，精度劣化の兆しがないかを点検する。

② 測定器の管理部署は，新規購入や事故にあった測定器はもちろんのこと，定期的にすべての測定器の検査を行って，継続した使用が可能かどうかを判定する。

③ 検査の結果，合格となった測定器は，ほかの測定器と識別できるようにして，品質に関係する測定作業では合格した測定器だけを使う。

④ 特に高精度な測定に使う測定器，あるいは測定器の検査に使う標準器や検査用測定器は，測定器の管理部署で定期的に検査・校正を行って補正値を明確にし，補正して使う。

⑤ 測定器の検査に使う標準器や検査用測定器は，ユーザなどの中でもトレーサビリティ（p. 36　第１章第５節「トレーサビリティ」参照）を確立し，最も基になる標準器や検査用測定器は登録事業者に定期的に校正を依頼して，校正証明書を受け取り，補正値を補正して使う。

4.1　点　　検

点検は，測定器が正常に使える状態であるか，計数の基準点位置に狂いがないかなどを確認するために最低限度の項目について日常的に点検する場合と，精度の劣化や摩耗・故障の兆しがないかなどを確認するために，より念入りに多項目について定期的に確認する場合がある。

基準点位置が狂っている場合は，簡単な測定器では自分の手で調整することもあるが，そのときは事前に，ほかに使用した人があるか，前に測定した値にも狂いが影響していないかを確認して，了解をとってから調整する。

（1）日常点検

点検に際して，その測定器のすべての特性について点検する必要はなく，日常の検査作業において，品質保証の上から最小限必要な特性について，短時間で，できるだけ簡単に点検することが望ましい。例えば，図８－１は測定範囲0 mm～25 mmの外側マイクロメータであるが，

その点検項目は，

① 基準点位置点検

② 測定面に傷や異常のないこと

③ シンブルの回転が正常であること

で十分である。測定面の平面度は短時日で狂いを生じるものではないし，測定面の平行度も，器差の点検に含まれると考えてよいからである。

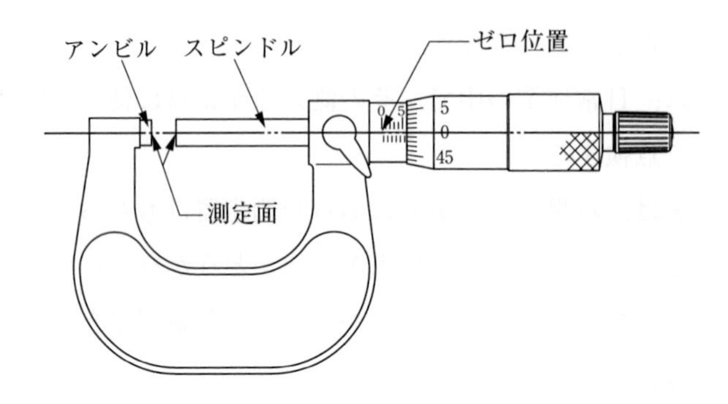

図8−1　外側マイクロメータ（JIS B 7502：2016）

（2） 定 期 点 検

測定器の使用場所，使用頻度，測定器の構造などによって，その定期点検の期間は一定ではない。したがって，個々の測定器に対してそれぞれの定期点検の期間を定める必要がある。例えば，前述の外側マイクロメータを例にとれば，

① 基準点位置のほかに1カ所の器差のチェック（よく使用する寸法位置など）

② 測定面の摩耗の状況

などの点検も行うように規定し，例えば毎週月曜日，あるいは毎月第1月曜日に行うなど，点検日を定める必要がある。

この場合，点検に必要な点検器具は，ゼロ位置調整用のキー・スパナ，器差測定用のブロックゲージ1個があればよい。

以上のように点検は簡便に，ユーザ自身ができるようにする必要があるが，点検方法が複雑なものについては，責任者が直接点検をして，これを作業者に使用させることもある。いずれの場合も，その方法をはっきり決めておくことが重要である。

点検のやり方については，測定器管理規定のように成文化しておくのが一般的である。

また，点検の記録簿を備えておき，点検の結果や基準点調整の量，あるいは事故内容と処置などを記録しておくと，測定器の履歴が分かり，正しい測定器を使用していることが証明でき，あとで万一の不良原因の追究などに役立つ。

4.2　検査・定期検査

検査は測定器の管理部署が行い，あらかじめ設けた規格値の許容範囲と照合して，規格を満たして次の検査まで継続して使用が可能か，格下げして別のランクの測定で使用するか，調整・修理が必要か，あるいは廃棄処分にするかを専任された検査員が判断する。

検査には，事故があった測定器や修理済みの測定器などの検査，新規に購入したものや長期保管後に再使用するものの検査，性能や精度が劣化して許容範囲を超える前にすべての測定器について定期的に行う定期検査がある。測定器は使用しないで保管してあるものでも精度が劣化することがあり，定期検査が必要である。

検査は，測定器の精度・性能・機能に関係する項目をすべて行えば確実であるが，実際にはユーザの使用の状況に合わせて最小限の項目に絞り，検査の時間を短縮するのが望ましい。検査項目の設定ではJISで規定している項目が参考になるが，これにはユーザに必要のない項目も含まれているので，それらは省略できる。

マイクロメータを例に挙げれば，フレームの強度や目盛の仕様などは，メーカが製造するときに規格どおりにできていれば，まず変化しないものである。

また，マイクロメータはねじで精度が決まるので器差は直線的であり，器差の検査は，全測定範囲を細かく検査しなくても，よく使う範囲を細かく，その他は粗く検査すればよい。

検査の規格値の決定は，測定器を使用するレベルに合わせて決める。これもJISで規定している値が参考になるが，メーカは新品を出荷するときに達成する値と考えていることに注意する。つまり，JISの規定値はユーザが新規購入のときの受入れ検査や特に精度が必要な測定器の検査の規格値とすることはできるが，すでに使用している測定器の検査の規格値にすると厳しすぎる値になる。

定期検査の間隔は測定器の種類，使用状況，必要な精度及びユーザの事情により異なるので，最初に仮に期間を決め，検査の結果で修正しながら精度が不良になる直前の適正な期間を設定していく。一般的には，悪い環境で使用頻度の高いものは１か月～２か月間隔，ほとんど使用しないものや保管しているものでも１年に１回は検査を行うとよい。

計測の管理部門に測定器の台帳を備えて定期検査を指示し，途中の不定期の検査も含めた検査履歴を記録する。検査には検査員が現場を巡回して行うものと，所定の場所に測定器を集めて行うものがあるが，測定器を標準環境の検査室に集め，温度ならしのあとで検査するのが理想的である。

検査結果は検査成績表に記録して保存する。検査成績表には，トレーサビリティを考慮して最小限，次の項目を記載する。

測定器名，測定器のサイズと目量，測定器の機番

検査装置名や標準器名，検査装置や標準器の機番
測定年月日，検査員名，測定環境の温度や湿度
各検査項目と検査結果，総合の合否判定結果
検査成績表の整理番号

検査の体制，方法，規格などは測定器管理規定などに成文化し，それに基づいて実施する。参考として，図8－2，図8－3にマイクロメータとダイヤルゲージの検査項目例を示す。

検査年月日	
計測機器	
測定範囲（目量）	0 mm～25 mm（0.01 mm）
測定器管理番号	

基準器名称（形式）		
基準器管理番号		
作業条件（温度・湿度）	℃	%
校正・検査員		

（1）性　能

最大許容誤差

呼び寸法 [mm]	最大許容誤差 [µm]	判定基準
2.5		最大－最小
5.1		
7.7		
10.3		
12.9		
15.0		
17.6		
20.2		
22.8		
25.0		

平面度

項　目	誤差 [µm]	判定基準[µm]
アンビル		
スピンドル		

平行度

項　目	誤差 [µm]	判定基準[µm]
平行度		

判定基準は「JIS B 7502：2016」による。

（2）機　能

項　目	点　検
ねじのはめあい	
ねじのガタ	
スピンドル案内部のすきま	
ラチェットストップの動作	

その他

項　目	点　検
外観検査	
動作	
ラチェットストップ	
クランプの機能	
測定力	

（3）判　定

判　定	判定者	承　認
□　合格 □　不合格		

備　考

図8－2　マイクロメータの検査項目例

検査年月日	
計測機器	
目量［mm］	0.01
測定器管理番号	

基準器名称（形式）	
基準器管理番号	
作業条件（温度・湿度）	℃　　%
校正・検査員	

（１）性　能

最大許容誤差

指示誤差	最大許容誤差［μm］	判定基準
1/10 回転		
1/2 回転		
１回転		
全測定範囲		
戻り誤差		
繰返し精密度		

測定力

測定範囲［mm］	最大測定力［N］
10 以下	
10 を超え 30 以下	
30 を超え 50 以下	
50 を超え 30 以下	

（２）機　能

項　目	点　検
スピンドルの作動	
針の動作	
目盛板の動作	

その他

項　目	点　検
外観検査	
動作	
測定子の有無	
各ネジ部の状態	

（３）判　定

判　定	判定者	承　認
□　合格		
□　不合格		

備　考

図８－３　ダイヤルゲージの検査項目例

4.3　検査済みの識別表示

測定器類は定期検査をして，その測定器が使用できる状態と有効な期限内にあることを表示し，ユーザが間違えず安心して使用できるように，識別が可能な状態にしておく必要がある。表示の方法としては，測定器の色分け，あるいは図８－４に示すような点検済み証を貼り付けたり，添付したりする。

<table>
<tr><th colspan="4">検査合格証</th></tr>
<tr><td colspan="2">測 定 器 名</td><td colspan="2"></td></tr>
<tr><td colspan="2">測定器機番</td><td colspan="2"></td></tr>
<tr><td colspan="2">検査年月日</td><td colspan="2"></td></tr>
<tr><td colspan="2">有 効 期 限</td><td colspan="2"></td></tr>
<tr><td>備考</td><td></td><td>検査員</td><td></td></tr>
</table>

図８−４　検査合格証

4.4　校　　正

測定器の検査結果を正確で信頼できるものにするためには，検査に使用した測定器や標準器の正しい値が，被検査測定器の精度の1/5〜1/10の精度で分かっている必要があるので，校正によりこれを求めておく。

校正とは，さらに上位の標準器を用いて，測定器や標準器の表す値とその真の値との関係を求めることである。これにより，その測定器や標準器の示す値をいくら補正すれば正しい値となるかが分かる。校正は管理部署において，専任された検査員が標準環境で行う。また，校正は適切な周期で定期的に行い，その結果は測定器台帳に記録し，校正票を作成して測定器に添付しておく。検査と同様に校正済みであることを，識別できるようにしておく。

校正の対象になるのは，主に測定器の検査に使う測定器や標準器であるが，ほかに特に高精度の測定に使用する測定器もある。ただし，校正できるのは真の値からの偏りの値であるので，偏りは大きくてもよいが，ばらつきが小さいものに限る。

ユーザが行う校正が信頼できるものであるためには，校正で最も基になる測定器や標準器が信頼できなくてはならない。そのためには，登録事業者の校正を定期的に受け，その際に発行される校正証明書が必要である。校正証明書から始まり，それを使って検査・校正した下位の測定器の校正票や検査成績書へとたどれることが，そのユーザが行う検査・校正の信頼性を証明するための前提条件である。

第５節　測定器の管理規定

測定器の管理業務を円滑に，もれなく，確実に行うためには，手順・要領・規格・基準などを統一して取り決めておく必要がある。また，作成する帳票類なども統一しておかなければならない。これらを実施するためには，組織や制度，人などに関する取決めも必要である。

さらに，計量法など法規や法令，JIS などの公的な規格に従う必要のある事項は，考慮して取決めに反映しておかなくてはならない。

取決めは，成文化することで関係者全員に統一した内容を徹底し，継続して守ることができる。こうして成文化したものを，例えば「測定器管理規定」と呼ぶ。規定というと大げさに聞こえるが，実際の作業の手順書までを含んだ内容である。

「測定器管理規定」に掲載する主な事項を整理すると，次のようなものがある。

①　測定器の管理を実施する組織名，管理業務範囲，役割担当と責任権限など。

②　管理する測定器・標準器の名称，格付け・区分の指定，それらの管理台帳に関する要領など。

③　測定器の購入基準，受入れ検査要領，登録手順など。

④　点検の実施要領，実施時期，点検簿記入要領など。

⑤　検査の実施要領，定期検査の周期，検査の規格・基準，検査成績表の作成要領など。

⑥　検査結果の処理手順（合格・ランク下げ・修理調整・廃棄），合格品の識別方法など。

⑦　標準器の校正の要領，定期校正の周期，校正票の作成要領など。

⑧　実用標準器（ユーザで最も基になる標準器）の校正依頼の要領。

⑨　検査・校正の担当員の資格認定，教育方法など。

⑩　測定器の保管要領，保管の環境条件，貸出・返却手順など。

⑪　現場における使用上の要領，保守責任，使用環境・設備の条件など。

⑫　事故や不具合発生時の処理手順など。

⑬　帳票類の様式，記入・作成の要領，承認・登録・保管の手順など。

ユーザでの測定結果が信頼されるためには，測定器自体の精度に関するトレーサビリティの証明のほかに，それを支える測定器の管理業務についても取決めがあり，それが成文化され，責任の所在が明確であること，また，それらを守って業務が行われており，それを証明する記録が残されていることも必要である。

規定はいったん決まっても不変のものではない。安易にたびたび変更することは混乱を招くので避けるべきであるが，より良い方法への発展や世の中の動向に遅れないためには，柔軟に改善できる必要がある。ただし，改訂は決めた手順どおりに行い，全員に徹底しなければならない。

第８章のまとめ

第８章では，正確で信頼できる測定作業を支えるためには測定器の管理が重要であることを学んだ。これは，現場で測定器を使用する作業者と測定器を管理する部署が協力してこそ，効果が上がるものである。自分に直接関係ない内容であっても，互いの業務のやり方や責任内容を理解することは大切である。

次のことを，もう一度整理して理解しておこう。

（1）　測定器の管理の目的はどこにあるか。

（2）　測定器の保管上の注意点と適切な保管場所について。

（3）　測定器とほかの機械工具との役目の違い。測定作業における測定器の取扱い上の注意について。

（4）　測定器の点検・検査・校正の必要性と点検の内容について，及び検査済みの表示の意味。

（5）　測定器の精度を保証し，証明するために必要なこと。

（6）　点検簿，検査成績表などの記録はどのように役立つか。

（7）　測定器管理規定はなぜ必要か。どのような内容が載せられるか。

第8章　演習問題

次の問題に答えなさい。

【1】 測定器の管理において重要なことを，以下の語群から選びなさい。

① 測定器を適正に（　　　　　）すること。

② 測定器を正しく（　　　　　）すること。

③ 測定器の精度を確認し，（　　　　　）すること。

④ 測定器の精度の保証が（　　　　　）できること。

〈語群〉
記録，調整，証明，追跡，保管，継続，使用，測定，保持

【2】 測定器の長期保管について，説明文の正誤を答えなさい。

① 温度変化や湿度の影響は注意しなければならないが，振動の発生には気を配らなくてもよい。→（　　　　　）

② 粘度の高い防せい油や，硬化性樹脂等を利用すると効果が高い。→（　　　　　）

③ 塗油の際，事前に湿気を除いておかないと，塗油してもさびを生じることがある。→（　　　　　）

④ ねじ部やクランプ部に不自然な力がかかったままでも，ひずみの原因にはならない。→（　　　　　）

【3】 次の点検について，概要を述べなさい。

① 日常点検＿＿＿＿＿＿＿＿＿＿＿＿＿＿＿＿＿＿＿＿＿＿＿＿＿＿＿＿＿＿

② 定期点検＿＿＿＿＿＿＿＿＿＿＿＿＿＿＿＿＿＿＿＿＿＿＿＿＿＿＿＿＿＿

【4】 精度を保証するための校正について，①，②を埋めなさい。

校正とは，さらに上位の（　①　）を用いて，測定器や標準器の表す値と，（　②　）との関係を求めること。

第１章　演習問題の解答

【1】

直接測定	長所	測定範囲が広い。測定物の実寸法が直接読み取れる。等
	短所	目盛の読み誤りを生じやすく，測定に要する時間がかかる。 精密な測定器の場合は取扱いに熟練と経験を要する。
比較測定	長所	測定器を適正に配置することによって大量測定に適し，高い精度の測定が比較的容易にできる。 寸法値のばらつきを知るのに計算が省ける。 長さに限らず，面の各種形状の測定や，工作機械の精度検査など使用範囲が広い。 寸法の偏差を機械にフィードバックすることが可能で，自動化に役立たせることが可能。
	短所	測定範囲が狭く，直接，測定物の寸法を読み取ることができない。 基準寸法となる標準器が必要となる。
限界ゲージ方式	長所	大量測定に適し，合格，不合格の判定が容易にできる。 操作が容易で経験を必要としない。
	短所	測定寸法が決まっているので，一つの寸法に１個のゲージが必要となる。 製品の実寸法を読み取ることができない。

【2】

「誤差」は，（測定値－真値）と定義されるが，真値があいまいである以上，誤差を定量的に表すことができない。

「不確かさ」は統計的手法で測定値からどの程度のばらつき範囲内に真値があるかを示すもので，真値が存在していると推定できる範囲（確率）を定量化しようとする考え方。

【3】

ステンレス鋼の線膨張係数　14.7×10^{-6}／K

$0.2\times14.7\times10^{-6}$／K $\times 5$K

$=14.7\times10^{-6}$ m

$=14.7$ μm

【4】

両端部が平行：エアリー点　$S = 0.211\,3\,L$ より

$0.211\,3 \times 1\,500 = 316.95$ mm

【5】

解答例

計量器（測定器）で測定した結果が信頼できるものであるためには，計量器の精度が許容される範囲に入っていることが検査・校正によって確認され，精度が保守・管理されていることが必要である。計量器や標準器が，より高位の標準器による校正の連鎖によって国家標準までたどり着くことが確立されていることがトレーサビリティの目的である。

第２章　演習問題の解答

【1】

① ノギス，スケール，巻尺，パス

② 外側マイクロメータ，内側マイクロメータ，デプスマイクロメータ

③ ブロックゲージ，プラグゲージ，棒ゲージ，リングゲージ

④ すきまゲージ，*R* ゲージ，限界ゲージ

⑤ ダイヤルゲージ，シリンダゲージ，空気マイクロメータ

【2】

① 内側用ジョウ　② バーニヤ目盛　③ スライダ　④ 外側用ジョウ

⑤ 本尺目盛

【3】

① アンビル　② スピンドル　③ スリーブ　④ シンブル

⑤ ラチェットストップ（フリクションストップ）

【4】

① ×　② ○　③ ×　④ ○　⑤ ×

【5】

（a）デジタルエラー　（b）以下　（c）読み取れない　（d）±１カウント

第３章　演習問題の解答

【1】

① $2\times180°/\pi=114.591\,56°$

② $1.047\,197\,551\fallingdotseq1.047\,20$ rad

③ $4/3\times180°/\pi=76.394\,4°$

④ $57°25'30''$

⑤ $22.755\,555\,6°$

【2】

表３－１より

$(+27°+9°-1°)=35°$

$(+27'+1'-9'-3')=16'$

【3】

$\sin\alpha=H/L$ より　$H=L\cdot\sin\alpha$

$H=100\cdot\sin25°$

$=42.261\,8$

$\fallingdotseq42.26$ mm

【4】

$\sin\alpha=(h_2-h_1)/(D+L)$ より

$=13.91/45$

$=0.309\,111\,1$

$\alpha=18.005\,6$

$=18.01°$

第４章　演習問題の解答

【1】

① 粗さ　② うねり　③ 算術平均高さ　④ Rq

【2】

① 削り代
② X
③ 0.08
④ 0.8
⑤ 粗さ
⑥ 最大高さ
⑦ 最大値
⑧ 16 %

【3】

① 鋳鉄　② 石　③ 3　④ 11　⑤ 対角線　⑥ 井げた

【4】

① マイクロメータ　② 直径　③ 等径歪円　④ V ブロック
⑤ 真円度測定機　⑥ MZC　⑦ 半径

【5】

① 同軸　② 同軸　③ 定盤　④ 両センタ支持台　⑤ てこ式ダイヤルゲージ

第５章　演習問題の解答

【1】

①　測定顕微鏡　　②　輪郭測定機　　③　画像測定機　　④　測定投影機

（ ①～④の順番は入れ替わっても正解 ）

【2】

作　業　項　目	順　番
被測定物を固定し，測定プログラムを呼び出し，ワーク座標系の設定を行う。	4
三次元測定機にプローブを取り付けるとともに，ケーブル類の接続確認をする。	1
プローブヘッドを安全な位置へ移動し，計測システムを終了させる。	6
電源を切り，空圧を抜き，プローブを取り外す。	7
空圧機器への加圧，及び，計測システムの起動を行い，システムが立ち上がったら測定用のファイル名を作成する。	2
測定項目，出力フォーマット等を設定し，要素測定を実施後，測定結果の出力とデータの保存を行う。	5
測定内容に合わせ，プローブの径補正を行う。	3

【3】

文　　章	図の選択
球面上の４点の座標値から，径の寸法，中心位置が演算できる。	（g）
円筒の２断面上の円周を測定・演算した結果から，円筒の中心線の方向，テーパ角度が演算できる。	（h）
穴や円筒の円周上３点の座標値から，径の寸法，中心の位置が演算できる。	（c）
平面上の３点の座標軸から，面の傾きが演算できる。これを使って補正すれば，測定機の座標と傾いている被測定面上での寸法測定もできる。	（f）
直線上の２点の座標値から，直線の方向，２点間の距離，等分点位置が演算できる。これを使って補正すれば，測定機の座標軸と傾いた直線を基準軸にした寸法測定もできる。	（a）
直線と円の測定・演算結果から，さらに交点の位置，中心と直線の距離が演算できる。	（e）
２直線の測定演算結果から，さらに２直線の交点の位置，交角が演算できる。	（b）
二つの円の測定・演算結果から，さらに二つの円の中心間のピッチ，円周の交点位置が演算できる。	（d）

第６章　演習問題の解答

【１】

$d_2 = M - 3d + 0.866025 \cdot P$ より

有効径は，18.249 mm

【２】

①　山の角度や形状　　②　ピッチ　　③　測定顕微鏡　　④　測定投影機

（ ①と②，③と④は入れ替わっても正解 ）

【３】

①　通り側ねじプラグゲージ　　②　止り側ねじプラグゲージ　　③　２

【４】

①　GR　　②　NR

【５】

①　60　　②　60　　③　55　　④　30

第７章　演習問題の解答

【1】

① $P = mz$ より　3×25＝75

② $a = (z_1 + z_2)m/2$ より　$m = 2a/(z_1 + z_2)$　　$m = 2 \cdot 100/80 = 2.5$

【2】

①　歯厚マイクロメータ　　②　基準測定面　　③　カッタ切込み量　　④　歯厚ノギス

⑤　弦歯厚

【3】

表７－２より，またぐ歯の数は4　　$W_4 = 10.7246 \times 2 = 21.4992$

【4】

①　単一ピッチ誤差　　②　累積ピッチ誤差　　③　マスターギヤ

第8章　演習問題の解答

【1】

①　保管　　②　使用　　③　保持　　④　証明

【2】

①　×　　②　○　　③　○　　④　×

【3】

①正常に使える状態か，基準位置に狂いがないかなど，最低限の項目について行う。

②精度の劣化や摩耗・故障の兆しについてなど，多項目について行う。

【4】

①　標準器　　②　真の値

( ) 内は本教科書の該当ページ

○使用規格一覧

- JIS B 0001：2019「機械製図」(22) (JIS 発行元：一般財団法人日本規格協会)
- JIS B 0021：1998「製品の幾何特性仕様 (GPS)－幾何公差表示方式－形状，姿勢，位置及び振れの公差表示方式」(173，174，178，190，193)
- JIS B 0031：2003「製品の幾何特性仕様 (GPS)－表面性状の図示方法」(158)
- JIS B 0205 － 1：2001「一般用メートルねじ－第 1 部：基準山形」(231)
- JIS B 0205 － 4：2001「一般用メートルねじ－第 4 部：基準寸法」(231)
- JIS B 0209 － 2：2001「一般用メートルねじ－公差－第 2 部：一般用おねじ及びめねじの許容限界寸法－中 (はめあい区分)」(234)
- JIS B 0251：2008「メートルねじ用限界ゲージ」(244)
- JIS B 0262：1989「テーパねじゲージの検査方法」(239)
- JIS B 0271：2018「ねじ測定用三針及びねじ測定用四針」(239)
- JIS B 0401 － 1：2016「製品の幾何特性仕様 (GPS)－長さに関わるサイズ公差の ISO コード方式－第 1 部：サイズ公差，サイズ差及びはめあいの基礎」(35)
- JIS B 0405：1991「普通公差－第 1 部：個々に公差の指示がない長さ寸法及び角度寸法に対する公差」(16，17)
- JIS B 0601：2013「製品の幾何特性仕様 (GPS)－表面性状：輪郭曲線方式－用語，定義及び表面性状パラメータ」(159，160，164－167，169)
- JIS B 0633：2001「製品の幾何特性仕様 (GPS)－表面性状：輪郭曲線方式－表面性状評価の方式及び手順」(156)
- JIS B 0651：2001「製品の幾何特性仕様 (GPS)－表面性状：輪郭曲線方式－触針式表面粗さ測定機の特性」(154)
- JIS B 1702 － 1：2016「円筒歯車－精度等級　第 1 部：歯車の歯面に関する誤差の定義及び許容値」(259)
- JIS B 7153：1995「測定顕微鏡」(207，208)
- JIS B 7184：1999「測定投影機」(210，211)
- JIS B 7430：1977「オプチカルフラット」(106)
- JIS B 7432：1985「角度標準用多面鏡」(132)
- JIS B 7440 － 1：2003「製品の幾何特性仕様 (GPS)－座標測定機 (CMM) の受入検査及び定期検査－第 1 部：用語」(216，217)
- JIS B 7450：1989「ディジタルスケール」(113)
- JIS B 7451：1997「真円度測定機」(22，187)
- JIS B 7502：2016「マイクロメータ」(66，68，69，73，74，272)
- JIS B 7503：2017「ダイヤルゲージ」(91－93)
- JIS B 7506：2004「ブロックゲージ」(77，78)
- JIS B 7507：2016「ノギス」(57，59，60)
- JIS B 7510：1993「精密水準器」(135，136)
- JIS B 7512：2018「鋼製巻尺」(53)

・JIS B 7513：1992「精密定盤」(181，182)

・JIS B 7515：1982「シリンダゲージ」(95)

・JIS B 7516：2005「金属製直尺」(52)

・JIS B 7517：2018「ハイトゲージ」(64，65)

・JIS B 7518：2018「デプスゲージ」(63)

・JIS B 7519：1994「指針測微器」(99)

・JIS B 7524：2008「すきまゲージ」(83，84)

・JIS B 7526：1995「直角定規」(129，130)

・JIS B 7533：2015「てこ式ダイヤルゲージ」(96－98)

・JIS Z 8000－1：2014「量及び単位－第1部：一般」(45)

・JIS Z 8103：2019「計測用語」(15，34－36)

・JIS Z 8401：2019「数値の丸め方」(19)

・JIS Z 8703：1983「試験場所の標準状態」(23)

○参考法令

・計量法 (36，38，44)

○参考規格一覧

■ ISO規格（発行元：国際標準化機構）

・ISO 14253－1：2017「製品の幾何特性仕様(GPS)－製品及び測定装置の測定による検査－第1部：仕様に対する合否検証基準」(24)（ISO発行元：国際標準化機構）

・ISO 554：1976「調整及び／又は試験の標準雰囲気－仕様」(23)

■ JIS規格（発行元：一般財団法人 日本規格協会）

・JIS B 0001：2019「機械製図」(21)

・JIS B 0101：2013「ねじ用語」(228)

・JIS B 0209－1：2001「一般用メートルねじ－公差－第1部：原則及び基礎データ」(233)

・JIS B 0251：2008「メートルねじ用限界ゲージ」(248)

・JIS B 0401－1：2016「製品の幾何特性仕様（GPS）－長さに関わるサイズ公差のISOコード方式－第1部：サイズ公差，サイズ差及びはめあいの基礎」(12)

・JIS B 1702－1：2016「円筒歯車－精度等級　第1部：歯車の歯面に関する誤差の定義及び許容値」(261)

・JIS B 1702－2：1998「円筒歯車－精度等級　第2部：両歯面かみ合い誤差及び歯溝の振れの定義並びに精度許容値」(259)

・JIS B 7430：1977「オプチカルフラット」(105)

・JIS B 7431：1977「オプチカルパラレル」(105)

・JIS B 7440 − 2：2013「製品の幾何特性仕様（GPS）−座標測定機（CMM）の受入検査及び定期検査−第２部：寸法測定」（221）
・JIS B 7507：2016「ノギス」（24）
・JIS B 7513：1992「精密定盤」（198）
・JIS B 7520：1981「指示マイクロメータ」（73）
・JIS B 7523：1977「サインバー」（141）
・JIS B 7535：1982「流量式空気マイクロメータ」（100）
・JIS B 7536：1982「電気マイクロメータ」（103）
・JIS B 7538：1992「オートコリメータ」（139）
・JIS B 7544：1994「デプスマイクロメータ」（71）

○引用文献・協力企業等（五十音順，企業名は執筆当時のものです）

・The L. S. Starrett Company「ベンチ・マイクロメータ　372 ZX」（72）
・アメテック株式会社 ZYGO 事業部（171）
・大分県産業科学技術センター（223）
・オーエスジー株式会社「テクニカルデータ」『ねじゲージ』（243）
・株式会社東京精密「表面粗さ・輪郭形状測定機カタログ」，p. 236（168）
・株式会社ニコンソリューションズ（223）
・株式会社ミツトヨ（106，170，186，212，216，241，242,）
・『計測工学入門』第２版，中村邦雄編著，石垣武夫・冨井薫著，森北出版株式会社，2007，p. 44，図 2.27（28）
・『JIS B 0031：2003「製品の幾何特性仕様（GPS）−表面性状の図示方法」改正のポイント』実教出版株式会社，2005，p. 8（158）
・『精密測定機器の選び方・使い方』桜井好正編，財団法人日本規格協会，1982，pp. 146−147，表 2.11.4 〜表 2.11.6（245）
・独立行政法人製品評価技術基盤機構（37）
・日鉄テクノロジー株式会社（171）
・日本産業標準調査会「JIS マーク」（34）
・マール・ジャパン株式会社「総合カタログ」2017，p. 9（117）

○参考文献等（五十音順）

・『NACHI　低膨張合金　カタログ』株式会社不二越
・『Savemation』（山武グループ PR 誌セーブメーション）2003. June.「Technical Break」株式会社山武
・『絵とき精密測定基礎のきそ』黒瀬矩人・片岡征二著，株式会社日刊工業新聞社，2007
・『機械工学便覧　デザイン編　β５　計測工学』社団法人日本機械学会編，2007
・『協育歯車工業　カタログ No.902，No.903』協育歯車工業株式会社

・『計測工学入門』第２版　中村邦雄編著，石垣武夫・冨井薫著，森北出版株式会社，2007

・『計量法校正事業者登録制度パンフレット　Ver. 3.6　2011.4』独立行政法人製品評価技術基盤機構

・『JIS にもとづく機械設計製図便覧』大西清著，株式会社理工学社，2009

・『新版・技能検定学科試験問題解説集　No.11　機械検査』中央職業能力開発協会監修，社団法人雇用問題研究会，2002

・『精密測定機器・総合カタログ　No.13』株式会社ミツトヨ

・『精密測定機器の豆知識』株式会社ミツトヨ

・『表面粗さ・輪郭形状測定機カタログ』株式会社東京精密

・『理科年表　平成 22 年版』，国立天文台編，2009

・『例題で学ぶ初歩からの統計学』白砂堤津那著，株式会社日本評論社，2009

索　引

[そ]

[た]

[ち]

[て]

[と]

[な]

[に]

[ね]

[の]

[は]

[ひ]

[ふ]

[へ]

[ほ]

[ま]

[み]

[め]

[も]

[ゆ]

[よ]

[ら]

[り]

[れ]

[わ]

委員一覧

昭和59年2月		
〈作成委員〉	饗場　賢一	山梨総合高等職業訓練校
	石倉　茂雄	職業訓練大学校
	浜本　達保	神奈川総合高等職業訓練校
平成4年3月		
〈改定委員〉	竹間　宏次	成田総合高等職業訓練校
平成14年3月		
〈改定委員〉	高橋　誠吾	株式会社ミツトヨ
	仁科　信吾	株式会社ミツトヨ
	宮下　　勤	テーラーホブソン株式会社
平成24年3月		
〈監修委員〉	古賀　俊彦	職業能力開発総合大学校
	和田　正毅	職業能力開発総合大学校
〈改定委員〉	杉澤　輝彦	東京都立多摩職業能力開発センター
	園田　　学	千葉県立船橋高等技術専門校
	花見　敬士	福島県立テクノアカデミー浜

（委員名は五十音順，所属は執筆当時のものです）

職業訓練教材

機械測定法

厚生労働省認定教材	
認定番号	第59152号
認定年月日	昭和58年6月21日
改定承認年月日	令和３年2月18日
訓練の種類	普通職業訓練
訓練課程名	普通課程

昭和59年２月　初版発行
平成４年３月　改定初版１刷発行
平成14年３月　改定２版１刷発行
平成24年３月　改定３版１刷発行
令和３年３月　改定４版１刷発行
令和５年３月　改定４版３刷発行

編　集　独立行政法人 高齢・障害・求職者雇用支援機構
職業能力開発総合大学校 基盤整備センター

発行所　一般社団法人 雇用問題研究会
〒103－0002 東京都中央区日本橋馬喰町１－14－5 日本橋Kビル２階
電話　03（5651）7071（代表）　FAX　03（5651）7077
URL　http://www.koyoerc.or.jp/

印刷所　株式会社 ワイズ

151503-23-11

ISBN978-4-87563-428-7